高等学校计算机规划教材

数据库原理、应用与开发

洪 欣 编著

电子工业出版社
Publishing House of Electronics Industry
北京·BEIJING

内 容 简 介

本书从实用性和先进性出发，较全面地介绍数据库的原理、应用与开发技术。全书共 7 章，主要内容包括：数据库概述、数据模型、关系数据库理论、数据库设计基础、SQL Server 图形操作及 SQL 语言、Visual Basic 数据库编程、通讯录管理系统的设计与实现等。本书提供配套电子课件。

本书可作为高等学校本科计算机及相关专业数据库应用相关课程的教材，也可供相关领域工程技术人员学习、参考。

未经许可，不得以任何方式复制或抄袭本书之部分或全部内容。
版权所有，侵权必究。

图书在版编目（CIP）数据

数据库原理、应用与开发 / 洪欣编著．—北京：电子工业出版社，2013.1
高等学校计算机规划教材
ISBN 978-7-121-17273-1

I．①数… II．①洪… III．①数据库系统－高等学校－教材 IV．①TP311.13

中国版本图书馆 CIP 数据核字（2012）第 118742 号

策划编辑：王羽佳
责任编辑：王羽佳　冉　哲
印　　刷：涿州市京南印刷厂
装　　订：涿州市京南印刷厂
出版发行：电子工业出版社
　　　　　北京市海淀区万寿路 173 信箱　邮编：100036
开　　本：787×1092　1/16　印张：15.5　字数：397 千字
印　　次：2013 年 1 月第 1 次印刷
印　　数：3 000 册　定价：33.00 元

凡所购买电子工业出版社图书有缺损问题，请向购买书店调换。若书店售缺，请与本社发行部联系，联系及邮购电话：(010)88254888。
质量投诉请发邮件至 zlts@phei.com.cn，盗版侵权举报请发邮件至 dbqq@phei.com.cn。
服务热线：(010)88258888。

前　言

　　自数据库技术发展至今，人们的生活已经与数据库密不可分，可以说数据库在生活中无处不在。当在网上收发邮件时，其实是登录到邮件收发系统的数据库进行数据操作；当在网上商店购买商品下订单时，其实是在网上商城的数据库增加了一条购买记录；当到银行取款时，其实是在银行的数据库中修改账目的数据；当通过搜索引擎检索时，其实是到搜索引擎的数据库中查询数据；当查看一个网页时，网页中显示的大量数据其实是通过后台数据库存储的。

　　计算机技术的发展极大地改变了人们的生活，人们通过各种软件完成办公及日常事务管理工作，毋庸置疑，其中包含了大量的重要数据。一言以蔽之，人们的生活与数据休戚相关。软件的作用就是提供人们访问和管理数据的能力。因此，软件开发中，数据库的管理至关重要，可以说数据库是软件的灵魂。那么如何在应用项目中结合数据库进行软件开发就成为一项重要的技能。本书是为进一步探索高等学校"数据库"课程的教学模式，实现应用型人才的培养目标而编写的，内容涵盖了作者多年来的一线教学经验和软件开发经验。

　　本书通过实例由浅入深地引导读者学习数据库开发的全过程，适合尚未接触过数据库和软件开发的初学者。通过学习本书可以掌握完整的软件开发流程，达到进行中、小型应用软件开发的水平。本书具有如下特点：

　　1. 理论讲解深浅适度，提供大量典型实例。通过本书的学习，读者可以完整地掌握从数据库设计到数据库编程，以及软件开发的整个流程所需的理论知识和技巧，并可以做出一个较好的数据库设计。

　　2. 采用案例驱动方式进行教学，将理论知识融合于应用中，十分适合于入门读者掌握数据库开发的精髓，通过实例轻松掌握所有知识点。

　　3. 全书采用规模适中的案例贯穿始终，通过完整的案例，将所有知识点串联起来，在学习中体会软件开发的乐趣。

　　4. 根据作者多年的软件开发经验及一线教学经验，本书在数据库设计阶段，加入软件工程数据库开发的设计内容，使得软件的开发更为规范，为读者打下扎实的基础。

　　全书共分 7 章，主要内容包括：第 1 章讲述数据库基础知识，介绍数据库的基本概念、发展历程、体系结构等；第 2 章讲述数据模型，介绍数据库模型的分类及各模型数据的存储及其优缺点；第 3 章讲述关系数据库理论，介绍关系运算、关系完整性和范式理论；第 4 章讲述数据库设计基础，介绍从概念结构、逻辑结构到物理结构的数据库设计过程，以及相关的数据库设计工具的使用；第 5 章讲述 SQL Server 图形操作及 SQL 语言，分别介绍用 SQL Server 设计器进行数据库操作，以及采用 Transact-SQL 语句进行数据库操作和编程；第 6 章讲述 Visual Basic 数据库编程，介绍 Visual Basic 语言的基本语法，以及 Visual Basic 对数据库的访问和编程；第 7 章讲述通讯录管理系统的设计与实现，通过一个完整的案例介绍数据库的设计及基于数据库的应用软件的开发过程。

　　通过学习本书，你可以：

● 采用案例驱动模式，把枯燥的理论融于实例中，通过实例轻松掌握所有知识点。

- 了解数据库设计的原理。
- 掌握如何在项目开发中设计一个好的数据库。
- 认识数据库怎样与 Visual Basic 开发平台交互。
- 掌握 Visual Basic 编程技术和 SQL 数据库的编程技术。
- 做好规划，小试身手——实现通讯录管理软件的开发。

本书语言简明扼要、通俗易懂，具有很强的专业性、技术性和实用性，强调理论与实践紧密结合，书中案例丰富，具有代表性、实用性和趣味性，案例设计中融合了所有知识要点，所有案例均给出完整源代码并调试通过，读者可以通过本书案例，循序渐进地掌握知识要点。本书每一章都附习题，供读者课后练习以巩固所学知识。

本书可作为高等学校计算机及相关专业"数据库"课程教材，也可供相关领域工程技术人员学习、参考。教学中可以根据教学对象和学时等具体情况对书中的内容进行删减和组合，也可以进行适当扩展，参考学时为 36 学时。

为适应教学模式、教学方法和手段的改革，本书配有多媒体电子课件及相应的网络教学资源，请登录华信教育资源网（http://hxedu.com.cn）注册下载。

本书的编写和出版获得了华侨大学教材建设基金的资助。电子工业出版社的王火根编辑在本书出版的前期给予了热忱的帮助，王羽佳编辑为本书出版做了大量工作。华侨大学计算机学院的范慧琳副教授、陈维斌院长、潘孝铭副院长、陈绶生副院长、冯舒婷和钟必能等老师对本书的出版提出了许多宝贵意见，在此对他们的帮助与支持，表示衷心的感谢！

由于时间仓促及水平所限，书中不妥或错误之处在所难免，恳请广大读者批评指正。

洪　欣

目　录

第1章　数据库概述 ... 1
1.1　数据库概述 ... 1
1.2　数据库发展史 ... 1
1.2.1　人工管理阶段 ... 2
1.2.2　文件系统阶段 ... 2
1.2.3　数据库系统阶段 ... 3
1.3　数据库系统的功能 ... 4
1.4　数据库系统的三级模式结构 ... 6
扩展阅读 ... 8
习题 ... 10

第2章　数据模型 ... 11
2.1　概念模型 ... 12
2.2　逻辑模型 ... 13
2.2.1　层次数据模型 ... 13
2.2.2　网状数据模型 ... 15
2.2.3　关系数据模型 ... 16
2.2.4　面向对象数据模型 ... 19
2.3　内部模型 ... 21
2.3.1　层次数据模型 ... 21
2.3.2　网状数据模型 ... 22
2.3.3　关系数据模型 ... 22
2.4　外部模型 ... 23
扩展阅读 ... 23
习题 ... 26

第3章　关系数据库理论 ... 27
3.1　关系模式的定义 ... 27
3.2　关系的集合运算 ... 31
3.2.1　集合并运算 ... 31
3.2.2　集合差运算 ... 31
3.2.3　集合交运算 ... 31
3.2.4　集合除运算 ... 31
3.2.5　笛卡儿积运算 ... 33
3.3　关系的基本运算 ... 33
3.3.1　选择运算 ... 33
3.3.2　投影运算 ... 34
3.3.3　连接运算 ... 34
3.4　关系的完整性 ... 36
3.4.1　数据依赖 ... 37
3.4.2　关系模式的范式 ... 42
习题 ... 45

第4章　数据库设计基础 ... 46
4.1　概念结构设计 ... 47
4.1.1　设计各个局部分E-R图 ... 47
4.1.2　合并分E-R图设计全局初步 E-R图 ... 49
4.1.3　消除不必要冗余，设计基本 E-R图 ... 50
4.2　逻辑结构设计 ... 51
4.2.1　将E-R模型转换为关系模型 ... 51
4.2.2　数据模型的优化 ... 52
4.2.3　设计外模式 ... 53
4.3　物理结构设计 ... 54
4.3.1　确定数据库的物理结构 ... 54
4.3.2　评价物理结构 ... 55
4.4　数据库实施 ... 55
4.5　用PD进行数据库设计 ... 56
4.5.1　正向工程 ... 56
4.5.2　反向工程 ... 62
4.6　用Visio进行数据库设计 ... 65
4.6.1　建立逻辑模型 ... 65
4.6.2　建立物理模型 ... 69
4.6.3　从SQL Server导入数据到Visio ... 70
4.7　用Rational Rose进行数据库设计 ... 71
4.7.1　正向工程 ... 72
4.7.2　反向工程 ... 78
习题 ... 79

第5章　SQL Server图形操作及SQL语言 ... 80
5.1　SQL Server的图形界面 ... 80
5.1.1　连接SQL Server 2008 ... 80

5.1.2	数据库的创建和删除	81
5.1.3	表的创建、修改和删除	82
5.1.4	建立表间的关联	85
5.1.5	增添数据和查询	88
5.1.6	CHECK 约束	89
5.1.7	存储过程的使用	90
5.1.8	视图的使用	91
5.1.9	触发器的使用	92
5.1.10	账号及权限管理	93
5.1.11	分离和附加数据库	94
5.1.12	数据库备份和还原	95
5.1.13	DTS 导入导出向导	96

5.2 SQL 语言 …… 98
   5.2.1 DDL 数据库管理 …… 98
   5.2.2 DDL 表格管理 …… 106
   5.2.3 DML 数据管理 …… 110
   5.2.4 DQL 数据查询 …… 114
   5.2.5 DCL 数据控制 …… 121

5.3 T-SQL 编程 …… 123
   5.3.1 T-SQL 注释 …… 123
   5.3.2 表达式 …… 124
   5.3.3 批处理与脚本 …… 131
   5.3.4 流程控制语句 …… 131
   5.3.5 CASE 表达式 …… 134
   5.3.6 创建用户自定义函数 …… 135
   5.3.7 游标 …… 137
   5.3.8 事务 …… 138
   5.3.9 创建存储过程 …… 140
   5.3.10 创建视图 …… 149

习题 …… 152

第6章 Visual Basic 数据库编程 …… 154

6.1 Visual Basic 编程基础 …… 154
   6.1.1 集成开发环境 …… 155
   6.1.2 面向对象编程思想 …… 156
   6.1.3 窗体对象 …… 157
   6.1.4 数据类型及定义 …… 159
   6.1.5 基本语法 …… 161

6.2 Visual Basic 的数据访问技术 …… 168
6.3 通过数据管理器访问数据库 …… 169
6.4 使用 DAO 访问数据库 …… 176
   6.4.1 DAO 对象模型 …… 176
   6.4.2 Data 控件 …… 177
   6.4.3 RecordSet 对象的属性和方法 …… 178
   6.4.4 数据绑定控件 …… 180
   6.4.5 Data 控件示例 …… 181

6.5 使用 ADO 访问数据库 …… 186
   6.5.1 ADO 对象模型 …… 186
   6.5.2 ADO 数据控件 …… 186
   6.5.3 ADO 控件的数据库连接 …… 187
   6.5.4 ADO 控件示例 …… 188
   6.5.5 数据窗体向导 …… 190

6.6 通过数据环境设计器访问数据库 …… 190
6.7 数据报表的制作 …… 195
6.8 综合实例 …… 198
习题 …… 204

第7章 通讯录管理系统的设计与实现 …… 205

7.1 通讯录管理系统的需求分析 …… 205
7.2 通讯录管理系统的系统设计 …… 205
7.3 通讯录管理系统模块设计 …… 206
7.4 通讯录管理系统的数据库设计 …… 207
   7.4.1 数据库概要设计 …… 207
   7.4.2 数据库详细设计 …… 208

7.5 通讯录管理系统的代码实现 …… 210
   7.5.1 公用模块 …… 210
   7.5.2 登录模块 …… 210
   7.5.3 MDI 主窗体 …… 212
   7.5.4 权限表 …… 215
   7.5.5 模块表 …… 217
   7.5.6 权限模块对照表 …… 219
   7.5.7 账号表 …… 222
   7.5.8 性别代码表 …… 225
   7.5.9 省市代码表 …… 225
   7.5.10 通讯录分组表 …… 226
   7.5.11 通讯录维护模块 …… 229
   7.5.12 通讯录查询与打印 …… 235

习题 …… 240

参考文献 …… 241

第 1 章

数据库概述

1.1 数据库概述

数据库（DataBase）是按照数据结构来组织、存储和管理数据的仓库，它产生于 20 世纪 60 年代。随着信息技术和市场的发展，特别是 20 世纪 90 年代以后，数据库不再仅限于存储和管理数据，而转变成开发用户所需要的各种数据管理的方式。数据库有很多种类型，从最简单的存储各种数据的表格到能够进行海量数据存储的大型数据库系统，在各方面得到了广泛的应用。

数据库技术从诞生以来，在半个世纪的时间里，形成了坚实的理论基础、成熟的商业产品和广泛的应用领域，并吸引了越来越多的研究者。数据库的诞生和发展给计算机信息管理带来了一场巨大的革命，它已成为企业乃至个人日常工作、生产和生活的重要工具。同时，随着应用的扩展与深入，数据库的数量和规模越来越大，数据库的研究领域也已经大大地拓广和深化了。数据库领域获得了三次计算机图灵奖（C.W. Bachman，E.F.Codd，J.Gray），更加充分地说明了数据库是一个充满活力和创新精神的领域。

传统上，为了确保企业持续扩大的 IT 系统稳定运行，一般用户信息中心往往要不断更新容量更大的 IT 运维软硬件设备，极大地浪费了企业资源；更要长期维持一支由数据库维护、服务器维护、机房值班等各种人员组成的"运维大军"，维护成本也随之节节高升。为此，企业 IT 决策者开始思考：能不能像拧水龙头一样按需调节使用 IT 运维服务？而不是不断增加已经价格不菲的运维成本。

1.2 数据库发展史

数据库的历史可以追溯到 50 多年前的 20 世纪 60 年代，那时的数据管理非常简单。通过大量分类、比较和表格绘制的机器运行数百万穿孔卡片来进行数据的处理，其运行结果将在纸上打印出来或者制成新的穿孔卡片。而数据管理就是对所有这些穿孔卡片进行物理存储和处理。1951 年雷明顿兰德公司（Remington Rand Inc.）的一种叫做 Univac I 的计算机推出了一种一秒可以输入数百条记录的磁带驱动器，从而引发了数据管理的革命。1956 年 IBM 生产出第一个磁盘驱动器 the Model 305 RAMAC。此驱动器有 50 个盘片，每个盘片直径为 2 英尺，可以储存 5MB 的数据。使用磁盘最大的好处是可以随机地存取数据，而穿孔卡片和磁带只能顺序存取数据。1951 年 Univac 系统使用磁带和穿孔卡片存储数据。

数据库发展阶段大致可分为如下几个阶段：人工管理阶段、文件系统阶段、数据库系统阶段、高级数据库阶段。

1.2.1 人工管理阶段

20 世纪 50 年代中期之前，计算机的软、硬件均不完善。硬件存储设备只有磁带、卡片和纸带，软件方面还没有操作系统。当时的计算机主要用于科学计算。这个阶段由于还没有软件系统对数据进行管理，程序员在程序中不仅要规定数据的逻辑结构，还要设计其物理结构，包括存储结构、存取方法、输入/输出方式等。当数据的物理组织或存储设备改变时，用户程序就必须重新编制。由于数据的组织面向应用，不同计算程序之间不能共享数据，使得不同的应用之间存在大量重复数据，很难维护应用程序之间数据的一致性，如图 1-1 所示。这一阶段的主要特征可归纳如下：

① 计算机中没有支持数据管理的软件；
② 数据组织面向应用，数据不能共享，数据重复；
③ 在程序中要规定数据的逻辑结构和物理结构，数据与程序不独立；
④ 数据处理方式为批处理。

例如，Acrobat 生成的数据与 Word 的数据无法共享，如图 1-2 所示。

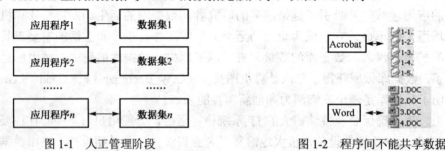

图 1-1　人工管理阶段　　　　　　　图 1-2　程序间不能共享数据

1.2.2 文件系统阶段

文件系统阶段的主要标志是计算机中有了专门管理数据库的软件——操作系统。20 世纪 50 年代中期到 60 年代中期，由于计算机大容量存储设备（如硬盘）的出现，推动了软件技术的发展，而操作系统的出现标志着数据管理步入一个新的阶段。在文件系统阶段，数据以文件为单位存储在外存，且由操作系统统一管理。操作系统为用户使用文件提供了友好的界面。文件的逻辑结构与物理结构脱钩，程序与数据分离，使数据与程序有了一定的独立性。用户的程序与数据可分别存放在外存储器上，各应用程序可以共享一组数据，实现了以文件为单位的数据共享，文件系统结构图如图 1-3 所示。

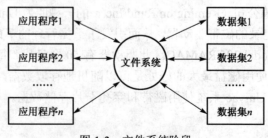

图 1-3　文件系统阶段

在文件系统中，一个 txt 文档既可以由 Word 软件打开，也可以由记事本软件打开，两种应用程序共享一个 txt 文档，如图 1-4 所示。由于文件系统中数据的组织仍然是面向程序的，存在大量数据冗余，数据的逻辑结构不能方便地修改和扩充，数据逻辑结构的每一点微小改变都会影响到应用程序。

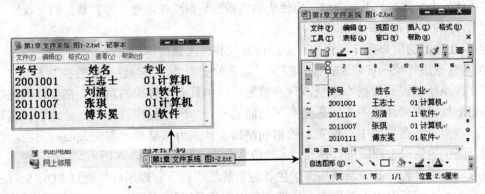

图 1-4　文件系统中不同应用程序共享数据

另一方面，文件之间互相独立，不能反映现实世界中事物之间的联系，操作系统不维护文件之间的联系信息。如果文件之间有内容上的联系，也只能由应用程序处理。例如，在 Windows 操作系统中的一个 Word 文档，其中的文字数据不能够被另外一个 Word 文档直接使用，如图 1-5 所示。如果两个 Word 文档有相同的数据，则必须各自复制一份，这种重复就是冗余，不方便维护。当图 1-5 中任何一个学生更换电话号码时，必须同时修改两个文档。如果修改有遗漏，则号码不一致，其中必然有一个号码是错误的。

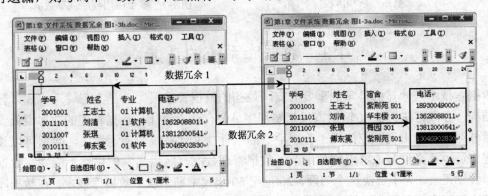

图 1-5　两个文档不能互相引用数据产生冗余

1.2.3　数据库系统阶段

20 世纪 60 年代后，随着计算机在数据管理领域的普遍应用，人们对数据管理技术提出了更高的要求：希望面向企业或部门，以数据为中心组织数据，减少数据的冗余，提供更高的数据共享能力，同时要求程序和数据具有较高的独立性，当数据的逻辑结构改变时，不涉及数据的物理结构，也不影响应用程序，以降低应用程序研制与维护的费用。数据库技术正是在这样一个应用需求的基础上发展起来的。

数据库技术有如下特点：

① 面向企业或部门，以数据为中心组织数据，形成综合性的数据库，为各应用共享。
② 采用一定的数据模型。数据模型不仅要描述数据本身的特点，而且要描述数据之间的联系。
③ 数据冗余小，易修改，易扩充。不同应用程序根据处理要求，从数据库中获取需要的数据，这样就减少了数据的重复存储，也便于增加新的数据结构，便于维护数据的一致性。
④ 程序和数据有较高的独立性。
⑤ 具有良好的用户接口，用户可方便地开发和使用数据库。
⑥ 对数据进行统一管理和控制，提供了数据的安全性、完整性及并发控制。

从文件系统发展到数据库系统，这在信息领域中具有里程碑的意义。在文件系统阶段，人们在信息处理中关注的中心问题是系统功能的设计，因此程序设计占主导地位；在数据库方式下，数据开始占据了中心位置，数据的结构设计成为信息系统首先关心的问题，而应用程序则以既定的结构为基础进行设计。本阶段文件系统结构图如 1-6 所示。例如，在某大学的网络服务软件中"教师管理系统"、"学生管理系统"、"教务管理系统"通过 SQL Server 管理系统共享教务数据库中的"学生表"、"课程表"、"教师表"、"成绩表"，如图 1-7 所示。

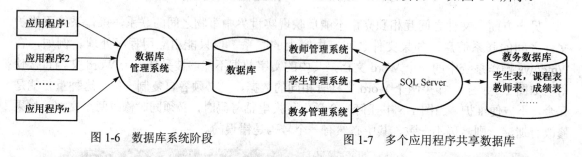

图 1-6　数据库系统阶段　　　　　　图 1-7　多个应用程序共享数据库

1.3　数据库系统的功能

数据库技术是计算机科学的重要分支。最初的数据管理采用的是人工管理方式，数据的存储结构、存取方法、输入/输出方式都要程序员亲自动手设计，数据管理的效率很低。随着大容量外存储器的出现，专门用于管理数据的软件"文件系统"应运而生，数据可以长期保存，程序员也不必过多地考虑物理细节，数据管理效率有所提高，但仍然不能共享数据，导致数据大量冗余。为了解决这个问题，20 世纪 60 年代中期出现了数据库技术，在数据库中可以实现应用程序间的数据共享，并最大限度地减少冗余，保证数据的正确性。由于数据库具有数据结构化好、冗余度小、数据独立性高、数据共享性高和易于扩充等优点，所以被广泛应用于数据处理中。

数据库是信息时代的产物，可实现大量信息的管理和处理。人们通过数据库可以方便地使用、查找所需要的信息。一个完整的数据库系统（DataBase System，DBS）由数据库（DateBase，DB）、数据库管理系统（DataBase Management System，DBMS）、数据库应用系统（DataBase Administrator System，DBAS）、数据库管理员（DataBase Administrator，DBA）及用户（User）组成。图 1-8 所示为数据库系统的组成，图 1-9 所示为数据库的角色访问层次。

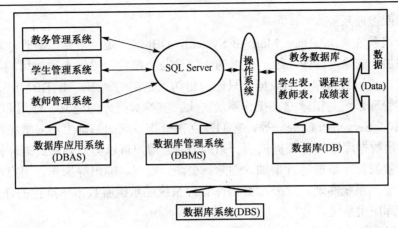

图 1-8 数据系统的组成

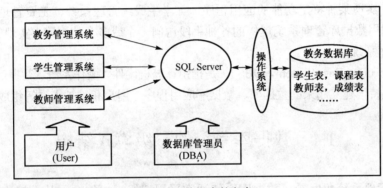

图 1-9 数据库的角色

在介绍数据库之前首先需要理解关于数据库的几个概念。

（1）数据

数据（Data）是信息的符号化表示，是记录事务的物理符号。数据的表示形式是多种多样的，可以是数值的、字符的、图形的、声音的等。为了了解世界、交流信息，人们需要描述这些事物。在日常生活中直接用自然语言（如汉语）描述。在计算机中，为了存储和处理这些事物，就要抽出这些事物的特征组成一个记录来描述。

例如，在学生档案中，如果人们最感兴趣的是学生的姓名、性别、年龄、出生年月、籍贯、所在系别、入学时间，那么可以这样描述（刘清，女，21，1990，福建，计算机系，2011），这里的学生记录就是数据。对于上面这条学生记录，了解其含义的人会得到如下信息：刘清是个大学生，1990 年出生，女，福建人，2011 年考入计算机系；而不了解其语义的人则无法理解其含义。可见，数据的形式还不能完全表达其内容，需要经过解释。所以数据和关于数据的解释是不可分的，数据的解释是指对数据含义的说明，数据的含义称为数据的语义，数据与其语义是不可分的。

（2）数据库

所谓数据库（DataBase，DB）就是长期存放在计算机内，以一定组织方式动态存储的、相互关联的、可共享的数据集合。数据库中的数据结构化好、冗余度小、独立性高、共享性高并易于扩充。数据库存储数据，是一个静态的存储结构。数据库中的数据是存放在外存储器中的永久性数据，使用时必须把它调入内存。

（3）数据库管理系统

数据库管理系统（DataBase Manage System，DBMS）是一个专门的管理软件，负责数据的检索、增加、删除与修改，维护数据的一致性与完整性，提供正确使用的各种机制。应用程序不能直接使用数据库中的数据，只能提出访问数据的请求，由 DBMS 完成对数据的操作。数据库管理系统是指建立在操作系统之上，支持数据库的建立、使用和维护的软件，如 Microsoft SQL Server 和 Oracle 等。它们建立在操作系统的基础上，对数据库进行统一管理和控制。利用数据库管理系统提供的一系列命令，用户可以建立各种数据库操作文件和辅助文件，定义数据及对数据进行增加、删除、更新、查找、输出等操作。用户对数据的操作要通过数据库管理系统实现。此外，数据库管理系统还承担着数据库维护的任务。

（4）数据库应用系统

数据库应用系统（DataBase Application System，DBAS）是指用 Visual Basic、FoxPro 等开发工具设计的、实现某种特定功能的应用程序，如学生成绩管理系统、工资管理系统、物资管理系统等。它利用数据库管理系统提供的各种手段访问一个或多个数据库，实现其特定的功能。

（5）数据库系统

数据库系统（DataBase System，DBS），是指由计算机硬件、操作系统、数据库管理系统，以及在其他对象支持下建立起来的数据库、数据库应用程序，用户和维护人员等组成的一个整体。

1.4 数据库系统的三级模式结构

从数据库管理系统角度看，数据库系统通常采用三级模式结构。从数据库最终用户角度看，数据库系统的结构分为集中式结构、分布式结构、客户/服务器结构和并行结构。

数据库系统的三级模式结构是指数据库系统是由外模式、模式和内模式三级构成的，如图1-10所示。用户级对应外模式，概念级对应模式（概念模式和逻辑模式），物理级对应内模式。在一个数据库系统中，只有唯一的数据库，因而作为定义、描述数据库存储结构的内模式和定义、描述数据库逻辑结构的模式，也是唯一的，但建立在数据库系统之上的应用则是非常广泛、多样的，所以对应的外模式不是唯一的，也不可能是唯一的。

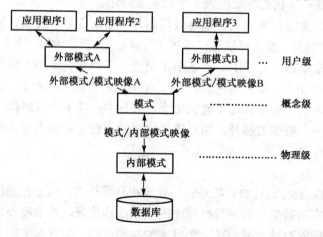

图1-10 数据库系统的三级模式结构

（1）模式

模式又称概念模式或逻辑模式，对应于概念级。它是由数据库设计者综合所有用户的数据，按照统一的观点构造的全局逻辑结构，是对数据库中全部数据的逻辑结构和特征的总体描述，是所有用户的公共数据视图（全局视图）。它是由数据库管理系统提供的数据模式描述语言（Data Description Language，DDL）来描述、定义的，反映了数据库系统的整体观。

（2）外模式

外模式又称子模式，对应于用户级。它是某个或某几个用户所看到的数据库的数据视图，是与某一应用有关的数据的逻辑表示。外模式是从模式导出的一个子集，包含模式中允许特定用户使用的那部分数据。用户可以通过外模式描述语言来描述、定义对应于用户的数据记录（外模式），也可以利用数据操纵语言（Data Manipulation Language，DML）对这些数据记录进行操纵。外模式反映了数据库的用户观。

（3）内模式

内模式又称存储模式，对应于物理级，是数据库中全体数据的内部表示或底层描述，是数据库最低一级的逻辑描述，它描述了数据在存储介质上的存储方式和物理结构，对应着实际存储在外存储介质上的数据库。内模式由内模式描述语言来描述、定义，反映了数据库的存储观。

（4）三级模式间的映射

数据库的三级模式是数据库在3个级别（层次）上的抽象，使用户能够逻辑地、抽象地处理数据而不必关心数据在计算机中的物理表示和存储。实际上，对于一个数据库系统而言，已有的物理级数据库是客观存在的，它是进行数据库操作的基础（内模式），概念级数据库中不过是物理数据库的一种逻辑的、抽象的描述（即模式），用户级数据库则是用户与数据库的接口，它是概念级数据库的一个子集（外模式）。

不同级别的用户对数据库形成不同的视图。所谓视图，就是指观察、认识和理解数据的范围、角度和方法，是数据库在用户"眼中"的反映。很显然，不同层次（级别）的用户"看到"的数据库是不同的，图1-11所示为一个三级模式映射的例子。用户应用程序"教务管理系统"根据外模式"学生视图"和"教师视图"进行数据操作，通过"外模式/模式映射"定义和建立某个外模式与模式间的对应关系，将外模式"学生视图""教师视图"与模式"学生表""教师表"联系起来，当模式发生改变时，只要改变其映射，就可以使外模式保持不变，对应的应用程序也可以保持不变。另一方面，可通过"模式/内模式映射"定义建立数据的逻辑结构（模式）"学生表""成绩表"与存储结构（内模式）"学生表""成绩表"间的对应关系。当数据的存储结构发生变化时，只需改变"模式/内模式映射"，就能保持模式不变，因此应用程序也可以保持不变。

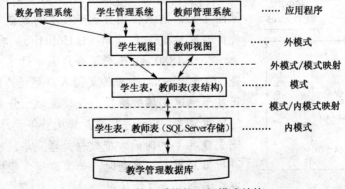

图1-11 教务系统的三级模式结构

例如，图 1-12 所示的教务系统的三级模式实例是图 1-11 的一个例子。其中，图 1-12(c) "学生文件"、"课程文件"、"选课文件"是显示内模式表示数据的底层结构，即物理结构；图 1-12(b)中显示的模式"学生关系"、"选课关系"、"课程关系"只与逻辑结构有关，与物理结构无关。通过模式与内模式的映射，可以保证逻辑结构与底层物理存储具有相对独立性，也就是说，当物理存储改变时（例如存储位置发生改变），不需要修改逻辑结构，只要修改映射，就可以保证数据库能够运行。图 1-12(a)外模式"成绩单"显示与用户交互的部分，也就是说，可以通过外模式隐藏不希望用户看到的信息，同时代码通过外模式访问数据，可以使得代码具有可移植性。也就是说，代码可以脱离数据库的逻辑结构，当数据库逻辑结构发生改变时，只要修改模式与内模式的映射，不需要修改代码即可运行。

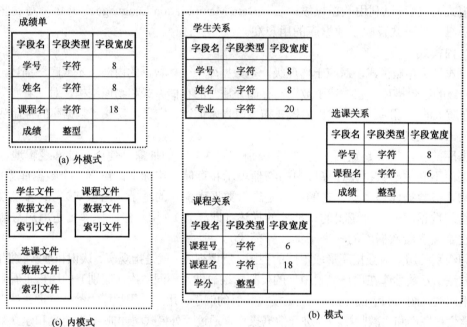

图 1-12　教务系统的三级模式实例

扩展阅读

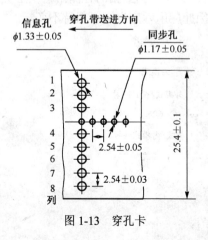

图 1-13　穿孔卡

穿孔卡是早期计算机的信息输入设备，通常可以存储 80 列数据。它是一种很薄的纸片，面积为 190×84 mm^2，见图 1-13。首次使用穿孔卡技术的数据处理机器，是美国统计专家赫曼·霍列瑞斯（H.Hollerith）博士的伟大发明。

公元 1880 年，美利坚合众国举行了一次全国性人口普查，为当时 5000 余万的美国人口登记造册。当时美国经济正处于迅速发展的阶段，人口流动十分频繁，再加上普查的项目繁多，统计手段落后，从当年元月开始的这次普查，花了 7 年半的时间才把数据处理完毕。也就是说，直到快进行第二次人口普查时，美国政府才能得知第一次人口普查期间全国人口的状况。

人口普查需要处理大量数据，如用调查表采集的项目年龄、性别等，并且还要统计出每个社区有多少儿童和老人，有多少男性公民和女性公民等。这些数据是否也可以由机器自动进行统计？采矿工程师霍列瑞斯想到了纺织工程师杰卡德80年前发明的穿孔纸带。杰卡德提花机用穿孔纸带上的小孔控制提花操作的步骤，即编写程序。霍列瑞斯则进一步设想要用它来存储和统计数据，于是他想发明一种自动制表的机器。两年后，霍列瑞斯博士离开了人口局，到专利事务所工作了一段时间，也曾任教于麻省理工学院，他一边工作，一边致力于自动制表机的研制。

霍列瑞斯首先把穿孔纸带改造成穿孔卡片，以适应人口数据采集的需要。由于每个人的调查数据有若干不同的项目，如性别、籍贯、年龄等。霍列瑞斯把每个人所有的调查项目依次排列于一张卡片上，然后根据调查结果在相应项目的位置上打孔。例如，穿孔卡片"性别"栏目下有"男"和"女"两个选项，"年龄"栏目下有从"0岁"到"70岁以上"等系列选项，等等。统计员可以根据每个调查对象的具体情况，分别在穿孔卡片各栏目的相应位置打出小孔。每张卡片都代表着一位公民的个人档案。

霍列瑞斯博士巧妙的设计在于自动统计。他在机器上安装了一组盛满水银的小杯，穿好孔的卡片就放置在这些水银杯上。卡片上方有几排精心调好的探针，探针连接在电路的一端，水银杯则连接于电路的另一端。与杰卡德提花机穿孔纸带的原理类似：只要某根探针撞到卡片上有孔的位置，便会自动跌落下去，与水银接触从而接通电流，启动计数装置前进一个刻度。由此可见，霍列瑞斯穿孔卡表示的也是二进制信息：有孔处能接通电路计数，代表该调查项目为"有"（"1"），无孔处不能接通电路计数，表示该调查项目为"无"（"0"）。

直到1888年，霍列瑞斯博士才完成了自动制表机的设计并申报了专利。他发明的这种机电式计数装置，比传统纯机械装置更加灵敏，因而被1890年后的历次美国人口普查选用，获得了巨大的成功。例如，1900年进行的人口普查全部采用霍列瑞斯制表机，平均每台机器可代替500人工作，全国的数据统计仅用了1年多时间。虽然霍列瑞斯发明的并不是通用计算机，除了能统计数据表格外，它几乎没有别的什么用途，然而制表机穿孔卡第一次把数据转变成二进制信息。在以后的计算机系统里，利用穿孔卡片输入数据的方法一直沿用到20世纪70年代，数据处理也发展成为计算机的主要功能之一。

依托自己发明的制表机，霍列瑞斯博士创办了一家专业制表机公司，但不久就因资金周转不灵陷入困境，被另一家CTR公司兼并。1924年，CTR公司更名为"国际商业机器公司"，英文缩写为IBM，专门生产打孔机、制表机一类的产品。到了1950年，IBM的卡片已被业界与政府机构广泛使用，为了让卡片可作为证明文件重复使用，卡片上都印有"请勿折叠、卷曲或毁损"的警示词，这行警示词后来还成为后二次大战时期的流行标语。

FORTRAN程序穿孔卡的使用直到20世纪70年代为止，不少计算机设备仍以卡片作为处理媒介，世界各地都有科学系或工程系的大学生拿着大叠卡片到当地的计算机中心交作业程序，一张卡片代表一行程序，然后耐心排队等着自己的程序被计算机中心的大型计算机处理、编译并执行。一旦执行完毕，就会打印出附有身份识别的报表，放在计算机中心外的文件盘里。如果最后打印出一大串程序语法错误的信息，学生就得修改后重新再一次执行程序。穿孔卡直到今日仍未绝迹，其特殊的尺寸（80行的长度）在世界各地仍使用在各式表格、记录和程序中。

杰卡德和霍列瑞斯分别开创了程序设计和数据处理之先河。以历史的目光审视他们的发明，正是这种程序设计和数据处理，构成了计算机软件的雏形。

习题

1. 数据库系统的发展过程分成哪几个阶段?
2. 数据管理技术发展过程中,文件系统与数据库系统的重要区别是什么?
3. 数据库系统的功能有那些?
4. 数据库系统的模式结构是怎样的?有什么样的用途?
5. 通常所说的数据库系统(DBS)、数据库管理系统(DBMS)和数据库(DB)三者之间的关系是什么?

第 2 章

数据模型

数据库系统的萌芽出现于 20 世纪 60 年代。当时计算机开始广泛应用于数据管理，对数据的共享提出了越来越高的要求。传统的文件系统已经不能满足人们的需要。能够统一管理和共享数据的数据库管理系统（DBMS）应运而生。数据模型是数据库系统的核心和基础，各种 DBMS 软件都是基于某种数据模型的。所以，通常也按照数据模型的特点将传统数据库系统分为网状数据库、层次数据库和关系数据库三类。

模型（Model）是对现实世界的抽象。在数据库技术中，用数据模型（Data Model）的概念描述数据库的结构和语义，对现实世界的数据进行抽象。依据抽象级别的不同，定义了 4 种模型：概念模型、逻辑模型、外部模型和内部模型。数据模型是数据库系统中用以提供信息标识和操作手段的形式构架。4 种模型之间的关系如图 2-1 所示。其中，"概念模型"是表达用户需求观点的数据全局逻辑结构的模型，"逻辑模型"是表达计算机实现观点的数据库全局逻辑结构的模型，"外部模型"是表达用户使用观点的数据库局部逻辑结构的模型，"内部模型"是表达数据库物理结构的模型。

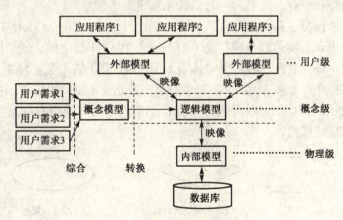

图 2-1　4 种模型之间的关系

数据库设计的过程就是数据抽象的过程。首先，根据用户需求设计数据库的概念模型；其次，根据转换规则将概念模型转换成数据库的逻辑模型；再次，根据不同的应用设计外部模型给应用程序，即把在逻辑模型上二次加工得到的外部模型提供给不同用户使用，外部模型与内部模型的对应称为映像；最后，根据逻辑模型设计内部模型，即物理的存储。内部模型与逻辑模型之间的对应称为映像。

2.1 概念模型

4种模型中概念模型的抽象级别最高,其特点如下:

① 概念模型表达了数据的整体逻辑结构,它是系统用户对整个应用项目涉及数据的全面描述。

② 概念模型是从用户需求的观点出发,对数据建模。

③ 概念模型独立于硬件和软件。硬件独立意味着概念模型不依赖于硬件设备,软件独立意味着该模型不依赖于实现时的 DBMS 软件。因此,硬件或软件的变化都不会影响 DB 的概念模型设计。

④ 概念模型是数据库设计人员与用户之间交流的工具。

概念模型描述的信息世界涉及的概念主要有:实体、属性、域、实体型、实体集、码、联系。

① 实体:客观存在并可相互区分的事物称为实体。

② 属性:实体所具有的某一特性称为属性。一个实体可以用若干属性来刻画。

③ 属性域:属性的取值范围称为属性域(值域)。

④ 实体型:某些实体具有相同的属性,它们所具有的共同特征和性质称为实体型。

⑤ 实体集:同型实体的集合称为实体集,如全体学生就是一个实体集。

⑥ 码(Key):唯一标识实体的属性集称为码(关键字)。

⑦ 联系:现实世界中的事物相互联系,可以用实体集之间的关联关系加以描述。实体之间的联系分为三类——一对一联系、一对多联系和多对多联系。

现在采用的概念模型主要是实体联系模型(Entity Relationship Model,E-R 模型)。E-R 模型主要用 E-R 图来表示。实体联系模型是 P.P.Chen 于 1967 年提出的。这个模型从现实世界中抽象出实体类型及实体间联系,然后用实体联系图(E-R 图)表示数据模型。E-R 图有 3 种基本元素,E-R 图中的符号及意义如图 2-2 所示:第一种是矩形框,用于表示实体类型;第二种是菱形框,用于表示联系;第三种是椭圆形框,用于表示实体类型和联系类型的属性。实体标识符的属性名下应画横线。

(a) 实体型　　　　(b) 实体间的联系　　　　(c) 实体的属性

图 2-2　E-R 图符号

例如,图 2-3 所示为一个 E-R 图的示例,显示学生与课程实体关系。其中,"学号"、"姓名"为学生实体的属性,"课程号"、"课程名"为课程实体的属性,"选课"为"学生"与"课程"实体间的联系,"成绩"为"选课"联系的属性。

E-R 模型只能说明实体间的语义联系,不能说明详细的数据结构。在进行数据库设计时,一般先设计一个 E-R 模型,然后再把 E-R 模型转换成计算机能实现的数据模型。例如,可以将 E-R 模型转换为层次模型,也可以转换为关系模型。

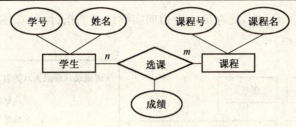

图 2-3 学生与课程的 E-R 图

2.2 逻辑模型

选定数据库应用系统软件之后,就需要将概念模型按照数据库应用软件的特点转换成逻辑模型。逻辑模型主要有层次数据模型、网状数据模型、关系数据模型和对象数据模型 4 种。逻辑模型的特点如下:① 逻辑模型表达了数据库的整体逻辑结构;② 逻辑模型是从数据库实现的观点出发对数据建模;③ 逻辑模型独立于硬件,但依赖于软件;④ 逻辑模型是数据库设计人员与应用程序员之间交流的工具。

2.2.1 层次数据模型

层次型 DBMS 是紧随网络型数据库而出现的。最著名、最典型的层次数据库系统是 IBM 公司在 1968 年开发的 IMS(Information Management System),一种适合其主机的层次数据库。这是 IBM 公司研制的、最早的大型数据库系统程序产品。从 20 世纪 60 年代末起,如今已经发展到 IMSV6,提供群集、N 路数据共享、消息队列共享等先进特性的支持。这个具有 50 年历史的数据库产品在如今的 WWW 应用连接、商务智能应用中扮演着新的角色。

层次模型用树状结构表示实体类型与实体间的联系,实质上是一种有根结点的定向有序树(在数学中"树"被定义为一个无回路的连通图)。树根与枝点之间的联系称为边,树根与边之比为 1∶M,即树根只有 1 个,树枝有 M 个。按照层次模型建立的数据库系统称为层次模型数据库系统。层次模型的表示方法是:树的结点表示实体集(记录的型),结点之间的连线表示相连两实体集之间的关系;通常把表示 1 的实体集放在上方,称为父结点,表示 M 的实体集放在下方,称为子结点。层次模型的结构特点是:① 有且仅有一个根结点;② 根结点以外的其他结点有且仅有一个父结点,但可以有任意子结点;③ 无子女的结点称为叶结点。

层次模型只能表示 1-M 关系,而不能直接表示 M-M 关系。在层次模型中,一个结点称为一个记录型,用来描述实体集。每个记录型可以有一个或多个记录值,上层一个记录值对应下层一个或多个记录值,而下层每个记录值只能对应上层一个记录值。层次模型如图 2-4 所示,数据如图 2-5 所示,在 XML 文件中数据就是以层次的结构存储的。

层次模型中对实体集多对多的联系的处理,解决方法是引入冗余结点。例如,学生和课程之间的多对多的联系,引入学生和课程的冗余结点,如图 2-6 所示,转换为两棵树:一棵树的根是学生,子结点是课程,它表现了一个学生可以选多门课程,如图 2-7 所示;另一棵树的根是课程,子结点是学生,它反映了一门课程可以被多个学生选,如图 2-8 所示。冗余结点可以用虚拟结点实现:在冗余结点处存放一个指向实际结点的指针。例如图2-7中的课程号结点,以及图2-8中的学号结点。

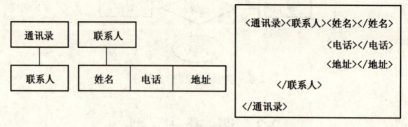

图 2-4　通讯录的层次模型

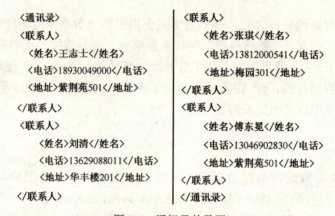

图 2-5　通讯录的数据

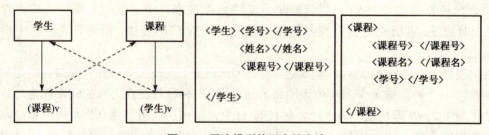

图 2-6　层次模型的冗余结点法

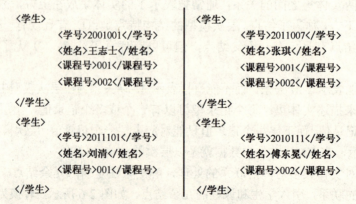

图 2-7　学生-课程

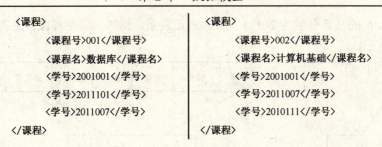

图 2-8 课程-学生

层次模型的树是有序树（层次顺序）。对任一结点的所有子树都规定了先后次序，这一限制隐含了对数据库存取路径的控制。树中父子结点之间只存在一种联系，对树中的任一结点，只有一条自根结点到达它的路径，因此，不能直接表示多对多的联系。树结点中任何记录的属性只能是不可再分的简单数据类型。

层次模型的优点是：首先，层次数据模型本身比较简单；其次，层次模型中父子实体间联系是固定的，且预先定义好的应用系统，采用层次模型来实现，其性能优于关系模型，不低于网状模型；最后，层次数据模型提供了良好的完整性支持。

层次模型的缺点主要是：首先，现实世界中很多联系是非层次性的，如多对多联系、一个结点具有多个双亲等，层次模型表示这类联系的方法很笨拙，只能通过引入冗余数据（易产生不一致性）或创建非自然的数据组织（引入虚拟结点）来解决；其次，层次模型对插入和删除操作的限制比较多，查询子结点必须通过父结点；最后，层次模型的结构严密，层次命令趋于程序化，应用程序的编写较为复杂。

2.2.2 网状数据模型

最早出现的是网状 DBMS，是美国通用电气公司 Bachman 等在 1961 年开发成功的 IDS（Integrated Data Store）。1961 年通用电气公司（General Electric Co.）的 Charles Bachman 成功地开发出世界上第一个网状 DBMS 也是第一个数据库管理系统——集成数据存储（Integrated Data Store IDS），奠定了网状数据库的基础，并在当时得到了广泛的发行和应用。IDS 具有数据模式和日志的特征，但它只能在 GE 主机上运行，并且数据库只有一个文件，数据库中所有的表必须通过手工编码来生成。之后，通用电气公司一个客户 BF Goodrich Chemical 公司最终不得不重写了整个系统，并将重写后的系统命名为集成数据管理系统（IDMS）。网状数据库模型对于层次和非层次结构的事物都能比较自然地模拟，在关系数据库出现之前网状 DBMS 要比层次 DBMS 用得普遍。在数据库发展史上，网状数据库占有重要地位。1973 年，Cullinane 公司（也就是后来的 Cullinet 软件公司），开始出售 Goodrich 公司的 IDMS 改进版本，并且逐渐成为当时世界上最大的软件公司。

网状数据模型用有向图表示实体类型及实体之间的联系。有向图是一种比层次模型更具普遍性的结构，它去掉了层次模型的两个限制：① 允许多个结点没有双亲结点；② 允许结点有多个父结点，此外它还允许两个结点之间有多种联系（称为复合联系）。结点表示实体，边表示实体之间的联系。

在网状数据模型中，虽然每个结点可以有多个父结点，但是每个父记录和子记录之间的联系只能是 $1:N$ 的联系。因此，在网状数据模型中，对于 $M:N$ 的联系，必须人为地增加记录类型，把 $M:N$ 的联系分解为多个 $1:N$ 的二元联系。例如，学生和课程之间的多对多的联系，如图2-9所示。

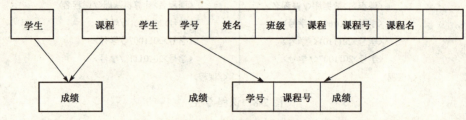

图2-9　学生-课程的网状模型

网状模型的优点在于可以表示丰富的关系（包括多对多的关系），性能良好，存取效率高等。但是它也存在致命的弱点：结构复杂，其数据定义语言数据操作语言较为复杂，用户掌握使用较为困难，编程复杂等。

2.2.3　关系数据模型

网状数据库和层次数据库已经很好地解决了数据的集中和共享问题，但在数据独立性和抽象级别上仍有很大欠缺。用户在对这两种数据库进行存取时，仍然需要明确数据的存储结构，指出存取路径，而后来出现的关系数据库较好地解决了这些问题。

1. 发展历程

1970年，IBM的研究员E.F.Codd博士在刊物"Communication of the ACM"上发表了一篇名为"A Relational Model of Data for Large Shared Data Banks"的论文，提出了关系模型的概念，奠定了关系模型的理论基础。尽管之前在1968年Childs已经提出了面向集合的模型，然而这篇论文仍然被普遍认为是数据库系统历史上具有划时代意义的里程碑。Codd的心愿是为数据库建立一个优美的数据模型。后来Codd又陆续发表多篇文章，论述了范式理论和衡量关系系统的12条标准，用数学理论奠定了关系数据库的基础。关系模型有严格的数学基础，抽象级别比较高，而且简单清晰，便于理解和使用。但是当时也有人认为关系模型是理想化的数据模型，用来实现DBMS是不现实的，尤其担心关系数据库的性能难以被接受，更有人视其为对当时正在进行中的网状数据库规范化工作的严重威胁。为了促进对问题的理解，1974年ACM牵头组织了一次研讨会，会上开展了一场分别以Codd和Bachman为首的支持和反对关系数据库两派之间的辩论。这次著名的辩论推动了关系数据库的发展，使其最终成为现代数据库产品的主流。

1970年，关系模型建立之后，IBM公司在San Jose实验室增加了更多研究人员研究这个项目，这个项目就是著名的System R。其目标是论证一个全功能关系DBMS的可行性。该项目结束于1979年，完成了第一个实现SQL的DBMS。然而，IBM对IMS的承诺阻止了System R的投产，一直到1980年System R才作为产品正式推向市场。IBM产品化步伐缓慢的3个原因是：IBM重视信誉，重视质量，尽量减少故障；IBM是个大公司，行政体系庞大；IBM内部已经有层次数据库产品，相关人员不积极，甚至反对。

1973年加州大学伯克利分校的Michael Stonebraker和Eugene Wong利用System R已发布的信息开始开发自己的关系数据库系统Ingres。他们开发的Ingres项目最后由Oracle公司、Ingres公司及硅谷的其他厂商所商品化。后来，System R和Ingres系统双双获得ACM的1988年"软件系统奖"。

1976年霍尼韦尔公司（Honeywell）开发了第一个商用关系数据库系统Multics Relational

Data Store。关系型数据库系统以关系代数为坚实的理论基础经过几十年的发展和实际应用,技术越来越成熟和完善。其代表产品有甲骨文公司的 Oracle、IBM 公司的 DB2、微软公司的 MS SQL Server,以及 Informix、ADA BASD。

2. 概述

关系模型的主要特征是用二维表格表达实体集。与前两种模型相比,其数据结构简单,容易理解,可以表示一对一、一对多、多对多的关系。关系模型是由若干个关系模式组成的集合。学生课程的关系模型如图 2-10 所示,数据如图 2-11 所示。

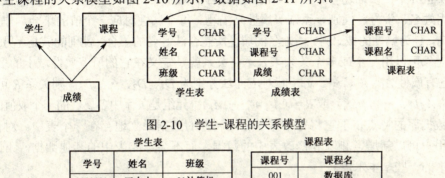

图 2-10 学生-课程的关系模型

学生表

学号	姓名	班级
2001001	王志士	01计算机
2011101	刘清	11软件
2011007	张琪	01计算机
2010111	傅东冕	01软件
2011001	李玉山	11计算机
2011102	张常景	11软件

课程表

课程号	课程名
001	数据库
002	计算机基础

成绩表

学号	课程号	成绩
2001001	001	60
2001001	002	80
2011101	001	58
2011007	001	76
2011007	002	89
2010111	002	53

图 2-11 学生-课程的关系数据

根据关系数据理论和 Codd 准则的定义,一种语言必须能处理与数据库的所有通信问题,这种语言有时也称为综合数据专用语言,该语言在关系型数据库管理系统中就是 SQL。SQL 的使用主要通过数据操纵、数据定义和数据管理 3 种操作实现。

关系模型的完整性规则是对数据的约束。关系模型提供了 3 类完整性规则:实体完整性规则、参照完整性规则和用户定义完整性规则。其中,实体完整性规则和参照完整性规则是关系模型必须满足的完整性约束条件,称为关系完整性规则。

(1)实体完整性

实体完整性指关系的主属性(主键的组成部分)不能是空值。现实世界中的实体是可区分的,即它们具有某种唯一性标识。相应地,关系模型中以主键作为唯一性标识,主键中的属性即主属性不能取空值("不知道"或"无意义"的值)。如果主属性取空值,就说明存在某个不可标识的实体,即存在不可区分的实体,这与现实世界的环境相矛盾,因此这个实体一定不是一个完整的实体。例如"学生表"中的属性"学号"不能为空。

(2)参照完整性

如果关系的外键 R1 与关系 R2 中的主键相符,那么外键的每个值必须在关系 R2 中主键的值中找到或者其为空值。例如,"课程表"的属性"学号"必须与"学生表"的属性"学号"相符。

（3）用户定义完整性

它是针对某一具体的实际数据库的约束条件，由应用环境所决定，反映某一具体应用所涉及的数据必须满足的要求。关系模型提供定义和检验这类完整性的机制，以便用统一、系统的方法处理，而不必由应用程序承担这一功能。例如，"成绩表"中的属性"成绩"的取值范围在 0-100 之间，就是用户定义的完整性。

3. 基本概念

在现实世界中，要描述一个事物，常常取其若干特征来表示。这些特征称为属性。例如，大学生可用姓名、学号、性别、系别等属性来描述。每个属性对应一个值的集合，作为其可以取值的范围，称为属性的域。例如，姓名的域是所有合法姓名的集合，性别的域是 {男，女} 等。

一个对象可以用一个或多个关系来表示。关系就是定义在它的所有属性域上的多元关系。设为 R，它有属性 A_1、A_2、$\cdots$、A_n，其对应的域分别为 D_1、D_2、$\cdots$、D_n，则关系 R 可表示为：$R=(A_1/D_1, A_2/D_2, \cdots, A_n/D_n)$ 或 $R=(A_1, A_2, \cdots, A_n)$。元组是关系中各属性的一个取值的集合。

关系数据库的特点在于它将每个具有相同属性的数据独立地存在一个表中。对任何一个表而言，用户可以新增、删除和修改表中的数据，而不会影响表中的其他数据。下面介绍关系数据库中的一些基本术语。

① 候选码（Key）：关系中的某一属性或属性组的值唯一地决定其他所有属性的值，也就是唯一地决定一个元组，而其任何真子集无此性质，则称这个属性或属性组为该关系的候选码。

② 主码（Primary Key）：它是被挑选出来作为表行的唯一标识的候选码，一个表中只有一个主码。主码又称为主键。主码可以由一个字段，也可以由多个字段组成，分别称为单字段主码或多字段主码，主码又称主键。

③ 外码（Foreign Key）：如果一个码在一个关系中是主码，则在另一个关系中是外码。由此可见，外码表示了两个关系之间的联系，外码又称为外键。

例如图 2-11 中，"学号"是"学生表"的主码，"成绩表"中"学号"则是外码，"学号" + "课程号"是"成绩表"的主码，"课程号"是"课程表"的主码。所有主码在没有被选为主码前都是候选码，候选码可以有多个，而主码有一个。如果"学生表"同时有"学号"和"身份证"两个属性，这两个属性都能唯一地确定一个元组，因此，两个属性都是"候选码"，可以选择任意一个作为主码。

4. 关系的性质

关系模型原理的核心是"规范化"概念，规范化是把数据库组织成在保持存储数据完整性的同时最小化冗余数据的结构的过程。规范化的数据库是符合关系模型规则的数据库，通常把这些规则称为范式。

范式是符合某一种级别的关系模式的集合。关系数据库中的关系必须满足一定的要求即满足不同的范式。目前关系数据库有 6 种范式：第一范式（1NF）、第二范式（2NF）、第三范式（3NF）、Boyce-Codd 范式（BCNF）、第四范式（4NF）和第五范式（5NF）。在实际的数据库设计过程中，通常需要用到的是前三类范式。

关系模型的优点是：结构简单，容易被用户理解，数据具有独立性，采用非过程化的数据请求，用户不需要知道数据存储的细节——更重要的是关系模型具有坚实的理论基础。当然，关系模型也存在数据类型表达能力差、复杂查询的功能较弱等缺点。关系模型有如下特点：

① 关系是一个二维表，表中的每一行对应一个元组，表中的每一列有一个属性名且对应一个域。列是同质的，即每一列的值来自同一域。

② 关系中的每一个属性不可再分解，即所有域都应是原子数据的集合。

③ 关系中任意两个元组不能完全相同。关系中行的排列顺序、列的排列顺序是无关紧要的。每个关系都由关键字的属性集唯一标识各元组。

2.2.4 面向对象数据模型

随着信息技术和市场的发展，人们发现关系型数据库系统虽然技术很成熟，但其局限性也是显而易见的：它能很好地处理所谓的"表格型数据"，却对技术界出现的越来越多的复杂类型的数据无能为力。20世纪90年代以后，技术界一直在研究和寻求新型数据库系统。但在什么是新型数据库系统的发展方向的问题上，产业界一度相当困惑。受当时技术风潮的影响，在相当一段时间内，人们把大量精力花在研究"面向对象的数据库系统（Object Oriented Database）"或简称"OO数据库系统"上。值得一提的是，美国Stonebraker教授提出的面向对象的关系型数据库理论曾一度受到产业界的青睐。而Stonebraker本人也在当时被Informix花大价钱聘为技术总负责人。

面向对象的关系型数据库系统产品的市场发展情况并不理想。理论上的完美并没有带来市场的热烈反应。其不成功的主要原因在于，这种数据库产品的主要设计思想是企图用新型数据库系统来取代现有的数据库系统。这对许多已经运用数据库系统多年并积累了大量工作数据的客户，尤其是大客户来说，他们是无法承受新旧数据间的转换而带来的巨大工作量及巨额开支的。另外，面向对象的关系型数据库系统使查询语言变得极其复杂，从而使得无论是数据库的开发商家还是应用客户都视其复杂的应用技术为畏途。

1．对象和对象标识符

面向对象数据模型（Object-Oriented Data Model，OO数据模型）是面向对象程序设计方法与数据库技术相结合的产物，用以支持非传统应用领域对数据模型提出的新需求。在面向对象数据模型中，所有现实世界中的实体都模拟为对象，小至一个整数、字符串，大至一个公司、一部电影，都可以看成对象，每个对象都有一个系统内唯一不变的标识符，称为对象标识符（OID）。OID一般由系统产生，用户不得修改。OID是区别对象的唯一标识，与对象的属性值无关。

① 如果对象的属性值和方法一样，但OID不同，则仍认为是两个"相等"而不同的对象。

② 如果一个对象的属性值修改了，只要其标识符不变，则仍认为是同一对象。因此，OID可看成是对象的替身，以构造更复杂的对象。一个对象一般是由一组属性、一组方法、一个OID组成的。

每个对象包含若干属性，用以描述对象的状态、组成和特性。属性也是对象，它又可能包含其他对象作为其属性。这种递归引用对象的过程可以继续下去，从而组成各种复杂的对象。除了属性外，对象还包含若干方法，用以描述对象的行为特性。方法又称为操作，它可以改变对象的状态，对对象进行各种数据库操作。方法的定义与表示包含两个部分：一是方法的接口，说明方法的名称、参数和结果的类型；二是方法的实现部分，是用程序编写的一个过程，以实现方法的功能。面向对象逻辑模型如图2-12所示。

图2-12 面向对象逻辑模型

2. 封装和消息传递

在 OO 数据模型中，系统把一个对象的属性和方法封装成一个整体。对象的封装性体现在以下 3 个方面：① 对象具有清晰的边界；② 对象具有统一的外部接口；③ 对象的内部实现是不公开的。对象是封装的，对象与外界、对象之间的通信一般只能借助于消息。消息传送给对象，调用对象的相应方法，进行相应的操作，再以消息形式返回操作的结果。这种通信机制称为消息传递。消息一般由操作者、接收者、操作参数 3 个部分组成。对象、消息之间的关系如图 2-13 所示。

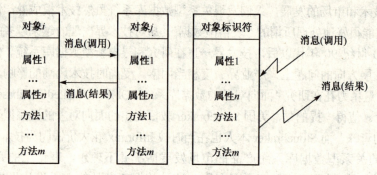

图 2-13 对象的消息传递

3. 类和实例

类是具有共同属性和方法的对象的集合，这些属性和方法可以在类中统一说明。同类对象在数据结构和操作性质方面具有共性。例如，大学生、研究生是一些有共同性质的对象，能抽象为一个学生。类中每个对象称为该类的一个实例。同一个类中，对象的属性名虽然是相同的，但这些属性的取值会因各实例而异。图 2-14(a)所示为学生类，图 2-14(b)所示为该学生类的一个实例。

在一些 OO 数据模型中，类视为对象，因此由类可以组成新的类。这种由类组成的类称为元类，元类的实例是类。图 2-15(a)所示的班级类是图 2-15(b)中学生类的组成部分，因此学生类为元类。

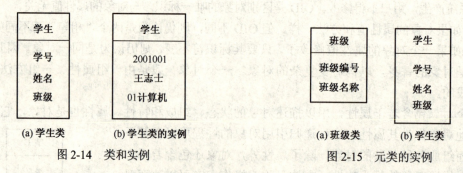

图 2-14 类和实例　　　　　　　　图 2-15 元类的实例

在类层次结构中，一个类的下层可以是多个子类；一个类的上层也可以有多个超类。在类继承时，可能发生属性名和方法名的同名冲突：① 各超类之间的冲突；② 子类与超类之间的冲突。

在关系数据模型中基本数据结构是表，这相当于 OO 数据模型中的类，而关系中的数据元组相当于 OO 数据模型中的实例。在关系数据模型中，对数据库的操作都归结为对关系的运算，而在 OO 数据模型中，对类层次结构的操作分为两部分：一是封装在类内的操作，即方法；二是类间相互沟通的操作，即消息。在关系数据模型中有域、实体和参照完整性约束。完整性约束条件可以用逻辑公式表示，称为完整性约束方法。在 OO 数据模型中，这些用于约束的公式可以用方法或消息表示，称为完整性约束消息。

2.3 内部模型

内部模型又称为物理模型，是数据库最底层的抽象，它描述数据在磁盘或磁带上的存储方式（文件的结构）、存取设备（外存的空间分配）和存取方法（主索引和辅助索引）。内部模型与硬件和软件紧密相关。因此，从事这个级别的设计人员必须具备全面的软硬件知识，在进行层次、网状模型设计时，要精心设计内部模型，以提高系统的效率。但随着计算机软硬件性能的大幅度提高，并且目前占绝对优势的关系模型以逻辑级为目标，因而可以不必考虑内部级的设计细节，由数据库管理系统自动实现。

2.3.1 层次数据模型

层次模型的物理存储有两种实现方法：顺序法和链接法。图 2-16 是通讯录 XML 数据，读取该文档时可以在内存中构造一个如图 2-17 所示的 DOM 树。

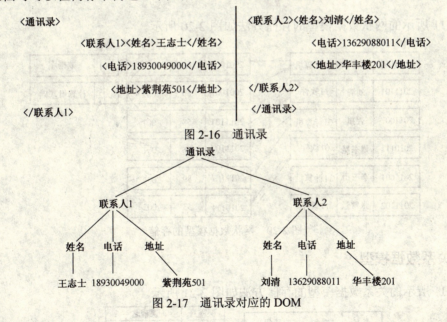

图 2-16 通讯录

图 2-17 通讯录对应的 DOM

1. 顺序法

顺序法是按照层次顺序把所有的记录邻接存放，即通过物理空间的位置相邻来实现层次顺序。按照顺序存储方式，在存储介质中的存储结果如图 2-18 所示。

| 通讯录 | 联系人1 | 姓名 | 王志士 | 电话 | 18930049000 | 地址 | 紫荆苑501 | 联系人2 | 姓名 | 刘清 | 电话 | 13629088011 | 地址 | 华丰楼201 |

图 2-18 层次数据的顺序存储

2. 指针法

各记录存放时不是按层次顺序，而是用指针按层次顺序把它们链接起来的，如图 2-19 所示。其中，图 2-19(a)中每个记录设两类指针，分别指向最左边的子女（每个记录型对应一个）和最近的兄弟，这种链接方法称为子女-兄弟链接法；图 2-19(b)是按树的前序顺序链接各记录值，这种链接方法称为层次序列链接法。

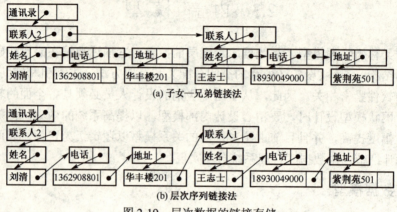

图 2-19　层次数据的链接存储

2.3.2　网状数据模型

图 2-11 所示的网状数据模型的存储方法如图 2-20 所示。

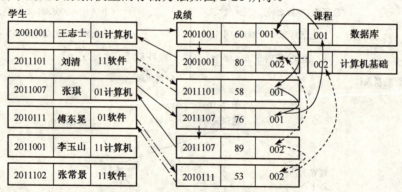

图 2-20　网状数据模型的存储

2.3.3　关系数据模型

图 2-11 所示的关系数据模型的存储方法如图 2-21 所示。

学号	姓名	班级
2001001	王志士	01计算机
2011101	刘清	11软件
2011007	张琪	01计算机
2010111	傅东冕	01软件
2011001	李玉山	11计算机
2011102	张常景	11软件

课程号	课程名
001	数据库
002	计算机基础

学号	课程号	成绩
2001001	001	60
2001001	002	80
2011101	001	58
2011007	001	76
2011007	002	89
2010111	002	53

图 2-21　学生-课程的关系模型的存储

2.4 外部模型

在应用系统中,常常根据业务的特点划分成若干个业务单位,每一个业务单位都有特定的约束和需求,在实际使用时,可以为不同的业务单位设计不同的外部模型。例如,为图2-11建立"学生管理系统"的外部模型,如图2-22所示。为"教师管理系统"建立外部模型,如图2-23所示。

课程名	成绩
数据库	60
计算机基础	80
编译原理	58
软件工程	76
数据结构	89
网络工程	53

图2-22 "学生管理系统"的外部模型

姓名	成绩
王志士	60
王武江	80
刘清	58
张可愈	76
张琪	89
傅东冕	53

图2-23 "教师管理系统"的外部模型

扩展阅读

查尔斯·巴赫曼——"网状数据库之父"

20世纪60年代中期以来,数据库技术的形成、发展和日趋成熟,使计算机数据处理技术跃上了一个新台阶,并从而极大地推动了计算机的普及与应用。因此,1973年的图灵奖首次授予在这方面作出杰出贡献的数据库先驱查尔斯·巴赫曼(Charles W. Bachman)。为了说明巴赫曼的功绩,让我们先简要回顾一下计算机数据处理发展的历史。

计算机在20世纪40年代诞生之初只用于科学与工程计算,不能用于数据处理,因为当时的计算机还只能处理数字,不能处理字母和符号,而字母和符号恰是数据处理中的主要处理对象。此外,当时的计算机也还没

查尔斯·巴赫曼

有数据处理所需要的大容量存储器。20世纪50年代初,发明了字符发生器(Character Generator),使计算机具有了能显示、存储与处理字母及各种符号的能力;又成功地将高速磁带机用于计算机作存储器,这是对计算机得以进入数据处理领域具有决定意义的两大技术进展。但是磁带只能顺序读写,速度也慢,不是理想的存储设备。1956年,IBM公司和Remington Rand公司先后实验成功磁盘存储器方案,推出了商用磁盘系统。磁盘不但转速快,容量大,还可以随机读写,为数据处理提供了更加理想的大容量、快速存储设备。有了这些硬件的支持,计算机数据处理便日益发展起来。

但是,初期的数据处理软件只有文件管理(File Management)这种形式,数据文件和应用程序一一对应,造成了数据冗余、数据不一致性和数据依赖(Data Dependence)。所谓数据依赖就是编写程序依赖于具体数据,拿COBOL这种常用的商用语言来说,程序员必须在数据部的文件节(DATADIVISION,FILESECTION)中详细说明文件中各数据项的类型、长度和

格式，在设备部的输入-输出节（ENVIRON-MENTDIVISION、INPUT-OUTPUTSECTION）中还要通过 SELECT 语句和 ASSIGN 语句把文件和具体设备联系起来，并使用 ORGANIZATION 语句和 SQL SERVERMODE 语句严格规定文件的组织方式和存取方式。根据这些具体规定，程序员再在过程部（PROCEDUREDIVISION）中用一系列命令语句导航，才能使系统完成预期的数据处理任务。应用程序与数据的存储、读取方式密切相关，这种状况给程序的编制、维护都造成很大的麻烦。

后来出现了文件管理系统 FMS（Pile Management System）作为应用程序和数据文件之间的接口，一个应用程序通过 FMS 可以与若干文件打交道，在一定程度上增加了数据处理的灵活性。但这种方式仍以分散、互相独立的数据文件为基础，数据冗余、数据不一致性、处理效率低等问题仍不可避免。这些缺点在较大规模的系统中尤为突出。以美国在 20 世纪 60 年代初制定的阿波罗登月计划为例，阿波罗飞船由约 200 万个零部件组成，它们分散在世界各地制造生产。为了掌握计划进度及协调工程进展，阿波罗计划的主要合约者 Rock-well 公司曾研制、开发了一个基于磁带的零部件生产计算机管理系统，系统共用了 18 盘磁带，虽然可以工作，但效率极低，18 盘磁带中 60% 的数据是冗余数据，维护十分困难。这个系统的状况曾一度成为实现阿波罗计划的重大障碍之一。

针对上述问题，各国学者、计算机公司、计算机用户及计算机学术团体纷纷开展研究，为改革数据处理系统进行探索与实验，其目标主要就是突破文件系统分散管理的弱点，实现对数据的集中控制，统一管理。结果就是出现了一种全新的高效的管理技术——数据库技术。Rockwell 公司与 IBM 公司合作，在当时新推出的 IBM 360 系列上研制成功了世界上最早的数据库管理系统之一 IMS（1nformation Management System），为保证阿波罗飞船 1969 年顺利登月作出了贡献。IMS 是基于层次模型的。几乎同时，巴赫曼在通用电气公司主持设计与实现了网状的数据库管理系统 IDS（Integrated Data System）。

巴赫曼 1924 年 12 月 11 日生于堪萨斯州的曼哈顿，1948 年在密歇根州立大学取得工程学士学位，1950 年在宾夕法尼亚大学取得硕士学位，20 世纪 50 年代在 Dow 化工公司工作，1961—1970 年在通用电气公司任程序设计部门经理，1970—1981 年在 Honeywell 公司任总工程师，同时兼任 Cullinet 软件公司的副总裁和产品经理。Cullinet 公司对中国人来说知之者不多，但这个公司当时在美国很有名气，它是 1978 年第一家在纽约股票交易所上市的软件公司，当时微软在新墨西哥州的阿尔伯克基开张不久，鲜为人知的是，它的股票是 1986 年上市的，比 Cullinet 晚 8 年之久，但 Cullinet 最终被 CA 公司购并。1983 年巴赫曼创办了自己的公司 Bachman Information System，Inc.。

巴赫曼在数据库方面的主要贡献有两项，第一就是前面说的，在通用电气公司任程序设计部门经理期间，主持设计与开发了最早的网状数据库管理系统 IDS，如图 2-24 所示。IDS 于 1964 年推出后，成为最受欢迎的数据库产品之一，而且它的设计思想和实现技术被后来的许多数据库产品所仿效。第二就是巴赫曼积极推动与促成了数据库标准的制定，也就是美国数据系统语言委员会 CODASYL 下属的数据库任务组

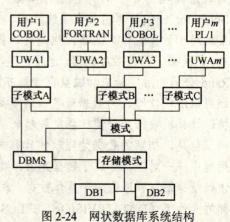

图 2-24 网状数据库系统结构

DBTG 提出的网状数据库模型以及数据定义和数据操纵语言即 DDL 和 DML 的规范说明，于 1971 年推出了第一份正式报告——DBTG 报告，成为数据库历史上具有里程碑意义的文献。该报告中基于 IDS 的经验所确定的方法称为 DBTG 方法或 CODASYL 方法，所描述的网状模型称为 DBTG 模型或 CODASYL 模型。DBTG 曾希望美国国家标准委员会 ANSI 接受 DBTG 报告为数据库管理系统的国家标准，但是没有成功。1971 年报告之后，又出现了一系列新的版本，如 1973 年、1978 年、1981 年和 1984 年的修改版本。DBTG 后来改名为 DBLTG（Data Base Language Task Group，数据库语言工作小组）。DBTG 首次确定了数据库的三层体系结构，明确了数据库管理员 DBA（Data Base Administrator）的概念，规定了 DBA 的作用与地位。DBTG 系统虽然是一种方案而非实际的数据库，但它所提出的基本概念却具有普遍意义，不但国际上大多数网状数据库管理系统，如 IDMS、PRIME DBMS、DMSl70、DMSⅡ和 DMS 1100 等都遵循或基本遵循 DBTG 模型，而且对后来产生和发展的关系数据库技术也有很重要的影响，其体系结构也遵循 DBTG 的三级模式（虽然名称有所不同）。下面简要介绍 DBTG 的系统结构。

  DBTG 的系统结构主要包括模式（Schema）、子模式（Subschema）、物理模式（Physical Schema）、数据操纵和数据库管理系统（DBMS，Data Base Management System）等几个部分。模式是对数据库整体数据逻辑结构的描述，它对应数据库的概念层，由数据库管理员借助模式数据描述语言 DDL（Data Description Language）建立。子模式是某一用户对他所关心的那部分数据的数据结构的描述，对应于数据库的外层或用户视图（user view），是由该用户自己或委托数据库管理员借助子模式数据描述语言加以定义的。物理模式或称为存储模式（storage schema）是对数据库的数据的存储组织方式的描述，对应于数据库的物理层，由数据库管理员通过数据存储描述语言 DSDL（Data Storage Description Language）加以定义（DSDL 是 DBTG 报告的 1978 年版本提出的，之前的报告用的名称称为数据介质控制语言 DMCL Data Media Control Language）。数据库可由多个用户、多个应用共享，数据库应用程序利用数据操纵语言 DML（Data Manipulation Language）实现对数据库数据的操纵，但一个应用程序必须援引某一模式的某一子模式（也就是说它操作的数据限于某一用户视图中的数据）。DML 语句可以嵌在宿主语言（如 COBOL，Fortran 等）中，在数据库管理系统的控制下访问数据库中的数据，并通过一个称为用户工作区 UWA（User Work Area）的缓冲区与数据库通信，完成对数据库的操作。数据库管理系统的其他功能包括维护数据库中数据的一致性（Consistency）、完整性（Integrity）、安全性（Security）和一旦出现故障情况下的恢复（Recovery），以及在多个应用程序同时存取同一数据单元时处理并发性（Concurrency），以避免出现"脏数据"（Dirty Data）或"丢失更新"（10seupdate）等不正常现象。由此可见，有关模式的数据描述语言 DDL 是建立数据库的工具，数据操纵语言 DML 是操作数据库、存取其中数据的工具，而数据库管理系统 DBMS 则是执行这种操作并负责维护与管理数据库的工具，它们各司其职，完成数据库整个生命期中的一切活动。

  由于巴赫曼在以上两方面的杰出贡献，巴赫曼被理所当然地公认为"网状数据库之父"或"DBTG 之父"，在数据库技术的产生、发展与推广应用等各方面都发挥了巨大的作用。

  在数据库的文档资料中，有一种描述网状数据库模型的数据结构图，这种图解技术是巴赫曼发明的，通常被称为巴赫曼图（Bachman Diagram）。此外，在担任 ISO/TC 97/SC—16 主席时，巴赫曼还主持制定了著名的"开放系统互连"标准，即 OSI（Open System

Interconection）。OSI 对计算机、终端设备、人员、进程或网络之间的数据交换提供了一个标准规程，实现 OSI 对系统之间达到彼此互相开放有重要意义。巴赫曼也是建立在波士顿的计算机博物馆的创始人之一。20 世纪 70 年代以后，由于关系数据库的兴起，网状数据库受到冷落。但随着面向对象技术的发展，有人预言网状数据库将有可能重新受到人们的青睐。但无论这个预言是否实现，巴赫曼作为数据库技术先驱的历史作用和地位是学术界和产业界普遍承认的。

巴赫曼是在 1973 年 8 月 28 日在亚特兰大举行的 ACM 年会上获得的图灵奖，他发表了题为"作为导航员的程序员"（The Programmer as Navigator）的图灵奖演说，刊载于 Communications of ACM, 1974 年 11 月, 653～658 页, 也可见《前 20 年的 ACM 图灵奖演说集》（ACM Turing Award Lectures The First 20Yean: 1966—1985, ACM Pr.), 269, 286 页。

数据库系统发展的历史性事件列表如下：

1951: Univac 系统使用磁带和穿孔卡片作为数据存储。
1956: IBM 公司在其 Model 305 RAMAC 中第一次引入了磁盘驱动器。
1961: 通用电气（GE）公司的 Charles Bachman 开发了第一个数据库管理系统——IDS。
1969: E.F. Codd 发明了关系数据库。
1973: 由 John J.Cullinane 领导 Cullinane 公司开发了 IDMS——一个针对 IBM 主机的基于网络模型的数据库。
1976: Honeywell 公司推出了 Multics Relational Data Store——第一个商用关系数据库产品。
1979: Oracle 公司引入了第一个商用 SQL 关系数据库管理系统。
1983: IBM 推出了 DB2 数据库产品。
1985: 为 Procter & Gamble 系统设计的第一个商务智能系统产生。
1991: W.H.Bill Inmon 发表了"构建数据仓库"。

习题

1. 数据库模型分为哪几个层次？分别有什么样的作用？
2. 层次模型是怎样的？试举例说明。
3. 网状模型是怎样的？试举例说明。
4. 关系模型是怎样的？试举例说明。
5. 举一个例子按照层次模型、网状模型以及关系模型的方式进行存储。

第3章

关系数据库理论

关系数据库建立在严格的数学概念的基础之上,采用单一的数据结构来描述数据间的联系。数据以二维表的形式出现,能够表示"一对一"、"一对多"、"多对多"的关系,并且数据维护的工作非常简单。近几年来,关系数据库已经成为数据库设计事实上的标准,这不仅因为关系模型本身具有强大的功能,而且还由于它提供了称为结构化查询语言(Structure Query Language,SQL)的标准接口,该接口允许以一致的、可以埋解的方法一起使用多种数据库工具和产品。

3.1 关系模式的定义

在关系数据库中,数据间的逻辑关系归结为满足一定条件的一张或多张二维表格,即关系表,多张彼此关联的表格的集合形成数据库。由于关系模型数据库查询速度快、操作简便,而网状模型和层次模型也可以转换为多个关系,用多个关系表来表示,因此关系模型数据库成为现在使用最多的一种数据库。在关系模型中,无论是实体还是实体之间的联系均由单一的结构类型即关系(表)来表示。

关系数据库是表的集合,表的列首为属性,每个属性有一个允许的值的集合,称为该属性的域。一般,有 n 个属性的表是 $D_1 \times D_2 \times D_3 \times \cdots \times D_{n-1} \times D_n$ 的一个子集。数学家将关系定义为一系列域上的笛卡儿积的子集。这一定义与我们对表的定义几乎相符,唯一的区别在于我们赋予了属性以名称。由于表实际上是关系,我们用数学名词关系和元组来代替表和行。元组变量就是代表行的变量。由于关系是元组的集合,所以元组出现在关系中的顺序是不相关的,因为顺序不同的关系具有相同的元组集。下面给出关系的形式化定义。

定义 3-1 域是一组具有相同数据类型的值的集合。

定义 3-2 给定一组域 $D_1, D_2, D_3, \cdots, D_{n-1}, D_n$,这些域中可以有相同的 $D_1, D_2, D_3, \cdots, D_{n-1}, D_n$ 的笛卡儿积 $D_1 \times D_2 \times D_3 \times \cdots \times D_{n-1} \times D_n = \{(d_1, d_2, d_3, \cdots, d_{n-1}, d_n) | d \in D_i, i = 1, 2, \cdots, n\}$,其中每个元素 $(d_1, d_2, d_3, \cdots, d_{n-1}, d_n)$ 叫做一个 n 元组或简称元组。元素中每一个值 d_i 叫做一个分量。

定义 3-3 $D_1 \times D_2 \times D_3 \times \cdots \times D_{n-1} \times D_n$ 的子集叫做在域 $D_1, D_2, D_3, \cdots, D_{n-1}, D_n$ 上的关系,表示为 $R(D_1, D_2, D_3, \cdots, D_{n-1}, D_n)$,这里 R 表示关系的名字,n 是关系的目或度。

按照定义 3-2,关系可以是一个无限集合。由于笛卡儿积不满足交换律,所以按照数学定义,$(d_1, d_2, d_3, \cdots, d_{n-1}, d_n) \neq (d_2, d_1, d_3, \cdots, d_{n-1}, d_n)$。当关系作为关系数据模型的数据结构时,需要给予如下的限定和扩充:

① 无限关系在数据库系统中是无意义的。因此，限定关系数据模型中的关系必须是有限集合。

② 通过为关系的每个列附加一个属性名的方法取消关系元组的有序性及$(d_1, d_2, d_3, \cdots, d_{n-1}, d_n) = (d_2, d_1, d_3, \cdots, d_{n-1}, d_n)(i, j = 1, 2, \cdots, n)$。

因此，基本关系具有以下 6 条性质：① 列是同质的，即列中的分量是同一类型的数据来自同一个域；② 不同的列可出自同一个域；③ 与列的顺序无关；④ 任意两个元组不能完全相同；⑤ 与行的顺序无关；⑥ 分量必须取原子值，即每一个分量都必须是不可分的数据项。

关系中的每个元素是关系中的元组，通常用 t 表示。当 $n = 1$ 时，关系为单元关系；当 $n = 2$ 时，称该关系为二元关系。关系是笛卡儿积的有限子集，表的每行对应一个元组，表的每列对应一个域。N 目关系必有 n 个属性。若关系中的某一属性组能唯一地标识一个元组，则称该属性组为候选码（Candidate key）。若一个关系有多个候选码，则选定其中一个为主码（Primary attribute）。主码的诸属性称为主属性（Primary attribute）。不包含在任何候选码中的属性称为非主属性（Nonprime attribute）。在最简单的情况下，候选码只包含一个属性。在最极端的情况下，关系模式的所有属性组是这个关系模式的候选码，称为全码（All-key）。

以"学生表"为例，表 3-1 是一个关系模式，表 3-2 是一个关系，表 3-1 对表 3-2 中的属性 XH、XM、XB、SFZ、CSRQ、JXJ 的域进行定义，对于一个关系而言，两个不同的属性可以具有相同的域。在表 3-2 中，每一行表示一个元组，每一列表示一个属性，同一列的属性值取自相同的域。其中，XH、SFZ 属性都能够唯一地标识一名学生，因此都是候选码，可以选择任意一个作为主码，这里根据需要取 XH 属性作为主码。

表 3-1 "学生表"的表结构

字段名	类型	宽度	小数位	索引	空值	字段说明
XH	nchar	7			否	学号
XM	nchar	8			否	姓名
XB	bit	1			是	性别
SFZ	nchar	18			否	身份证
CSRQ	date	8			否	出生日期
JXJ	int				是	奖学金

说明："字段说明"列用于对字段进行解释，不包含在"学生表"的表结构中。其中，"学生表"的"XH"字段，第 1、2 位是年级，第 3、4 位是专业号，第 5～7 位是学号。

表 3-2 "学生表"的数据

XH	XM	XB	SFZ	CSRQ	JXJ
0301001	李永年	True	350500198305214026	05/12/1983	100.00
0301002	张丽珍	False	350500198512017017	12/01/1985	150.00
0302001	陈俊雄	True	320300198503213042	03/21/1985	100.00
0302002	李军	True	210200198409112402	09/11/1984	150.00
0302003	王仁芳	False	502400198401223341	01/22/1984	200.00
0303001	赵雄伟	True	401200198312111123	12/11/1983	150.00

关系的概念对应于程序设计语言中变量的概念，而关系模式的概念对应于程序设计语言中类型定义的概念。为了使用方便，通常给关系模式一个名字，正如在程序设计语言中给类

型定义一个名字一样。关系实例的概念对应于程序设计语言中变量的值的概念。给定变量的值随时间可能发生变化;类似地,当关系被更新时,关系实例的内容也随时间发生变化,尽管如此,我们常常简单地用"关系"指代"关系实例"。

定义 3-4 关系的描述称为关系模式。它可以形式化地表示为:R(U,D,dom,F),其中,R 为关系名,U 为组成该关系的属性名集合,D 为属性组 U 中属性来自的域,dom 为属性向域的映像集合,F 为属性间数据的依赖关系集合。关系模式可以简记为 R(U) 或 R($A_1, A_2, \cdots, A_{n-1}, A_n$)。

关系模型的完整性规则是对关系的某种约束条件。关系模型中可以有 3 类完整性约束:实体完整性、参照完整性和用户定义的完整性。其中,实体完整性和参照完整性是关系模型必须满足的完整性约束条件,被称做是关系的两个不变性,应该由关系系统自动支持。完整性的说明如下。

实体完整性规则:若属性 A 是基本关系 R 的主属性,则属性 A 不能取空值。

定义 3-5 设 F 是基本关系 R 的一个或一组属性,但不是关系 R 的码。如果 F 与基本关系 S 的主码 K_S 相对应,则称 F 是基本关系 R 的外码,并称基本关系 R 为参照关系,基本关系 S 为被参照关系或目标关系。关系 R 和 S 不一定是不同的关系。

参照完整性规则:若属性 F 是基本关系 R 的外码,它与基本关系 S 的主码 K_S 相对应(基本关系 R 和 S 不一定是不同的关系),则对于 R 中每个元组在 F 上的值必须为:或者取空值(F 的每个属性值均为空值),或者等于 S 中某个元组的主码值。

用户定义的完整性:针对某一具体关系数据库的约束条件,它反映某一具体应用所涉及的数据必须满足的语义要求。

为了便于说明在这添加"性别表",表结构如表 3-3 所示,数据如表 3-4 所示。

表 3-3 "性别表"的表结构

字段名	类型	宽度	小数位	索引	空值	字段说明
XB	bit	1			否	性别
XBM	nchar	10			是	性别名

表 3-4 "性别表"的表数据

XB	XBM
True	男
False	女

对于"学生表"来说,实体完整性规则就是对于主码 XH 在每一元组中该属性值不能为空。"性别表"的主码为 XB,而在"学生表"中,XB 属性不是主码,"学生表"的 XB 属性值是参照"性别表"的主码 XB 取值的,因此"学生表"的 XB 属性为外码。在参照完整性规则中,"学生表"的 XB 属性要么取"性别表"的主码值,要么取空值。在"学生表"中 JXJ 属性的取值是有取值范围的,分为三个等级,分别是 100、150 和 200,对于"学生表"而言,JXJ 属性的用户定义的完整性就是 JXJ 属性的取值为(100, 150, 200)。

在关系数据库中有一些常见的概念,说明如下:

(1) 关系(表)

在关系数据库中,数据以关系的形式出现,可以把关系理解成一张二维表(Table)。每个表定义了某种特定的结构。例如,表 3-1"学生表"定义了 XH、XM 等信息。一个关系数据库可以由一张或多张表组成,每张表都有一个名称,即关系名。

(2) 记录(行)

每张二维表均由若干行和列构成,其中每一行称为一条记录(Record)。记录是一组数据项(字段值)的集合,表中不允许出现完全相同的记录,并且记录顺序无关。例如,在表 3-2

"学生表"中的每一行表示了每一个学生的信息,即学生"李永年"在学生表中的全部信息显示为一行,称为一条记录。每个学生的信息都是不同的,并且与顺序无关,即两个学生:"李永年"和"张丽珍"的记录,谁的记录在前面都不影响学生表中所表示的学生信息。

(3) 字段(列)

在二维表中每一列成为一个字段(Field),它对应表格中的数据项,每个数据项的名称成为字段名,各字段名互不相同,并且与顺序无关,字段的取值范围称为域。例如,"XH"、"XM"都是字段名,并且出现的顺序可以是任意的,并不影响结果。但是,同一个列里的数据必须类型相同。

(4) 主键

在关系数据库中,可以将关系表中的某个字段或某些字段的组合定义为主关键字(Primary Key,简称主键),每条记录的主键值都是唯一的,可以通过主键唯一标识一条记录。在数据库中,联系两个关系表的字段称为关键字段,在一个表中该关键字段为"主键",在另外一个表中该关键字段为"外键"。例如,学生表与性别表之间就是通过"XB"相互关联的。在学生表中"性别号"就是外键,在"性别表"中"XB"就是主键。

(5) 索引

为了提高数据库的查询效率,表中的记录应该按照一定顺序排列,这样按照排序的结果就可以很快地找到需要的记录。但是,由于数据库经常更新,如果每次更新都要对整个关系表的所有数据重新排序,就会浪费很多时间。为此,可以建立一个较小的表——索引表,在该表中只记录索引字段和记录号,通过索引表就可以迅速定位记录。可以理解,索引就像一本书的目录一样,通过书的目录,就可以很快地找到所需查找的内容的页面。

(6) 数据库

一张关系表只对应于一种类型的数据,而数据库是相关数据的集合,是集成的数据。多数数据库是面向多种应用的,这时仅有一张关系表是不够的,需要由多张关系表构成一个数据库。

关系代数是过程化的查询语言,它包括一个运算的集合,这些运算以一个或两个关系为输入,产生一个新的关系作为结果。关系代数中基本的表达式是如下二者之一:

- 数据库中的一个关系
- 一个常量关系

常量关系可以在{}内列出它的元组来表示,例如{(0301001,李永年,True,350500198305214026,05/12/1983,100.00)(0301002,张丽珍,False,350500198512017017,12/01/1985,150.00)}。通常,关系代数中的表达式是由更小的子表达式构成的。关系代数的集合运算包括:并、交、差、除、笛卡尔积;关系代数的基本运算有:选择、投影、连接。设 E_1 和 E_2 是关系代数表达式,则以下这些都是关系代数表达式。

- 选择运算:$\sigma_P(E_1)$,其中 P 是 E_1 属性上的谓词
- 投影运算:$\Pi_S(E_1)$,其中 S 是 E_1 属性上的谓词
- 集合并运算:$E_1 \cup E_2$
- 集合差运算:$E_1 - E_2$
- 集合交运算:$E_1 \cap E_2$
- 集合除运算:$E_1 \div E_2$
- 笛卡儿积:$E_1 \times E_2$
- 连接运算:$E_1 \bowtie E_2$,$E_1 \ltimes E_2$,$E_1 \rtimes E_2$,$E_1 \bowtie E_2$

3.2 关系的集合运算

关系运算的结果自身也是一个关系，可以把多个关系代数组合成一个关系代数表达式，如同将算术运算（如+，−，×和÷）组合成算术表达式一样。例如，要找表 3-2"学生表"中的 XB 为 "True" 的学生的 XH 和 XM，应写成：$\Pi_{XH,XM}（\sigma_{XB="True"}（学生表））$，结果如表 3-5 所示。

表 3-5 "学生表"的关系运算组合

XH	XM
0301001	李永年
0302001	陈俊雄
0302002	李军
0303001	赵雄伟

3.2.1 集合并运算

并运算就是把两个集合合并（Union）起来。例如，查找表 3-2 "学生表"中 JXJ 分别为 "100" 和 "200" 的学生的 XH、XM 和 JXJ，表达式如下：$\Pi_{XH,XM,JXJ}（\sigma_{JXJ="100"}（学生表））\cup \Pi_{XH,XM,JXJ}（\sigma_{JXJ="200"}（学生表））$，结果如表 3-6 所示。

表 3-6 "学生表"的集合并运算

XH	XM	JXJ
0301001	李永年	100.00
0302001	陈俊雄	100.00
0302003	王仁芳	200.00

3.2.2 集合差运算

用"−"表示的集合差运算表示在一个关系中而不在另一个关系中的那些元组。表达式 E_1-E_2 的结果即是一个包含所有在 E_1 中而不在 E_2 中的元组的关系。例如，要查找表 3-2 JXJ 为 "150" 且性别不为 "False" 的学生的名单：$\sigma_{JXJ="150"}（学生表）-\sigma_{XB="False"}（学生表）$，结果如表 3-7 所示。

表 3-7 "学生表"的集合差运算

XH	XM	XB	SFZ	CSRQ	JXJ
0302002	李军	True	210200198409112402	09/11/1984	150.00
0303001	赵雄伟	True	401200198312111123	12/11/1983	150.00

3.2.3 集合交运算

任何使用了集合交的关系代数表达式，都可以通过下面的一对集合差运算替代集合交运算来重写：$E_1\cap E_2= E_1 - (E_1 - E_2)$。因此，集合交不是基本运算，不能增加关系代数的表达能力，只不过更便于书写。例如，表 3-7 的例子用集合交运算书写如下：$\sigma_{JXJ="150"}（学生表）\cap \sigma_{XB="True"}（学生表）$

3.2.4 集合除运算

为了便于说明，这里需要添加"课程表"和"成绩表"，表格定义如表 3-8、表 3-9、表 3-10、表 3-11 所示。

表 3-8 "课程表"的表结构

字段名	类型	宽度	小数位	索引	空值	字段说明
KCH	nchar	3			否	课程号
KCM	nchar	12			否	课程名
KS	int					课时
XF	int					学分
BX	bit					必修

表 3-9 "成绩表"的表结构

字段名	类型	宽度	小数位	索引	空值	字段说明
XH	nchar	7			否	学号
KCH	nchar	3				课程号
CJ	int					成绩

表 3-10 "课程表"的数据

KCH	KCM	KS	XF	BX
001	高等数学	94	5	True
002	计算机基础	56	3	False
003	大学英语	76	4	False
004	企业管理概论	36	2	False
005	网络基础	36	2	False
006	证券投资	54	3	False

表 3-11 "成绩表"的数据

XH	KCH	CJ
0301001	001	89
0301002	001	78
0302001	002	85
0301001	005	69
0302001	003	88
0302002	003	79
0302001	001	56
0302002	001	93
0302003	001	67
0303001	001	73

运算用÷表示,适合于包含了短语"对所有的"的查询。假设我们需要查询"成绩表"中所有的学生都有选修的课程的 KCH 运算书写如下:$\Pi_{KCH, XH}$(成绩表)÷Π_{XH}(学生表),集合如表 3-12(a)、表 3-12(b)所示,结果如表 3-13 所示。

表 3-12(a) $\Pi_{KCH, XH}$(成绩表)

XH	KCH
0301001	**001**
0301002	**001**
0302001	002
0301001	005
0302001	003
0302002	003
0302001	**001**
0302002	**001**
0302003	**001**
0303001	**001**

表 3-12(b) Π_{XH}(学生表)

XH
0301001
0301002
0302001
0302002
0302003
0303001

表 3-13 $\Pi_{KCH, XH}$(成绩表)÷Π_{XH}(学生表)

KCH
001

3.2.5 笛卡儿积运算

用笛卡儿积运算使得我们可以将任意两个信息组合在一起。可将关系 E_1 和 E_2 的笛卡儿积写做 $E_1 \times E_2$。由于相同的属性名可能同时出现在 E_1、E_2 中，这里采用在属性上附加该属性所来自的关系的名称。例如，$E=$学生表×性别表的关系模式为（学生表.XH, XM, XB, SFZ, CSRQ, JXJ, 性别表.XH, XBM），结果如表 3-21 所示，可以看到笛卡儿积中有许多数据是不符合现实的有效数据。比如，每个学生的性别都是唯一的，而不是表 3-14 中每个人都有两种性别，表 3-14 中加粗部分的数据才是"学生表"中的真实数据，因此关系是一组域上的笛卡儿积的子集。

表 3-14 "学生表×性别表"的笛卡儿积

XH	XM	学生表.XB	SFZ	CSRQ	JXJ	性别表.XB	XBM
0301001	**李永年**	**True**	**350500198305214026**	**05/12/1983**	**100.00**	**True**	**男**
0301001	李永年	True	350500198305214026	05/12/1983	100.00	False	女
0301002	张丽珍	False	350500198512017017	12/01/1985	150.00	True	男
0301002	**张丽珍**	**False**	**350500198512017017**	**12/01/1985**	**150.00**	**False**	**女**
0302001	**陈俊雄**	**True**	**320300198503213042**	**03/21/1985**	**100.00**	**True**	**男**
0302001	陈俊雄	True	320300198503213042	03/21/1985	100.00	False	女
0302002	**李军**	**True**	**210200198409112402**	**09/11/1984**	**150.00**	**True**	**男**
0302002	李军	True	210200198409112402	09/11/1984	150.00	False	女
0302003	王仁芳	False	502400198401223341	01/22/1984	200.00	True	男
0302003	**王仁芳**	**False**	**502400198401223341**	**01/22/1984**	**200.00**	**False**	**女**
0303001	**赵雄伟**	**True**	**401200198312111123**	**12/11/1983**	**150.00**	**True**	**男**
0303001	赵雄伟	True	401200198312111123	12/11/1983	150.00	False	女

3.3 关系的基本运算

3.3.1 选择运算

选择运算选出满足给定谓词的元组。用小写希腊字母 σ 来表示选择，而将谓词写做 σ 的下标，参数关系在 σ 后的括号中。因此，为了选择表 3-2 "学生表"关系中性别为 "True" 的学生，应写为：$\sigma_{XB="True"}$（学生表），结果如表 3-15 所示。

表 3-15 "学生表"的选择运算 1

XH	XM	XB	SFZ	CSRQ	JXJ
0301001	李永年	True	350500198305214026	05/12/1983	100.00
0302001	陈俊雄	True	320300198503213042	03/21/1985	100.00
0302002	李军	True	210200198409112402	09/11/1984	150.00
0303001	赵雄伟	True	401200198312111123	12/11/1983	150.00

通常允许在选择谓词中进行比较，使用的是 =，≠，≤，≥，>，<。另外，可以用连词和 and（∧），or（∨）和 not（¬）将多个谓词合并为一个较大的谓词。因此，为了找到 JXJ

高于 100 且 XB 为"True"的学生,需要书写:$\sigma_{XB="True" \wedge JXJ>100}$(学生表)。结果如表 3-16 所示。

表 3-16 "学生表"的选择运算 2

XH	XM	XB	SFZ	CSRQ	JXJ
0302002	李军	True	210200198409112402	09/11/1984	150.00
0303001	赵雄伟	True	401200198312111123	12/11/1983	150.00

3.3.2 投影运算

投影运算是一元运算,返回作为参数的关系的某些属性。由于关系是一个集合,所以所有重复行均被去除。投影用希腊字母 Π 表示,列举希望在结果中出现的属性作为 Π 的下标,作为参数的关系填写在其后的括号中,因此把列出所有"学生表"的 XH 和 XM 写成:$\Pi_{XH, XM}$(学生表),结果如表 3-17 所示。

表 3-17 "学生表"的投影运算

XH	XM
0301001	李永年
0301002	张丽珍
0302001	陈俊雄
0302002	李军
0302003	王仁芳
0303001	赵雄伟

3.3.3 连接运算

1. 自然连接运算

对某些要用到笛卡儿积的查询进行简化常常是我们需要的。通常情况下,涉及笛卡儿积的查询中会包含一个对笛卡儿积的结果进行选择的运算。例如,对于"学生表"需要显示学生名单并显示学生的性别,首先产生"学生表×性别表"的笛卡儿积,然后将学生表和性别表中属于同一 XB 值的元组,也就是表 3-14 中的加粗部分,投影到需要的列中显示出来,表达式写做:$\Pi_{XH,XM, 学生表.XB, 性别表.XB, XBM}$($\sigma_{学生表.XB=性别表.XB}$(学生表×性别表)),结果如表 3-18 所示。二元运算自然连接使得我们可以将某些选择和笛卡儿积运算合并为一个运算,用"连接"符号 ⋈ 来表示。自然连接首先形成它的两个参数的笛卡儿积,然后基于两个关系模式中都出现的属性上的相等性进行选择,最后还要去除重复属性。可以用自然连接表述表 3-18 的运算:$\Pi_{XH,XM, 学生表.XB, 性别表.XB, XBM}$ (学生表⋈性别表)。

表 3-18 "学生表⋈性别表"的自然连接

XH	XM	学生表.XB	性别表.XB	XBM
301001	李永年	True	True	男
0301002	张丽珍	False	False	女
0302001	陈俊雄	True	True	男
0302002	李军	True	True	男
0302003	王仁芳	False	False	女
0303001	赵雄伟	True	True	男

在自然连接中可能会丢失一些数据。例如,如果对表 3-11"成绩表"和表 3-10"课程表"进行"自然连接",那么连接的结果将没有 KCH 为"004"、"006"的课程,因为这门课程没有人选修,因此没有出现在"成绩表"当中。如果希望在结果中看到所有的课程,那么就需要采用外连接。外连接的运算有 3 种形式:右外连接用 ⟕ 表示,左外连接用 ⟖ 表示,全外连接用 ⟗ 表示。

2. 右外连接

右外连接（Right Outer Join）取出右侧关系中所有与左侧关系的任一元组都不匹配的元组，用空值填充所有来自左侧关系的属性，再把产生的元组加到自然连接的结果之上。当"成绩表"与"课程表"顺序连接时，希望看到所有的课程，那么需要进行右外连接，表达如下：成绩表 ⟕ 课程表，结果如表3-19所示。

表3-19 右外连接结果

成绩表.XH	成绩表.KCH	成绩表.CJ	课程表.KCH	课程表.KCM
0301001	001	89	001	高等数学
0301002	001	78	001	高等数学
0302001	002	85	002	计算机基础
0301001	005	69	005	网络基础
0302001	003	88	003	大学英语
0302002	003	79	003	大学英语
0302001	001	56	001	高等数学
0302002	001	93	001	高等数学
0302003	001	67	001	高等数学
0303001	001	73	001	高等数学
NULL	NULL	NULL	004	企业管理概论
NULL	NULL	NULL	006	证券投资

3. 左外连接

左外连接（Left Outer Join）与右外连接相对称：用空值填充来自左侧关系的所有与右侧关系任一元组都不匹配的元组，并将结果加到自然连接结果上。例如，有一名新生入学，那么学生表中将增加一条记录，该生数据如图3-20所示，因为是新生没有上过任何课程，因此该生的XH不会出现在"成绩表"中，如果在连接时需要看到全体学生的选课情况，就需要进行左外连接，表达如下：学生表 ⟖ 成绩表，结果如表3-21所示。

表3-20 增加的新生数据

XH	XM	XB	SFZ	CSRQ	JXJ
0303002	刘三山	True	350500198607214026	05/12/1983	100.00

表3-21 左外连接结果

学生表.XH	学生表.XM	成绩表.XH	成绩表.KCH	成绩表.CJ
0301001	李永年	0301001	001	89
0301002	张丽珍	0301002	001	78
0302001	陈俊雄	0302001	002	85
0301001	李永年	0301001	005	69
0302001	陈俊雄	0302001	003	88
0302002	李军	0302002	003	79
0302001	陈俊雄	0302001	001	56
0302002	李军	0302002	001	93
0302003	王仁芳	0302003	001	67
0303001	赵雄伟	0303001	001	73
0303002	刘三山	NULL	NULL	NULL

4. 全外连接

全外连接（Full Outer Join）⟗即左外连接和右外连接的操作，也就是说既用空值填充左侧不匹配元组，也用空值填充右侧不匹配元组，全外连接是左外连接与右外连接的并集。例如，学生表、成绩表及课程表完全连接，表达式写做：学生表⟗成绩表⟗课程表，结果如表 3-22 所示。

表 3-22 完全外连接

学生表.XH	学生表.XM	成绩表.XH	成绩表.KCH	成绩表.CJ	课程表.KCH	课程表.KCM
0301001	李永年	0301001	001	89	001	高等数学
0301002	张丽珍	0301002	001	78	001	高等数学
0302001	陈俊雄	0302001	002	85	002	计算机基础
0301001	李永年	0301001	005	69	005	网络基础
0302001	陈俊雄	0302001	003	88	003	大学英语
0302002	李军	0302002	003	79	003	大学英语
0302001	陈俊雄	0302001	001	56	001	高等数学
0302002	李军	0302002	001	93	001	高等数学
0302003	王仁芳	0302003	001	67	001	高等数学
0303001	赵雄伟	0303001	001	73	001	高等数学
0303002	刘三山	NULL	NULL	NULL	NULL	NULL
NULL	NULL	NULL	NULL	NULL	004	企业管理概论
NULL	NULL	NULL	NULL	NULL	006	证券投资

3.4 关系的完整性

关系数据库设计主要是关系模式设计。关系模式设计的好坏将直接影响数据库的质量。什么是好的关系模式？以如下设计为例，有一个学生管理系统，其中关系模式如表 3-23 所示。

成绩表（XH, XM, SFZ, YX, XZR, KCH, KCM, CJ, JSH, JSM），各字段含义如下：XH（学号），XM（姓名），SFZ（身份证），YX（院系），XZR（系主任），KCH（课程号），KCM（课程名），CJ（成绩），JSH（教师号），JSM（教师名）。关系模式"成绩表"存在以下问题。

① 冗余大：每门课程的存储次数等于选修的学生人数。
② 插入异常：一门新课程没有学生选修时，课程无法插入数据库中。
③ 删除异常：当学生都毕业了，而又没有招新生时，如果删除了学生的全部记录，那么该门课程也将被删除。
④ 更新异常：如果某课程更改课程名称，那么所有选修该课程的学生记录需要全部修改，如果遗漏则会出现选修同一门课程的学生的课程记录不一致的情况。

由上述说明可见，表 3-23 "成绩表"是一个坏的关系模式。由反向类比可知，一个好的关系模式应该满足以下条件：

① 尽可能少的数据冗余；
② 没有插入异常；

③ 没有删除异常；
④ 没有更新异常。

表 3-23 不好的"成绩表"

XH	XM	SFZ	YX	XZR	KCH	KCM	CJ	JSH	JSM
0301001	李永年	350500198305214026	计算机	冯远客	001	高等数学	89	01001	王崇阳
0301002	张丽珍	350500198512017017	计算机	冯远客	001	高等数学	78	01002	李穆
0302001	陈俊雄	320300198503213042	经管	简方	002	计算机基础	85	02001	吴赛
0301001	李永年	350500198305214026	计算机	冯远客	005	网络基础	69	02002	冯远客
0302001	陈俊雄	320300198503213042	经管	简方	003	大学英语	88	03001	李莉
0302002	李军	210200198409112402	经管	简方	003	大学英语	79	03002	简方
0302001	陈俊雄	320300198503213042	经管	简方	001	高等数学	56	01002	李穆
0302002	李军	210200198409112402	经管	简方	001	高等数学	93	02001	吴赛
0302003	王仁芳	502400198401223341	经管	简方	001	高等数学	67	01003	刘高
0303001	赵雄伟	401200198312111123	数学	黄梅	001	高等数学	73	01003	刘高

要满足以上条件，必须在设计关系模式时通过关系数据库规范化理论，按照函数依赖关系，建立关系数据库模式。关系数据库规范化理论主要包括三方面的内容：第一方面的内容是数据依赖，是指数据之间存在的各种联系和约束，函数依赖就是最基本的一种依赖，在规范化理论中具有核心作用；第二方面是范式，范式（NF）是关系模式优劣的标准，范式有许多种，与数据依赖有着直接的联系；第三方面是模式设计方法，即设计规范的数据库模式的方法。

3.4.1 数据依赖

在现实世界中，事物的性质常常是相关的。例如，光的波长决定它的颜色，学生的学号决定其专业等。将这些相关性在数据模型中相应地反映出来就是数据相关性问题。在关系数据模型设计中，需要通过定义数据的依赖关系，进而讨论关系框架的分解和关系的各级范式。我们已经知道实体之间的联系有两类：一类是实体与实体之间的联系，另一类是实体内部各属性之间的联系。实体内部和实体之间各属性的联系可以分为 1:1，1:n，m:n 这 3 类。这种属性间的关系实际上是关系模式属性之间相互依赖与相互制约的反映，因而称为属性间的数据依赖。数据依赖共有 3 种：函数依赖、多值依赖、连接依赖。其中，函数依赖和多值依赖是解决单表异常的理论基础，是重点研究的内容。

1. 函数依赖

函数依赖是属性之间的一种联系。定义如下：

定义 3-6 设 R（U）是一个关系模式，U 是 R 的属性集合，X 和 Y 是 U 的子集。对于 R（U）的任意一个可能的关系 r，如果 r 中不存在两个元组，它们在 X 上的属性值相同，而在 Y 上的属性值不同，则称 "X 函数确定 Y" 或 "Y 函数依赖于 X"，记做 X→Y。当 X→Y 成立时，X 为决定因素（Determinant），Y 为依赖因素（Dependent）。当 Y 函数不依赖于 X 时，记做 X↛Y，如果 X→Y，且 Y→X，则记为 X↔Y。

例如，知道了学生的 XH 可以唯一地查询其对应的 XM、YX 等，因而可以说"XH 函数确定了 XM 或 YX"，记做"XH→XM"或"XH→YX"，这里的唯一性并非只限于一个元组，而是指任何元组，只要它在 X（XH）上相同，那么在 Y（XM 或 YX）上就相同。如果满足不了条件，就不能说是函数依赖了。例如，学生的 XM 与 YX 的关系，在没有同名人的情况下可以说函数依赖"XM→YX"成立，如果允许有相同的名字，则"YX"就不再依赖于"XM"了。

注意：属性间的函数依赖不是指 R 的某个或某些关系子集满足上述限定条件，而是指 R 的一切关系子集都要满足定义中的限定。只要有一个具体的关系 r（R 的一个关系子集）不满足定义中的条件，就破坏了函数依赖，使函数依赖不成立。函数依赖又可以分为以下 3 种基本情形。

（1）平凡函数依赖与非平凡函数依赖

定义 3-7 在关系模式 R（U）中，对于 U 的子集 X 和 Y，如果 X→Y，但 Y 不是 X 的子集，则称 X→Y 是非平凡函数依赖（Full Function Dependency）。若 Y 是 X 的子集，则称 X→Y 是平凡函数依赖（Patitial Function Dependency）。

对于任一关系模式，平凡函数依赖都是必然成立的。它不反映新的语义，因此，若不特别声明，本书总是讨论非平凡函数依赖。例如，表 3-23 中各字段之间就是非平凡函数依赖，而 XH→XH 和（XH,KCH）→XH 则是平凡的函数依赖。

（2）完全函数依赖与部分函数依赖

定义 3-8 在关系模式 R（U）中，如果 X→Y，并且对于 X 的任何一个真子集 X′，都有 X′↛Y，则称 Y 完全函数依赖于 X，记做 $X \xrightarrow{F} Y$。若 X→Y，但 Y 不完全函数依赖于 X，则称 Y 部分函数依赖于 X，记做 $X \xrightarrow{P} Y$。

如果 Y 对 X 部分函数依赖，X 中的"部分"就可以确定对 Y 的关联，从数据依赖的观点来看，X 中存在"冗余"属性。例如，表 3-23 中（XH, KCH）→CJ，则 CJ 完全函数依赖于（XH,KCH）。而（XH,KCH）→YX 中，存在 XH→YX，也就是说（XH,KCH）的子集 XH 就可以决定 YX，所以 YX 部分函数依赖于（XH,KCH）。

（3）传递函数依赖

定义 3-9 在关系模式 R（U）中，如果 X→Y，Y→Z，且 Y↛X，则称 Z 传递函数依赖于 X，记做 $X \xrightarrow{T} Y$。

传递函数依赖定义中之所以要加上条件 Y↛X，是因为如果 Y→X，则 X↔Y，这实际上是 Z 直接依赖于 X，而不是传递函数依赖了。按照函数依赖的定义，可以知道，如果 Z 传递依赖于 X，则 Z 必然函数依赖于 X，如果 Z 传递函数依赖于 X，说明 Z 是"间接"函数依赖于 X，从而表明 X 和 Z 之间的关联较弱，表现出间接的弱数据依赖，因而也是产生数据冗余的原因之一。例如，表 3-23 中 XH→YX，YX→XZR，则 XH→XZR 是传递函数依赖。

2. 数据依赖的公理定理

只考虑给定的函数依赖集是不够的。除此以外，需要考虑模式上成立的所有函数依赖。我们将会看到，给定函数依赖集 F，可以证明其他某些函数依赖也成立。我们称这些函数依赖被 F "逻辑蕴涵"（logically implied）。

定义 3-10 对于关系模式 R，如果每个满足 F 的关系实例 r（R）也满足 f，则 R 上函数依赖 f 被 R 上的函数依赖集 F 逻辑蕴涵。

定义 3-11 在关系模式 R 中，为 F 所逻辑蕴涵的函数依赖的全体称为 F 的闭包，记为 F^+。

可以使用以下 3 条规则去寻找那些逻辑蕴涵的所有函数依赖的集合。通过反复应用这些规则，可以找出给定 F 的 F^+。这组规则称为 Armstrong 公理，以纪念首次提出这一公理的人。设有关系模式 R（U,F），X、Y、Z 分别为 R（U,F）上的属性集，则对 R（U,F）有如下推理规则：
- 自反律（Reflexivity Rule）：若有 Y⊆X，则有 X→Y。
- 增补律（Augmentation Rule）：若有 X→Y，则有 ZX→ZY（ZY=Z∪Y）。
- 传递律（Transitivity Rule）：若有 X→Y 及 Y→Z，则有 X→Z。

定理 3-1 Armstrong 公理是正确的、有效的、完备的。

Armstrong 公理是保真的，因为它们不会产生错误的函数依赖。这些规则是完备的，因为对一个给定函数依赖集 F，它们能产生整个 F^+。[①]尽管 Armstrong 公理是完备的，直接用它们计算 F^+ 还是很麻烦。为了进一步简化，下面给出 Armstrong 公理的 3 个推论。
- 合成规则：若 X→Y，X→Z，则 X→YZ。
- 分解规则：若 X→YZ，则 X→Y，X→Z。
- 伪传递规则：若 X→Y，YW→Z，则 XW→Z。

引理 3-1 设 F 为属性集 U 上的一组函数依赖，X,Y⊆U，X→Y 能由 F 根据 Armstrong 公理导出的充要条件是 $Y \subseteq X_F^+$。

3. 码的定义

在 2.1 节介绍了关系模式的码的非形式化定义，这里使用函数依赖的概念来严格定义关系模式的码。

定义 3-12 设 K 是关系模式 R（U, F）中的属性或属性组，若 $K \xrightarrow{F} U$，则 K 为 R 的候选码（Candidate Key）。

① 候选码多于一个，则选其中一个为主码（Primary Key）。
② 包含在任何一个候选码中的属性，叫做主属性（Primary Attribute）。
③ 不包含在任何码中的属性称为非主属性（Nonprime Attribute）或非码属性（Non-key Attribute）。

最简单的情况是单个属性是码，称为单码（Single Key）；最极端的情况是整个属性组是码，称为全码（All-key）。

函数依赖的概念实际是候选码概念的推广，事实上每个关系模式 R 都存在候选码，每个候选码 K 都是一个属性子集，由候选码定义，对于 R 的任何一个属性子集 Y，在 R 上都有函数依赖 K→Y 成立。一般，给定 R 的一个属性子集 X，在 R 上另取一个属性子集 Y，不一定有 X→Y 成立。但是对于 R 中的候选码 K，R 的任何一个属性自己都与 K 有函数依赖关系，K 是 R 中任一属性自己的决定因素。在前面所述的属性间的 3 种关系中，并不是每种关系中都存在着函数依赖。如果 X、Y 间是 1∶1 关系，则存在函数依赖 X↔Y；如果 X、Y 间是 1∶n 关系，则存在函数依赖 X→Y 或 Y→X；如果 X、Y 间是 m∶n 关系，则不存在函数依赖。

[①] D.Ullman[1998]D.Ullman,Priciples of Database and Knowledge-base Systemsk,volume 1,Computer Science Press,Rockville（1988），给出了关于 Armstrong 公理的保真性和完备性的证明。

4. 多值依赖

如表 3-24 所示存在关系：授课表（KCM, JSM, CKS），对于一个（KCM, CKS）值（大学英语，新编大学英语阅读教程），有一组 JSM 值（李莉，简方），而对于另一个（KCM, CKS）值（大学英语，新编大学英语视听说教程），它对应的 JSM 值仍然是（李莉，简方），所以 JSM 的值与 CKS 无关，仅决定于 KCM，这就是多值依赖 KCM→→JSM。

表 3-24 授课表

KCM（课程名）	JSM（教师名）	CKS（参考书）
高等数学	王崇阳	高等数学（上册）
	李穆	高等数学（下册）
	刘高	高等数学习题集
大学英语	李莉	新编大学英语阅读教程
	简方	新编大学英语视听说教程

定义 3-13 设 R(U) 是属性集 U 上的一个关系模式，X、Y、Z 是 U 的子集，且 Z=U−X−Y。如果对 R(U) 的任一关系 r，给定一对（x, z）的值，都有一组 y 值与之对应，这组 y 值仅仅决定于 x 值而与 z 值无关。则称 Y 多值依赖于 X，或 X 多值决定 Y，记做 X→→Y。

函数依赖可以看成是多值依赖的特例，即函数依赖一定是多值依赖，而多值依赖不一定是函数依赖。在具有多值依赖的关系中，删除一个元组时，必须删去另外的相关元组以维持其对称性，这就是多值依赖的约束规则，目前的 RDBMS 尚不具有维护这种约束的能力，需要程序员在编程中实现。

5. 连接依赖

定义 3-14 在关系模式 R(U) 中，U 是全体属性集，X, Y, …, Z 是 U 的子集，当且仅当 R 是由其在 X, Y, …, Z 上投影的自然连接组成时，称 R 满足对 X, Y, …, Z 的连接依赖，记为 JD(X, Y, …, Z)。

连接依赖是为实现关系模式无损连接的一种语义约束。从连接依赖的概念考虑，多值依赖是连接依赖的特例，连接依赖是多值依赖的推广。

我们知道表 3-23 是不好的"成绩表"，需要对表进行分解，但是在分解的过程中可能产生不等价的分解结果。为了更便于观察，考虑表 3-23 的子集表 3-25，并将其分解为 3 个表：表 3-26、表 3-27 和表 3-28，分解后的表格的连接情况如表 3-29、表 3-30 及表 3-31 所示（黑色字段表示连接字段，黑色字段的行表示左表原始的记录行）。

表 3-25 "成绩表"的子集

XH	XM	KCH	KCM	JSH	JSM
0302001	陈俊雄	002	计算机基础	02001	吴赛
0302001	陈俊雄	003	大学英语	03001	李莉
0302001	陈俊雄	001	高等数学	01002	李穆
0302002	李军	003	大学英语	03002	简方
0302002	李军	001	高等数学	02001	吴赛

表 3-26 "学生-课程"

XH	XM	KCH	KCM
0302001	陈俊雄	002	计算机基础
0302001	陈俊雄	003	大学英语
0302001	陈俊雄	001	高等数学
0302002	李军	003	大学英语
0302002	李军	001	高等数学

表 3-27 "学生-教师"

XH	XM	JSH	JSM
0302001	陈俊雄	02001	吴赛
0302001	陈俊雄	03001	李莉
0302001	陈俊雄	01002	李穆
0302002	李军	03002	简方
0302002	李军	02001	吴赛

表 3-28 "课程-教师"

KCH	KCM	JSH	JSM
002	计算机基础	02001	吴赛
003	大学英语	03001	李莉
003	大学英语	03002	简方
001	高等数学	01002	李穆
001	高等数学	02001	吴赛

表 3-29 "学生-课程"与"学生-教师"连接

XH	XM	KCH	KCM	JSH	JSM
0302001	陈俊雄	002	计算机基础	02001	吴赛
0302001	陈俊雄	002	计算机基础	03001	李莉
0302001	陈俊雄	002	计算机基础	01002	李穆
0302001	陈俊雄	003	大学英语	02001	吴赛
0302001	陈俊雄	003	大学英语	03001	李莉
0302001	陈俊雄	003	大学英语	01002	李穆
0302001	陈俊雄	001	高等数学	02001	吴赛
0302001	陈俊雄	001	高等数学	03001	李莉
0302001	陈俊雄	001	高等数学	01002	李穆
0302002	李军	003	大学英语	03002	简方
0302002	李军	003	大学英语	02001	吴赛
0302002	李军	001	高等数学	03002	简方
0302002	李军	001	高等数学	02001	吴赛

表 3-30 "学生-课程"与"课程-教师"连接

XH	XM	KCH	KCM	JSH	JSM
0302001	陈俊雄	002	计算机基础	02001	吴赛
0302001	陈俊雄	003	大学英语	03001	李莉
0302001	陈俊雄	003	大学英语	03002	简方
0302001	陈俊雄	001	高等数学	01002	李穆
0302001	陈俊雄	001	高等数学	02001	吴赛
0302002	李军	003	大学英语	03001	李莉
0302002	李军	003	大学英语	03002	简方
0302002	李军	001	高等数学	01002	李穆
0302002	李军	001	高等数学	02001	吴赛

表 3-31 "学生-教师"与"课程-教师"连接

XH	XM	JSH	JSM	KCH	KCM
0302001	陈俊雄	02001	吴赛	002	计算机基础
0302001	陈俊雄	02001	吴赛	001	高等数学
0302001	陈俊雄	03001	李莉	003	大学英语
0302001	陈俊雄	01002	李穆	001	高等数学
0302002	李军	03002	简方	003	大学英语
0302002	李军	02001	吴赛	002	计算机基础
0302002	李军	02001	吴赛	001	高等数学

我们可以看到在两两连接表 3-26、表 3-27 和表 3-28 后,形成的表 3-29、表 3-30 及表 3-31 产生了多余的行,也就是表 3-26、表 3-27 和表 3-31 中无论哪两个投影"自然连接"后都不是原来的关系,因此不是无损连接。但是我们却发现,对于表 3-29、表 3-30 及表 3-31 中的关系,只要再与第 3 个关系连接,就能够得到原来的表 3-25。例如,表 3-29 与表 3-28 连接,表 3-30 与表 3-27 连接,表 3-31 与表 3-26 连接。

3.4.2 关系模式的范式

1. 第一范式

定义 3-15 当一个关系中的所有分量都是不可分的数据项时,就称该关系是规范化的。

非规范化存在两种情况:表示的是具有组合数据项的情况,如表 3-32 所示;表示的是具有多值数据项的情况,如表 3-33 所示。

表 3-32 具有组合数据项的非规范化关系

JSH(教师号)	JSM(教师名)	GZ(工资)		
		JB(基本工资)	ZW(职务工资)	GL(工龄工资)
02001	吴赛	1500	500	20

表 3-33 具有多值数据项的非规范化关系

JSH(教师号)	JSM(教师名)	YX(院系)	XZ(系地址)	XL(学历)	BY(毕业年份)
02001	吴赛	计算机	电脑楼 1 楼 101	本科	2003
03001	李莉	外语	外语楼 2 楼 202	本科 硕士研究生	2001 2004

定义 3-16 如果关系模式 R 中每个属性值都是一个不可分解的数据项,则称该关系模式满足第一范式(First Normal Form,1NF),记为 R∈1NF

2. 第二范式

定义 3-17 如果一个关系模式 R∈1NF,且它的所有非主属性都完全函数依赖于 R 的任一候选码,则 R∈2NF。

第一范式是关系型数据库的最低要求,满足第一范式的关系模式并不是一个好的关系模式,例如,表 3-23 的成绩表(XH,XM,SFZ,YX,XZR,KCH,KCM,CJ,JSH,JSM)虽然满足 1NF,但不是一个好的关系模式。存在如下问题:

① 插入异常。若要插入一名新学生 XH="0801001",XM="张昌",YX="计算机",XZR="冯远客",因为该生还未选课,不能插入该表。

② 删除异常。如果某个学生只选修一门选修课,而该选修课因为人数不够不能开班,该学生只能退选,但是因为 KCH 是候选码,则该学生要退选该课程,必须删除整个元组,那么该学生的基本信息（XH, XM, SFZ, YX, XZR）也同时被删除了,这个学生就消失了。

③ 数据冗余大。如果一个学生同时选修了 10 门课程,那么这名学生的基本信息(XH, XM, SFZ, YX, XZR)就将重复存储 10 遍,当数据更新时,必须所有 10 条元组毫无遗漏地进行修改,不仅工作量巨大,并且还存在破坏数据一致性的隐患。

关系模式"成绩表"出现上述问题,是因为非主属性对候选码存在"部分函数依赖",需要对"成绩表"进行分解。由于候选码（XH, KCH）→XM,同时 XH→XM,因此 XM 部分函数依赖于候选码,同理可得 XH→YX, XH→XZR, YX, XZR 存在部分函数依赖,因此分解表 3-23 的"成绩表"为成绩表（XH, SFZ, KCH, KCM, CJ, JSH, JSM）和学生表（(XH, XM, YX, XZR）。同时由于（XH,KCH）→KCM, KCH→KCM, KCM 存在部分函数依赖,继续分解"成绩表"为成绩表（XH, SFZ, KCH, CJ, JSH, JSM）和课程表（KCH, KCM）,分解结果如表 3-34、表 3-35 和表 3-36 所示。

表 3-34 分解后满足 2NF 的"成绩表"

XH	SFZ	KCH	CJ	JSH	JSM
0301001	350500198305214026	001	89	01001	王崇阳
0301002	350500198512017017	001	78	01002	李穆
0302001	320300198503213042	002	85	02001	吴赛
0301001	350500198305214026	005	69	02002	冯远客
0302001	320300198503213042	003	88	03001	李莉
0302002	210200198409112402	003	79	03002	简方
0302001	320300198503213042	001	56	01002	李穆
0302002	210200198409112402	001	93	02001	吴赛
0302003	502400198401223341	001	67	01003	刘高
0303001	401200198312111123	001	73	01003	刘高

表 3-35 "学生表"

XH	XM	YX	XZR
0301001	李永年	计算机	冯远客
0301002	张丽珍	计算机	冯远客
0302001	陈俊雄	经管	简方
0302002	李军	经管	简方
0302003	王仁芳	经管	简方
0303001	赵雄伟	数学	黄梅

表 3-36 课程表"课程表"

KCH	KCM
001	高等数学
002	计算机基础
005	网络基础
003	大学英语

3. 第三范式

定义 3-18 如果一个关系模式 R∈2NF,并且所有非主属性都不传递函数依赖于任何候选码,则 R∈3NF。

将一个 1NF 关系分解为多个 2NF 关系,并不能完全消除关系模式中的各种异常情况和数据冗余。也就是说，属于 2NF 的关系模式并不一定是一个好的关系模式。例如，分解后的"学生表（XH, XM, YX, XZR）"如表 3-35 所示，虽然满足了 2NF 仍然存在插入异常、删除异常、数据冗余度大等问题。

① 插入异常：如果不知道系主任的名字，或者新建立的系还没有确定系主任的情况下，学生的信息不能插入。

② 删除异常：如果所有的学生都毕业了，那么所有与系相关的信息也随之丢失了。

③ 数据冗余：同一个系的学生需要重复填写系别与系主任的信息，重复的次数与该系的学生数目相同。

④ 修改异常：如果某个系的系主任变换了，那么所有该系的学生信息都需要更新，如果有一些学生的信息没有修改，会出现数据不一致的情况。

在"学生表"中存在 XH→YX, YX→XZR，因此 XH→XZR 是传递函数依赖，为了达到 3NF，需要消除传递函数依赖，这里分解学生表为表 3-37 "学生表（XH, XM, YX）"和表 3-38 "院系表（YX, XZR）"。

表 3-37 "学生表"

XH	XM	YX
0301001	李永年	计算机
0301002	张丽珍	计算机
0302001	陈俊雄	经管
0302002	李军	经管
0302003	王仁芳	经管
0303001	赵雄伟	数学

表 3-38 "院系表"

YX	YXZR
计算机	冯远客
经管	简方
数学	黄梅

同理，表 3-34 的"成绩表（XH, SFZ, KCH, CJ, JSH, JSM）"存在（XH, KCH）→JSH, JSH→JSM 的传递依赖，因此分解"成绩表"为表 3-39 成绩表（XH, SFZ, KCH, CJ, JSH）和表 3-40 教师表（JSH, JSM）。

表 3-39 分解后满足 3NF 的"成绩表"

XH	SFZ	KCH	CJ	JSH
0301001	350500198305214026	001	89	01001
0301002	350500198512017017	001	78	01002
0302001	320300198503213042	002	85	02001
0301001	350500198305214026	005	69	02002
0302001	320300198503213042	003	88	03001
0302002	210200198409112402	003	79	03002
0302001	320300198503213042	001	56	01002
0302002	210200198409112402	001	93	02001
0302003	502400198401223341	001	67	01003
0303001	401200198312111123	001	73	01003

表 3-40 教师表 "JS"

JSH	JSM
01001	王崇阳
01002	李穆
02001	吴赛
02002	冯远客
03001	李莉
03002	简方
01003	刘高

4. BCNF 范式

定义 3-19 关系模式 R∈1NF，对任何非平凡的函数依赖 X→Y（Y⊄X），X 均包含码，则 R∈BCNF。

表 3-39 虽然满足 3NF 但是还是存在数据重复的问题,3NF 不彻底性表现在可能存在主属性对码的部分函数依赖和传递依赖。例如,学生每选一门课程其身份证号码就要重复输入,如果学生不想选课,那么学生的身份证的信息也将丢失,也就是说在表 3-39 中,存在(XH, KCH)→CJ,(SFZ,KCH)→CJ,且 XH⇔SFZ,也就是存在非平凡的函数依赖 XH→SFZ 和 SFZ→XH,并且 XH 及 SFZ 都不是码,在这里修改表 3-39,将 SFZ 字段移到"学生表"中,以满足 BCNF 范式,修改后的"成绩表"如表 3-41 所示,修改后的"学生表"如表 3-42 所示。

表 3-41 分解后满足 BCNF 的"成绩表"

XH	KCH	CJ	JSH
0301001	001	89	01001
0301002	001	78	01002
0302001	002	85	02001
0301001	005	69	02002
0302001	003	88	03001
0302002	003	79	03002
0302001	001	56	01002
0302002	001	93	02001
0302003	001	67	01003
0303001	001	73	01003

表 3-42 修改后的"学生表"

XH	XM	SFZ	YX
0301001	李永年	350500198305214026	计算机
0301002	张丽珍	350500198512017017	计算机
0302001	陈俊雄	320300198503213042	经管
0302002	李军	210200198409112402	经管
0302003	王仁芳	502400198401223341	经管
0303001	赵雄伟	401200198312111123	数学

习题

1. 简要说明什么是关系的完整性。
2. 简要说明第一范式、第二范式和第三范式的内容。
3. 什么叫函数依赖?
4. 按照第三范式的要求设计一个校运动会的数据库。该数据库主要包括以下内容。
(1) 运动员管理:运动员所在院系,班级,年级,运动员分组,运动员比赛场次。
(2) 比赛管理:场次,赛道,比赛时间,比赛项目,积分,运动员,裁判。
(3) 教练管理:裁判,场次,计分。
(4) 后勤管理:物品,人员,值班时间。
(5) 宣传管理:文章,报道,作者院系。
(6) 积分管理:积分统计,积分根据个人及院系排序。
5. 按照第三范式的要求设计一个数据库,假设某个超市公司要设计一个数据库系统来管理该公司的业务信息。
(1) 超市公司有若干个仓库、若干连锁店,供应若干商品。
(2) 一个经理可以管理一个店面,也可以管理多个店面,每个商店必须有一个经理,若干个收银员,每个收银员只能在一个商店工作。
(3) 每个商店销售多种商品,每种商品可以在不同的商店销售,每个商店也可以销售不同的商品。
(4) 每个商品编号只有一个商品名称,不同的商品编号可以有相同的商品名称,每种商品可以有多种销售价格。
(5) 超市公司的业务员负责商品的进货业务。每个超市可以有多个业务员,一个业务员可以分管多个超市的业务。

第 4 章

数据库设计基础

数据库设计有如下特点：
(1) 数据库建设涉及硬件、软件和干件（技术与管理的界面称之为"干件"）。
(2) 数据库设计应该和应用系统设计相结合。传统的软件工程忽视对应用中数据语义的分析和抽象。

例如结构化设计和逐步求精的方法着重于处理过程的特性，只要有可能，就尽量推迟数据结构设计的决策。而实际上数据库设计关系到各模块的实现。早期的数据库设计致力于数据模型和建模的方法研究，着重结构特性的设计而忽视了对行为的设计。在数据库设计中如何把结构特性和行为特性相结合，许多学者和专家进行了探讨和实践，提出各种设计准则和规程，例如基于 E-R 模型的数据库设计方法，基于 3NF（第三范式）的设计方法，基于抽象语法规范的设计方法等。为了使数据库设计的方法走向完备，人们研究了规范化理论，指导设计规范的数据库模式。按属性间函数依赖的情况来区分，关系规范化的程度分为第一范式、第二范式、第三范式、BCNF 范式和第四范式等，相应的关系模式是属于 1NF、2NF、3NF、BCNF 和 4NF 的关系模式。规范设计法中比较著名的是新奥尔良（New Orleans）方法和计算机辅助设计方法。其中新奥尔良方法将数据库设计分为 4 个阶段：需求分析（分析用户要求）、概念设计（信息分析和定义）、逻辑设计（设计实现）和物理设计（物理数据库设计）。按照规范设计的方法，考虑数据库及其应用系统开发全过程，将数据库设计分为以下 6 个阶段。

- 需求分析：需求的收集和分析，结果得到数据字典描述的数据需求和数据流图描述的处理需求。需求分析是整个设计过程的基础，需求分析的好坏直接影响数据库设计的成败。
- 概念结构设计：通过对用户需求进行综合、归纳与抽象，形成一个独立于具体 DBMS 的概念模型，可以用 E-R 图表示。
- 逻辑结构设计：将概念结构转换为某个 DBMS 所支持的数据模型（如关系模型），并对其进行优化。
- 物理结构设计：为逻辑数据模型选取一个最适合应用环境的物理结构（包括存储结构和存取方法）。
- 数据实施：运用 DBMS 提供的数据语言（如 SQL）及其宿主语言（如 C），根据逻辑设计和物理设计的结果建立数据库，编制与调试应用程序，组织数据入库，并进行试运行。
- 数据库运行和维护：数据库应用系统经过试运行后即可投入正式运行。在数据库系统运行过程中必须不断地对其进行评价、调整与修改。

本章按照软件工程的设计思路，以一个完整的示例介绍概念结构设计、逻辑结构设计、物理结构设计和数据库实施的完整过程，并介绍三种数据库设计的工具：PD、Visio 和 Rational Rose。

4.1 概念结构设计

概念结构是对现实世界的一种抽象，即对实际的人、物、事和概念进行人为处理，抽取人们关心的共同特性，忽略非本质的细节，并把这些特性用各种概念精确地加以描述。概念结构独立于数据库逻辑结构，也独立于支持数据库的 DBMS。它是现实世界与机器世界的中介，它一方面能够充分反映现实世界，包括实体和实体之间的联系，同时又易于向关系、网状、层次等各种数据模型转换。概念结构的主要特点是：

（1）能真实、充分地反映现实世界。
（2）易于理解。
（3）易于更改。
（4）易于向关系、网状、层次等各种数据模型转换。

当现实世界需求改变时，概念结构描述概念模型很容易做修改。概念模型的有力工具是 E-R 模型。概念结构设计通常有 4 种方法。

（1）自顶向下：首先定义全局概念结构的框架，然后逐步细化。
（2）自底向上：首先定义局部应用的概念模型，然后将它们集成起来，得到全局概念结构。
（3）逐步扩张：首先定义最重要的核心概念结构，然后向外扩充，以滚雪球的方式逐步生成其他概念结构，直至总体概念结构。
（4）混合策略：将自顶向下和自底向上相结合，用自顶向下策略设计一个全局概念结构的框架，以它为骨架集成由自底向上策略中设计的各局部概念结构。

但无论采用哪种设计方法，一般都以 E-R 模型为工具来描述概念结构。这里以自底向上设计概念结构的方法为例，通常分为三步，首先设计局部 E-R 图，然后设计逻辑结构，最后设计物理结构。

4.1.1 设计各个局部 E-R 图

首先要根据需求分析的结果（数据流图、数据字典等）对现实世界的数据进行抽象，设计各个局部视图，即分 E-R 图。标定局部应用中的实体、实体的属性、标识实体的码，确定实体之间的联系及其类型（$1:1$、$1:n$、$m:n$）。概念结构是对现实世界的一种抽象。所谓抽象是对实际的人、物、事和概念进行人为处理，抽取所关心的共同特性，忽视非本质的细节，并把这些特性用概念精确地加以描述，这些概念组成了某种模型，一般 E-R 模型的构造有两种抽象方法。

1. 分类（Classification）

现实世界中一组具有某些共同特性和行为的对象可以抽象为一个实体。对象和实体之间是"is member of"的关系。例如在学校环境中，可以把张三、李四、王五等对象抽象为学生实体。

2. 聚集（Aggregation）

对象类型的组成成分可以抽象为实体的属性，组成成分与对象类型之间是"is part of"的关系。例如学号、姓名、专业、年级等可以抽象为学生实体的属性。其中学号为标识学生实体的码。实际上实体与属性是相对而言的，很难有截然划分的界限。同一事物，在一种应用环境中作为"属性"，在另一种应用环境中就必须作为"实体"。一般来说，在给定的应用环境中：

（1）属性不能再具有需要描述的性质，即属性必须是不可分的数据项；
（2）属性不能与其他实体具有联系，联系只发生在实体之间。

学籍管理局部应用中主要涉及的实体包括学生、宿舍、档案材料、班级、班主任。那么，这些实体之间的联系又是怎样的呢？

由于一个宿舍可以住多个学生，而一个学生只能住在某一个宿舍中，因此宿舍与学生之间是 1:n 的联系。由于一个班级往往有若干个学生，而一个学生只能属于一个班级，因此班级与学生之间也是 1:n 的联系。由于班主任同时还要教课，因此班主任与学生之间存在指导联系，一个班主任要教多个学生，而一个学生只对应一个班主任，因此班主任与学生之间也是 1:n 的联系。而学生和他自己的档案材料之间，班级与班主任之间都是 1:1 的联系。数据存储"学生登记表"，由于是手工填写，供存档使用的，其中有用的部分已转入学生档案材料中，因此这里就不必作为实体了，如图 4-1 所示。

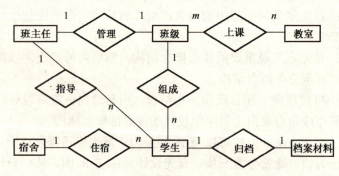

图 4-1 学籍管理局部应用的分 E-R 图

为节省篇幅，该 E-R 图中省略了各个实体的属性描述。这些实体的属性分别为：

学生（<u>学号</u>，姓名，出生日期）
档案材料（<u>档案号</u>，名称，所有者，管理单位，内容）
班级（<u>班级号</u>，班级名，学生人数）
班主任（<u>教工号</u>，姓名，性别，是否为班主任）
宿舍（<u>宿舍编号</u>，地址，人数）
教室（<u>教室编号</u>，地址，容量）

其中有下画线的属性为实体的码。用同样方法，我们可以得到课程管理局部应用的分 E-R 图，如图 4-2 所示。各实体的属性分别为：

学生（姓名，<u>学号</u>，性别，年龄，所在系，年级，平均成绩）
课程（<u>课程号</u>，课程名，学分）
教师（<u>教师号</u>，姓名，性别，职称）
教科书（<u>书号</u>，书名，价钱）
教室（<u>教室编号</u>，地址，容量）

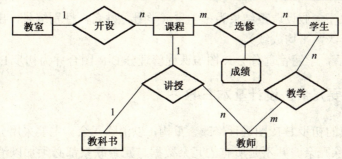

图 4-2　课程管理局部应用的分 E-R 图

接下来我们需要进一步斟酌该 E-R 图，做适当调整。在一般情况下，性别通常作为学生实体的属性，但在本局部应用中，由于宿舍分配与学生性别有关，根据准则②，应该把性别作为实体对待。新建"性别"实体的属性，并且修改包含"性别"属性的实体：学生、班主任和教师。各实体的属性修改如下：

学生（姓名，<u>学号</u>，性别编号，年龄，所在系，年级，平均成绩）
教师（<u>教师号</u>，姓名，性别编号，职称）
性别（<u>性别编号</u>，性别名称）

4.1.2　合并分 E-R 图设计全局初步 E-R 图

集成局部 E-R 图时都需要两步：合并，修改与重构。各分 E-R 图之间的冲突主要有三类：属性冲突、命名冲突和结构冲突。

（1）属性冲突：属性域冲突，即属性值的类型、取值范围或取值集合不同；属性取值单位冲突。

（2）命名冲突：同名异义，异名同义（一义多名）。

（3）结构冲突：同一对象在不同应用中具有不同的抽象。例如"课程"在某一局部应用中被当做实体，而在另一局部应用中则被当做属性；同一实体在不同局部视图中所包含的属性不完全相同，或者属性的排列次序不完全相同；实体之间的联系在不同局部视图中呈现不同的类型。例如实体 E1 与 E2 在局部应用 A 中是多对多联系，而在局部应用 B 中是一对多联系；又如在局部应用 X 中 E1 与 E2 发生联系，而在局部应用 Y 中 E1、E2、E3 三者之间有联系。

解决方法是，根据应用的语义对实体联系的类型进行综合或调整。下面我们来看看如何生成学校管理系统的初步 E-R 图。我们着重介绍学籍管理局部视图与课程管理局部视图的合并。这两个分 E-R 图存在着多方面的冲突。

- 班主任实际上也属于教师，也就是说，学籍管理中的班主任实体与课程管理中的教师实体在一定程度上属于异名同义，所以应将学籍管理中的班主任实体与课程管理中的教师实体统一称为教师，统一后教师实体的属性变为：教师（<u>教师号</u>，姓名，性别，职称，是否为班主任）。
- 将班主任改为教师后，教师与学生之间的联系在两个局部视图中呈现两种不同的类型，一种是学籍管理中教师与学生之间的指导联系，另一种是课程管理中教师与学生之间的教学联系，由于指导联系实际上可以包含在教学联系之中，因此可以将这两种联系综合为教学联系。
- 在两个局部 E-R 图中，学生实体属性组成及次序都存在差异，应将所有属性综合，并重新调整次序。假设调整结果为：学生（学号，姓名，性别编号，出生日期，年龄，所在系，年级，平均成绩）。

解决上述冲突后，学籍管理分 E-R 图与课程管理分 E-R 图合并为初步 E-R 图。

4.1.3 消除不必要冗余，设计基本 E-R 图

对 4.1.3 节生成的初步 E-R 图进行修改、重构，以消除冗余。主要采用分析数据项之间逻辑关系的说明来消除冗余。并不是所有的冗余数据与冗余联系都必须加以消除，有时为了提高效率，不得不以冗余信息作为代价，因为连接运算的代价是非常大的。除了分析方法外，还可以用规范化理论来消除冗余。在规范化理论中，函数依赖的概念提供了消除冗余联系的形式化工具，可以通过该方法确定分 E-R 图之间的数据依赖（实体之间一对一、一对多、多对多的联系可以用实体码之间的函数依赖来表示），逐一考察函数依赖集 F_L 与其最小覆盖 G_L 的差集 $D = F_L - G_L$ 中的函数依赖，确定是否是冗余的联系。

例如，在 4.1.3 节形成的学生实体：学生（学号，姓名，性别编号，出生日期，年龄，所在系，年级，平均成绩）中，"出生日期"和"年龄"分别来自于两个不同的分 E-R 图，合并之后虽然属性名不同但是具有相同的含义，这里消除冗余属性得到修改后的"学生"实体：学生（学号，姓名，性别编号，出生日期，所在系，年级，平均成绩）。

另外，在初步 E-R 图中可以发现"学生"实体中的属性"平均成绩"和"选修"联系的属性"成绩"有重复，因为"平均成绩"可通过"成绩"计算得到，在这里消除"学生"实体中的属性"平均成绩"，得到消除冗余属性后的"学生"实体：学生（学号，姓名，性别编号，出生日期，所在系，年级）。

如图 4-3 所示是进行修改和重构后生成的基本 E-R 图（限于版面，"性别"实体在本图中省略）。该 E-R 图的实体模型如下：

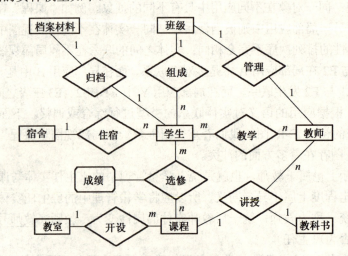

图 4-3 学生管理子系统基本 E-R 图

学生（学号，姓名，性别编号，出生日期，所在系，年级）
档案材料（档案号，名称，所有者，管理单位，内容）
班级（班级号，班级名，学生人数）

教师（<u>教师号</u>，姓名，性别编号，职称，是否为班主任）
宿舍（<u>宿舍编号</u>，地址，人数）
教室（<u>教室编号</u>，地址，容量）
课程（<u>课程号</u>，课程名，学分）
教科书（<u>书号</u>，书名，价钱）
性别（<u>性别编号</u>，性别名称）

4.2 逻辑结构设计

概念结构是独立于任何一种数据模型的信息结构。逻辑结构设计的任务就是把概念结构设计阶段设计好的基本 E-R 图转换为与选用 DBMS 产品所支持的数据模型相符合的逻辑结构。设计逻辑结构应该选择最适于描述与表达相应概念结构的数据模型，然后选择最合适的 DBMS。设计逻辑结构时一般要分三步进行：

- 将概念结构转换为一般的关系、网状、层次模型，并将转化来的关系、网状、层次模型向特定 DBMS 支持下的数据模型转换。
- 对数据模型进行优化。
- 设计外模式。

某些早期设计的应用系统中还在使用网状或层次数据模型，而新设计的数据库应用系统普遍采用支持关系数据模型的 RDBMS。

4.2.1 将 E-R 模型转换为关系模型

关系模型的逻辑结构是一组关系模式的集合。而 E-R 图则是由实体、实体的属性和实体之间的联系三个要素组成的。所以将 E-R 图转换为关系模型实际上就是要将实体、实体的属性和实体之间的联系转化为关系模式，这种转换一般遵循如下原则。

（1）一个实体型转换为一个关系模式，实体的属性就是关系的属性，实体的码就是关系的码。例如，对于"学生"这个实体来说，学生就转换为关系模式"学生表"，"学生"实体的属性就是关系的属性，转换得到学生表（学号，姓名，性别编号，出生日期，所在系，年级）。

（2）一个 $m:n$ 联系转换为一个关系模式。与该联系相连的各实体的码以及联系本身的属性均转换为关系的属性。而关系的码为各实体码的组合。例如，"学生"与"课程"两个实体具有 $m:n$ 的关系，"学号"是"学生"实体的码，"课程号"是"课程"实体的码，"成绩"是"选修"这个联系本身的属性，于是将该联系转换为关系模式：选修表（<u>学号，课程号</u>，成绩）。

（3）一个 $1:n$ 联系可以转换为一个独立的关系模式，也可以与 n 端对应的关系模式合并。如果转换为一个独立的关系模式，则与该联系相连的各实体的码以及联系本身的属性均转换为关系的属性，而关系的码为 n 端实体的码。例如，"班级"实体与"学生"实体是 $1:n$ 的关系，可以将"班级"实体与"学生"实体合并得到：学生表（<u>学号</u>，姓名，性别编号，出生日期，所在系，年级，班级号，班级名），也可以将"班级"实体转换为独立的关系模式"班级表"。

（4）一个 $1:1$ 联系可以转换为一个独立的关系模式，也可以与任意一端对应的关系模式合并。如果转换为一个独立的关系模式，则与该联系相连的各实体的码以及联系本身的属性均转换为关系的属性，每个实体的码均是该关系的候选码。如果与某一端对应的关系模式合并,则需要在该关系模式的属性中加入另一个关系模式的码和联系本身的属性。例如,"档案材料"实体与"学生"实体是一对一的联系,那么"档案材料"实体可以转换为一个独立的关系模式:档案材料表(<u>档案号</u>,名称,所有者,管理单位,内容),也可以并入"学生"实体得到:学生表(<u>学号</u>,姓名,性别编号,出生日期,所在系,年级,<u>档案号</u>,名称,所有者,管理单位,内容)。

(5) 三个或三个以上实体间的一个多元联系转换为一个关系模式。与该多元联系相连的各实体的码以及联系本身的属性均转换为关系的属性。而关系的码为各实体码的组合。例如,"学生"、"教科书"、"教师"、"课程" 4 个实体有多元联系,可以将该多元关系转换为一个关系模式,课程管理表(<u>学号,教师号,课程号,书号</u>,成绩)。

(6) 同一实体集的实体间的联系,即自联系,也可按上述 1:1、1:n 和 $m:n$ 三种情况分别处理。例如,"学生"实体中"班长"和"班级的其他学生"存在 1:n 的联系,可以为"班长"建立关系模式,也可以在"学生"实体的模式中,增加"是否班长"的属性。

(7) 具有相同码的关系模式可合并。

根据以上规则,可以将 E-R 模式转换为多种关系模式,以下是实体转换后的一种关系模式。

(1) 实体转换的关系模式

  学生表(<u>学号</u>,姓名,性别编号,出生日期,所在系,年级,是否班长,班级号,档案号,宿舍编号)
  班级表(<u>班级号</u>,班级名,班级人数)
  档案表(<u>档案号</u>,名称,所有者,管理单位,内容)
  课程表(<u>课程号</u>,课程名,学分,教室编号)
  教师表(<u>教师号</u>,姓名,性别编号,职称,是否为班主任,班级号)
  教科书表(<u>书号</u>,书名,价钱)
  宿舍表(<u>宿舍编号</u>,地址,人数)
  教室表(<u>教室编号</u>,地址,容量)
  性别表(<u>性别编号</u>,性别名称)

(2) 联系转换的关系模式

  课程管理表(<u>学号,教师号,课程号,书号</u>,成绩)

4.2.2 数据模型的优化

数据库逻辑设计的结果不是唯一的。为了进一步提高数据库应用系统的性能,通常以规范化理论为指导,还应该适当地修改、调整数据模型的结构,这就是数据模型的优化。数据模型的优化方法如下。

(1) 确定数据依赖。如果在需求分析阶段没有来得及分析数据项之间的联系,可以在本步骤中补做,确定各数据项中的数据依赖:关系模式内部各属性之间的数据依赖以及不同关系模式属性之间的数据依赖。

(2) 对各个关系模式之间的数据依赖进行极小化处理,消除冗余的联系。

(3) 按照数据依赖的理论对关系模式逐一进行分析,考察是否存在部分函数依赖、传递函数依赖、多值依赖等,确定各关系模式分别属于第几范式。

(4) 按照需求分析阶段得到的各种应用对数据处理的要求,分析对于这样的应用环境这些模式是否合适,确定是否要对它们进行合并或分解。

(5) 对关系模式进行必要的分解,提高数据操作的效率和存储空间的利用率。常用的分解方法有：水平分解和垂直分解。水平分解是把关系元组分成若干子集；垂直分解则把关系模式 R 的属性分解为若干子集和形成若干关系模式。

规范化理论为数据库设计人员判断关系模式优劣提供了理论标准，可用来预测模式可能出现的问题，使数据库设计工作有了严格的理论基础。

如果"学生表"的"班级号"字段设计时包含了年级和院系信息，则"年级"和"所在系"字段存在对主键"学号"字段的传递函数依赖，消除该函数依赖，形成新的关系模式，其中年级是一个数据，不需要单独建立模式。修改后的模式为：学生表（<u>学号</u>，姓名，性别编号，出生日期，是否班长，班级号，档案号，宿舍编号）；班级表（<u>班级号</u>，班级名，所在系，班级人数）；院系表（院系编号，院系名称）。

在已建立的关系模式中，"班级表"的学生人数就是冗余的数据，可以根据学生表中的"班级号"来统计学生的人数。因此消除冗余后的"班级表"变为：班级表（<u>班级号</u>，班级名，所在系）。同理，"教师表"的"是否班主任"可以由该表的"班级号"是否有值决定，因此可以消除"是否班主任"字段，修改后的教师表为：教师表（<u>教师号</u>，姓名，性别编号，职称，班级号）。

根据以上规则，可以对关系模式进行优化，建立"教学管理数据库"。以下是优化后的关系模式。

(1) 实体转换的关系模式

学生表（<u>学号</u>，姓名，性别编号，出生日期，是否班长，班级号，档案号，宿舍编号）
班级表（<u>班级号</u>，班级名，所在系）
档案表（<u>档案号</u>，名称，所有者，管理单位，内容）
课程表（<u>课程号</u>，课程名，学分，教室编号）
教师表（<u>教师号</u>，姓名，性别编号，职称，班级号）
教科书表（<u>书号</u>，书名，价钱）
宿舍表（<u>宿舍编号</u>，地址，人数）
教室表（<u>教室编号</u>，地址，容量）
性别表（<u>性别编号</u>，性别名称）
院系表（<u>院系编号</u>，院系名称）

(2) 联系转换的关系模式

课程管理表（<u>学号，教师号，课程号，书号</u>，成绩）

4.2.3 设计外模式

前面我们根据用户需求设计了局部应用视图，这种局部应用视图只是概念模型，用 E-R 图表示。在将概念模型转换为逻辑模型后，即生成了整个应用系统的模式后，还应该根据局部应用需求，结合具体 DBMS 的特点，设计用户的外模式。

目前关系数据库管理系统一般都提供了视图概念，支持用户的虚拟视图。我们可以利用这一功能设计更符合局部用户需要的用户外模式。

定义数据库模式主要从系统的时间效率、空间效率、易维护等角度出发。由于用户外模式与模式是独立的，因此我们在定义用户外模式时应该更注重考虑用户的习惯与方便，包括：

(1) 使用更符合用户习惯的别名。

(2) 针对不同级别的用户定义不同的外模式，以满足系统对安全性的要求。在"教学管理数据库"中，针对"学生"、"教师"、"教学秘书"、"班主任"等不同用户，建立的视图是不同的，例如：

　　　　学生视图（课程名，教师名，成绩）
　　　　教师视图（班级名，学号，姓名，课程名，成绩）
　　　　教学秘书视图（教师名，课程名，书名，教室地址）
　　　　班主任视图（班级名，学号，姓名，性别名称，出生日期，是否班长，档案内容，宿舍地址）

（3）简化用户对系统的使用。如果某些局部应用中经常要使用复杂的查询，为了方便用户，可以将这些复杂查询定义为视图。用户每次只对定义好的视图进行查询，大大简化了用户的使用。例如：在"教学管理数据库"中，教务员经常要打印学生的平均积点，可以建立积点视图（班级名，学号，姓名，平均积点）。

4.3　物理结构设计

数据库在物理设备上的存储结构与存取方法称为数据库的物理结构，它依赖于给定的计算机系统。为一个给定的逻辑数据模型选取一个最合适应用要求的物理结构的过程，就是数据库的物理设计。数据库的物理设计通常分为两步：确定数据库的物理结构；对物理结构进行评价，评价的重点是时间和空间效率。

4.3.1　确定数据库的物理结构

不同的数据库产品提供的物理环境、存取方法和存储结构有很大差别，能提供给设计人员使用的设计变量、参数范围也不同，因此没有通用的物理设计方法可以遵循，只能给出一个一般的设计内容和原则。希望设计优化的物理数据库结构，使得在数据库上运行的各种事物响应时间短、存储空间利用率高、事物吞吐率大。为此需要对要运行的事物进行详细分析，获得选择物理数据库设计所需要的参数。其次，要充分了解所有的 RDBMS 的内部特征，特别是系统提供的存取方法和存储结构。通常对关系数据库物理设计的内容包括以下两个方面。

（1）为关系模式选择合适的存取方法

通常有 3 类存取方法：索引方法（B+树索引方法）、聚簇方法和 Hash 方法。

- 索引方法（B+树索引方法）根据要求确定对关系的属性建立索引，一般为在查询中出现的属性（或属性组），或作为聚集函数的参数的属性（或属性组），或在连接操作的连接条件中出现的属性（或属性组）建立索引。
- 聚簇方法：为了提高某个属性（或属性组）的查询速度，把这个或这些属性（称为聚簇码）上具有相同值的元组集中放在连续的物理块上，称为聚簇。
- Hash 方法：有些数据库管理系统提供 Hash 存取方法。当关系的大小可预知或不会发生变化或关系的大小动态变化，但数据库提供该方法的支持时，可以采用本方法存取数据。

（2）设计关系、索引等数据库文件的物理存储结构

- 确定数据的存储结构

确定数据库存储结构时要综合考虑存取时间、存储空间利用率和维护代价三方面的因素。这三个方面常常是相互矛盾的。例如，消除一切冗余数据虽然能够节约存储空间，但往往会导致检索代价的增加，因此必须进行权衡，选择一个折中方案。

- 设计数据的存取路径

在关系数据库中，选择存取路径主要是指确定如何建立索引。例如，应把哪些域作为次码建立次索引，建立单码索引还是组合索引，建立多少个索引合适，是否建立聚集索引等。

- 确定数据的存放位置

为了提高系统性能，应该根据应用情况将数据的易变部分与稳定部分、经常存取部分与存取频率较低部分分开存放。

- 确定系统配置

DBMS 产品一般都提供一些存储分配参数，供设计人员和 DBA 对数据库进行物理优化。在初始情况下，系统都为这些变量赋予了合理的默认值。但是这些值不一定适合每种应用环境，在进行物理设计时，需要重新对这些变量赋值以改善系统的性能。

4.3.2 评价物理结构

在数据库物理设计过程中需要对时间效率、空间效率、维护代价和各种用户要求进行权衡，其结果可以产生多种方案。数据库设计人员必须对这些方案进行细致的评价，从中选择一个较优的方案作为数据库的物理结构。

评价物理数据库的方法完全依赖于所选用的 DBMS，主要从定量估算各种方案的存储空间、存取时间和维护代价入手，对估算结果进行权衡、比较，选择出一个较优的合理的物理结构。如果该结构不符合用户需求，则需要修改设计。

4.4 数据库实施

数据库实施主要包括以下工作：定义数据库结构，数据装载，编制与调试应用程序以及数据库试运行。

1. 定义数据库结构

确定了数据库的逻辑结构与物理结构后，就可以用所选的 DBMS 提供的数据定义语言（DDL）来严格描述数据库结构。

2. 数据装载

数据库结构建立好后，就可以向数据库中装载数据了。装载数据入库是数据库实施阶段最主要的工作。对于数据量不是很大的小型系统，可以用人工方法完成数据的入库，其步骤如下。

（1）筛选数据

需要装入数据库中的数据通常分散在各个部门的数据文件或原始凭证中，所以首先必须把需要入库的数据筛选出来。

（2）转换数据格式

筛选出来的需要入库的数据，其格式往往不符合数据库要求，还需要进行转换。这种转换有时可能很复杂。

（3）输入数据

将转换好的数据输入计算机中。

（4）校验数据

检查输入的数据是否有误。

对于中大型系统，由于数据量极大，用人工方式组织数据入库将会耗费大量人力物力，而且很难保证数据的正确性，因此，应该设计一个数据输入子系统由计算机辅助数据的入库工作。

3. 编制与调试应用程序

数据库应用程序的设计应该与数据设计并行进行。在数据库实施阶段，当数据库结构建立好后，就可以开始编制与调试数据库的应用程序，也就是说，编制与调试应用程序是与装载数据入库同步进行的。调试应用程序时，由于数据入库尚未完成，可先使用模拟数据。

4. 数据库试运行

应用程序调试完成，并且已有一小部分数据入库后，就可以开始数据库的试运行。数据库试运行也称为联合调试，其主要工作分为两类：功能测试，即实际运行应用程序，执行对数据库的各种操作，测试应用程序的各种功能，性能测试，即测量系统的性能指标，分析是否符合设计目标。

4.5　用PD进行数据库设计

PowerDesigner（PD）是著名的数据库应用开发工具生产厂商 PowerSoft 公司推出的产品（PowerSoft 现已被数据库厂商 Sybase 所收购），它完全按照客户-服务器体系结构研制设计。在客户-服务器结构中，PowerDesigner 使用在客户机中，作为数据库应用程序的开发工具而存在。由于 PowerDesigner 采用了面向对象和可视化技术，提供可视化的应用开发环境，使得用户可以方便快捷地开发出利用后台服务器中的数据和数据库管理系统的数据库应用程序。

4.5.1　正向工程

1. 建立数据库连接

（1）以 PD15 为例，选择菜单命令 Database→Configure Connections，如图 4-4 所示。

（2）弹出 Configure Data Connections 对话框，单击 Add Data Source 按钮，如图 4-5 所示。

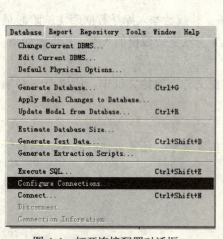

图 4-4　打开连接配置对话框

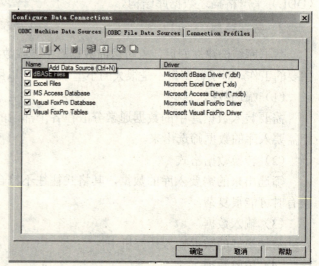

图 4-5　设置 ODBC 连接

（3）选择数据源类型，如图 4-6 所示。

（4）选择数据库连接的驱动程序，如图 4-7 所示。

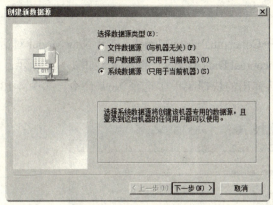
图 4-6 选择数据源类型

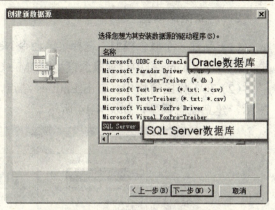
图 4-7 选择数据库连接的驱动程序

(5)设置数据库的 IP 地址和 SQL Server 系统管理员登录账号的等参数,建立数据库连接。可以附加数据库,也可以在原来的数据库中继续新建,如图 4-8、图 4-9 和图 4-10 所示。

图 4-8 设置服务器 IP 地址

图 4-9 设置登录数据库服务器的账号和密码

(6)直接进行连接,并进行测试。

单击测试数据源,会弹出测试成功的提示。至此建立一个与数据库 SQL Server 2008 之间 ODBC 连接,如图 4-11 所示。

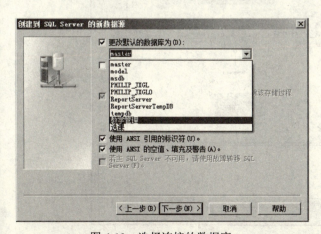
图 4-10 选择连接的数据库

图 4-11 测试连接

2. 建立概念模型

（1）新建一个概念模型。选择菜单命令 New→Conceptual Data Model，打开 New Model 对话框，在 Model name 框中设置概念模型 CDM（Conceptual Data Model）的名称，如图 4-12 所示。

（2）在工作区窗格中，右击 Entities 结点，从弹出的快捷菜单中选择 New 命令，如图 4-13 所示，建立概念模型，如图 4-14 所示。

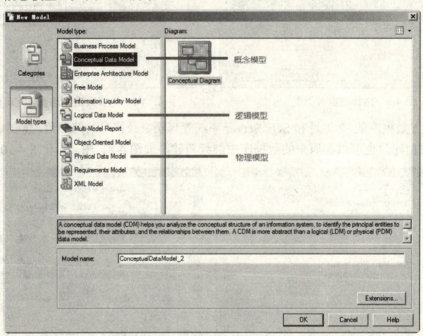

图 4-12　新建概念模型

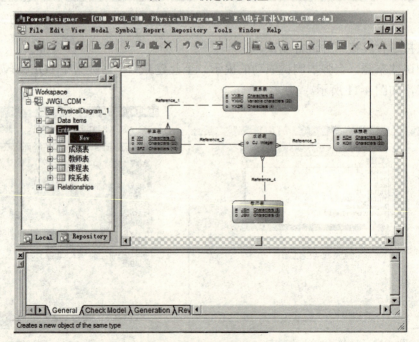

图 4-13　右击 Entities 结点

3. 将概念模型转化为 LDM

（1）将 CDM 转换为 LDM（逻辑模型）。选择菜单命令 Tools→Generate Logical Data Model，打开如图 4-15 所示的对话框，在其中选择 General 选项卡，即目标数据库管理系统，在 Name 和 Code 框中输入 LDM 的名称和代码，单击"确定"按钮建立逻辑模型。

（2）CDM 和 LDM/PDM 的映射参数设置。选择菜单命令 Tools→Resources→DBMS，打开如图 4-16 所示的对话框，其中列出了可以使用的数据库连接驱动程序，选择一种数据库模型并双击，打开如图 4-17 和图 4-18 所示窗口，可设置数据类型映射参数。

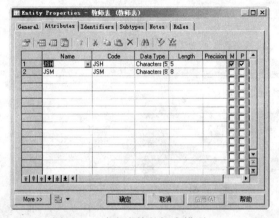

图 4-14　建立表格的概念模型

图 4-15　新建概念模型

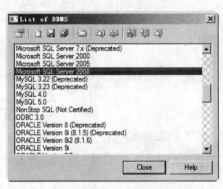

图 4-16　选择数据库连接驱动程序

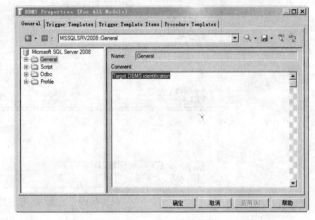

图 4-17　建立模型连接

（3）生成逻辑模型 LDM。在图 4-15 中单击"确定"按钮，生成的逻辑模型如图 4-19 所示。

4. 建立物理模型

（1）使用 ODBC 接口连接数据库

在 PDM 物理模型窗口中选择菜单命令 Database→Connect，打开如图 4-20 所示的对话框，选择建立的一个数据源，输入账号和密码，如果回到 PDM 没有任何提示，表示已经正确与数据库建立了连接。

（2）设置 SQL 连接参数

生成数据库。选择菜单命令 Database→Generate Database，打开 Database Generation 对话框，如图 4-21 所示，单击 ■ 按钮，打开如图 4-20 所示的对话框，设置 SQL 的连接参数。

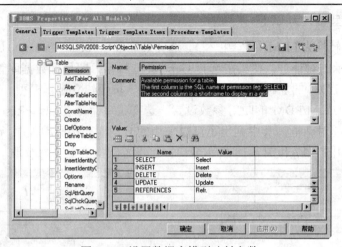

图 4-18 设置数据库模型映射参数

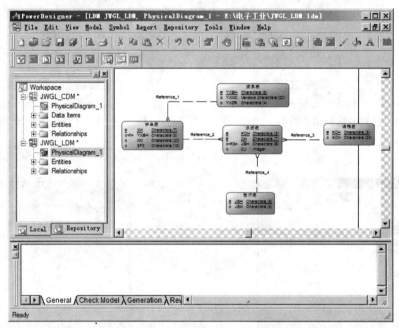

图 4-19 生成数据库逻辑模型

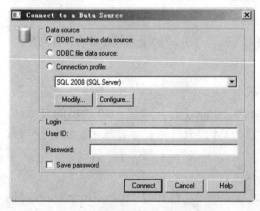

图 4-20 数据库物理模型连接设置

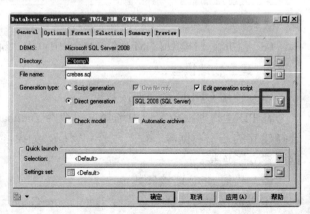

图 4-21 选择数据库物理模型连接驱动程序

(3) 生成 SQL 脚本

在图 4-21 中单击"确定"按钮即可生成数据库,同时生成了 .sq1 文件,如图 4-22 所示。单击 Run 按钮,执行 SQL 语句,在 SQL Server 2008 中生成表格,如图 4-23 所示。模型文件如图 4-24 所示。

图 4-22 生成数据库脚本

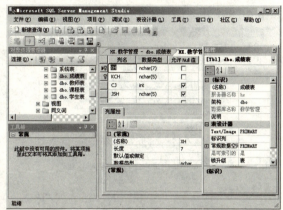

图 4-23 在数据库中生成表格

图 4-24 模型文件

(4) 生成物理模型

选择菜单命令 Tools→Generate Physical Data Model,在 Name 和 Code 框中输入 PDM 的名称和代码,单击"确定"按钮建立物理模型,如图 4-25 所示。

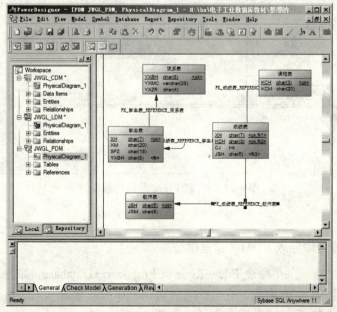

图 4-25 生成的物理模型

（5）将模型转化为面向对象的代码

选择菜单命令 Tools→Generate Object-Oriented Model，打开如图 4-26 所示的对话框，在该对话框中设置导出的 Java 面向对象的项目参数；单击 Configure Model Options 按钮，打开如图 4-27 所示的对话框，设置 Java 代码生成的参数；单击 OK 按钮生成最终的面向对象代码，如图 4-28 所示。

图 4-26　设置 Java 面向对象项目参数

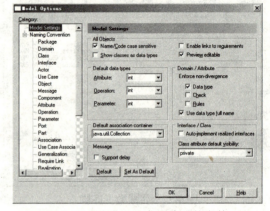

图 4-27　设置 Java 代码生成的参数

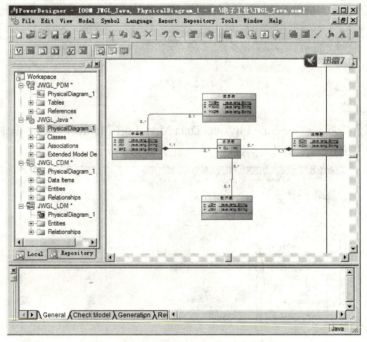

图 4-28　生成的 Java 面向对象模型

4.5.2　反向工程

1. 将数据库表结构导入 PDM（物理模型）

在物理模型中，选择菜单命令 File→Reverse Engineer→Database，如图 4-29 所示，打开数据源设置对话框，如图 4-30 所示。在数据转换对话框中设置要导入的表格，如图 4-31 所示。数据导入过程如图 4-32 所示，数据导入结果如图 4-33 所示。

第 4 章 数据库设计基础

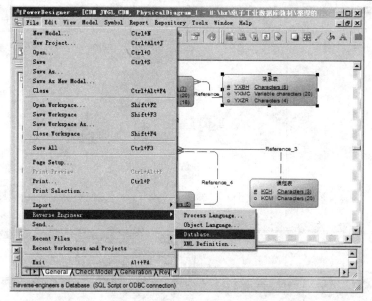

图 4-29 File 菜单

图 4-30 数据源设置对话框

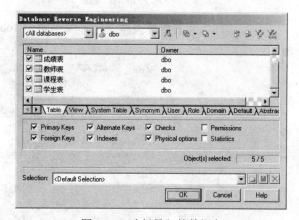

图 4-31 选择导入的数据表

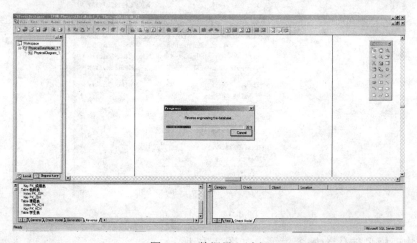

图 4-32 数据导入过程

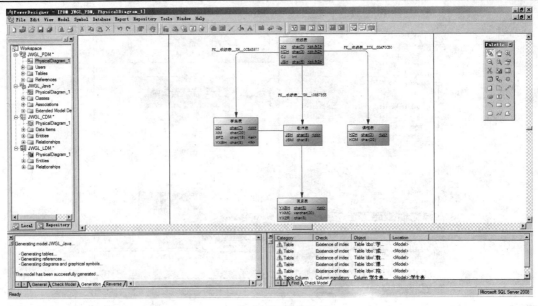

图 4-33 数据导入结果

2. 将物理模型转化为概念模型

（1）选择当前的物理模型，选择菜单命令 Tools→GenerateConceptualDataModel，如图 4-34 所示。

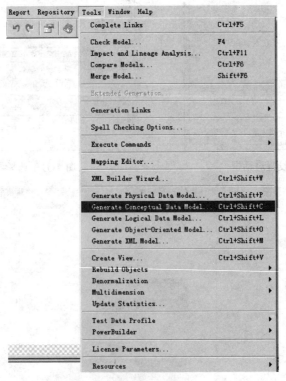

图 4-34 Tools 菜单

（2）将物理模型转化为概念模型，如图 4-35 所示。

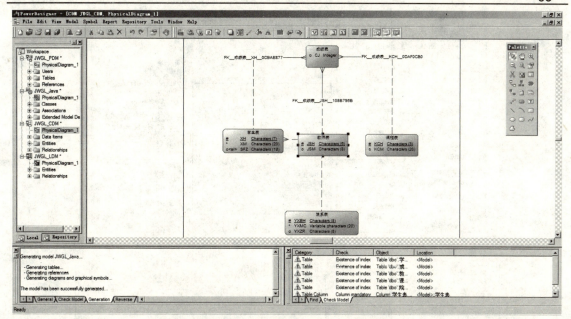

图 4-35　将物理模型转化为概念模型

4.6　用 Visio 进行数据库设计

Office Visio 有两种独立版本：Office Visio Standard 和 Office Visio Professional。Office Visio Standard 与 Office Visio Professional 的基本功能相同，但前者包含的功能和模板是后者的子集。Office Visio Professional 提供了数据连接性和可视化功能等高级功能，而 Office Visio Standard 并没有这些功能。

Office Visio 提供了各种模板：业务流程的流程图、网络图、工作流图、数据库模型图和软件图，这些模板可用于可视化和简化业务流程、跟踪项目和资源、绘制组织结构图、映射网络、绘制建筑地图以及优化系统。

4.6.1　建立逻辑模型

1．新建逻辑模型

打开 Visio，选择菜单命令"文件"→"新建"→"数据库"→"数据库模型图"，如图 4-36 所示。

2．建立逻辑表

将"实体"从左边列表中拖到右边空白区中（实体就是数据库中的表），输入表名"学生表"，保持默认的设置，如图 4-37 所示。

3．建立列

如图 4-38 所示，在"类别"列表框中选择"列"，为"学生表"建立列，包括 XH、XM、SFZ 和 YXBH，其中，XH 为主键（PK），XM 是必须的。在图 4-38 中选择"XM"列，单击"编辑"按钮，可修改指定列的属性，如图 4-39 所示。建议不要选用"键入时同步名称"复选框。

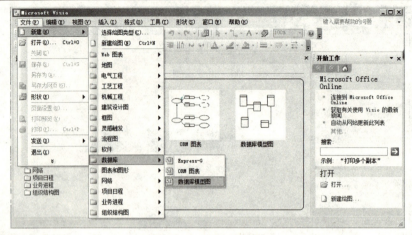

图 4-36 "文件"菜单

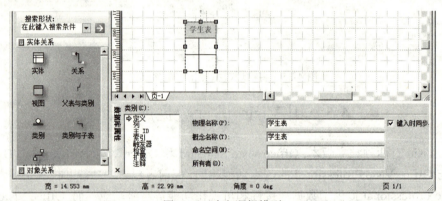

图 4-37 建立逻辑模型

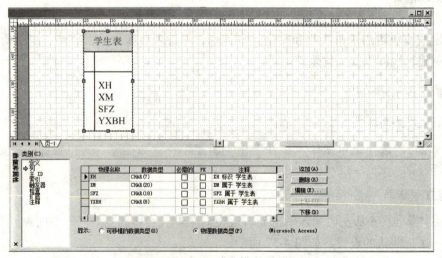

图 4-38 建立模型列

4．设置列约束

在如图 4-39 所示的对话框中选择"检查"选项卡，可以修改列的约束，这里设置"学生表"的 SFZ 字段为 15～18 位，在"范围"中输入从"100000000000000"到"9999999999999999999"，如图 4-40 所示。如果选中"显示 Check 子句代码"复选框，则可以直接输入 SQL 语句。

第4章 数据库设计基础

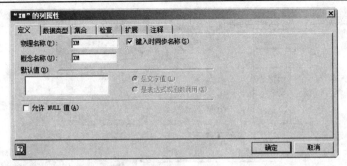

图 4-39 修改列属性

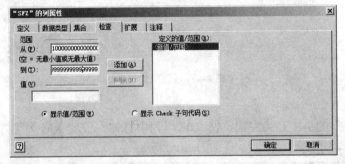

图 4-40 修改列约束

5. 建立索引

在"类别"列表框中选择"索引",如图 4-41 所示,单击"新建"按钮,输入索引的名称,然后选择"索引类型"为"仅唯一索引",在"可用的列"中选择 SFZ 列,单击"添加"按钮,为列 SFZ 建立唯一索引。

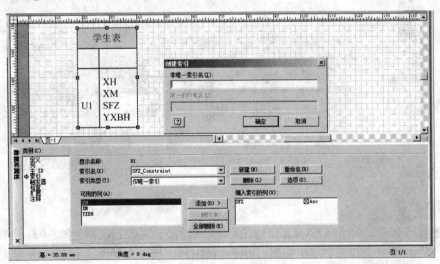

图 4-41 建立索引

6. 建立触发器

在"类别"列表框中选择"触发器",如图 4-42 所示,单击"添加"按钮,建立触发器。

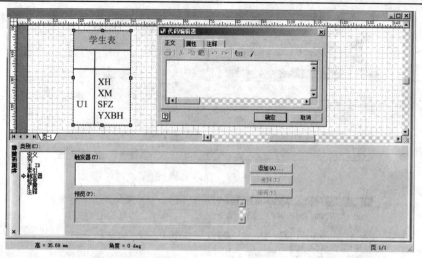

图 4-42　建立触发器

7. 建立主键

设置"学生表"的 XH 列为主码,在"PK"列中打钩;设置 XM 列为非空,在"必需的"列中打钩,如图 4-43 所示。

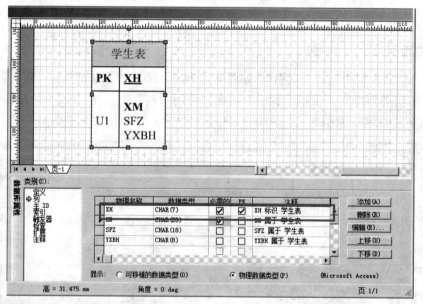

图 4-43　建立主键

8. 建立外键

按上述方法建立:成绩表(XH,KCH,CJ,JSH)、课程表(KCH,KCM)和教师表(JSH,JSM)。将"关系"从左边列表框中拖到右边空白区中,出现单向箭头,带箭头一方为单方(父表),不带箭头的一方为多方(子表)。将多方指向"成绩表",单方指向"学生表",Visio 会自动对父表和子表间同名字段建立连接。在"类别"框中选择"定义",单击"断开连接",重新设置连接字段,再单击"关联"按钮,建立新的连接。在"类别"框中选择"杂项",可以设置父子表的关系,如图 4-44 所示。

第 4 章 数据库设计基础

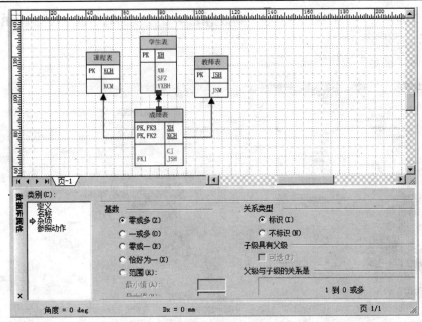

图 4-44 建立外键

4.6.2 建立物理模型

将图 4-44 中建立的逻辑模型生成实际的数据库（这里介绍如何生成 Microsoft SQL Server，其他类型的数据库见 Visio 的联机文档。

（1）设置数据库连接。选择菜单命令"数据库"→"选项"→"驱动程序"，在打开的对话框中，选择驱动程序，这里选择"Microsoft SQL Server"，在下方的"物理数据模型"右侧会显示所选择的数据模型名称，结果如图 4-45 所示。

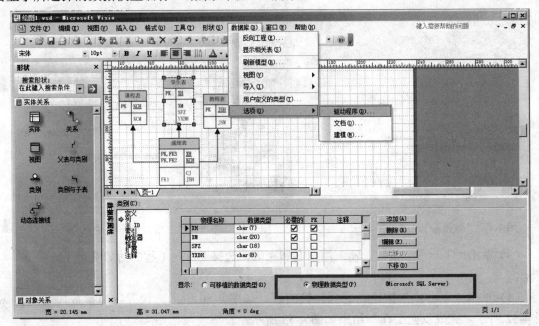

图 4-45 设置数据库驱动

（2）选择菜单命令"工具"→"导出到数据库"，在出现的对话框中设置 ODBC 参数，如图 4-46 所示。

（3）单击"确定"按钮完成操作。

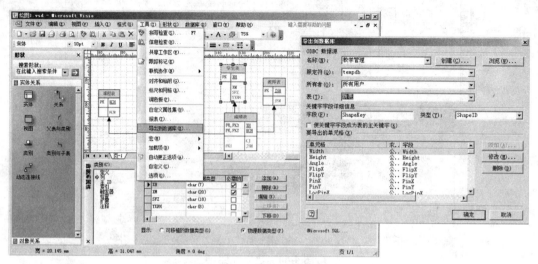

图 4-46　导出数据库

4.6.3　从 SQL Server 导入数据到 Visio

反向工程是指将已经存在的物理数据库转换成 Visio 中的逻辑模型。Visio 中可以反向各种类型的数据库，这里介绍 MS SQL Server。

（1）选择菜单命令"数据库"→"反向工程"，如图 4-47 所示。

（2）在打开的向导对话框中选择 Visio 驱动程序和数据源，如果数据源不存在可以新建，如图 4-48 所示。

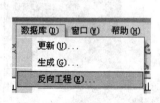

图 4-47　"数据库"菜单

图 4-48　选择已建立的数据库连接驱动程序

（3）单击"下一步"按钮，输入用户名和密码，选择"反向工程的对象类型"，如图 4-49 所示。

（4）单击"下一步"按钮，选择转换的表，如图 4-50 所示。设置导出参数如图 4-51 和图 4-52 所示。完成反向工程，结果如图 4-53 所示，表格关系如图 4-54 所示。

第 4 章 数据库设计基础

图 4-49 选择反向参数

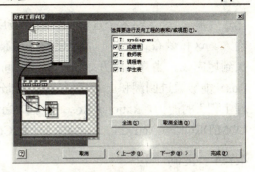

图 4-50 选择转换参数

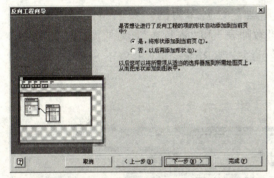

图 4-51 选择输出方向

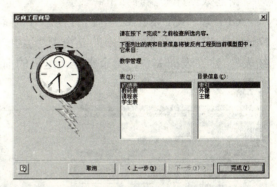

图 4-52 设置表格导出项目

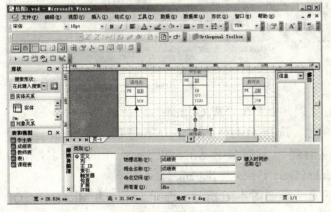

图 4-53 导出结果

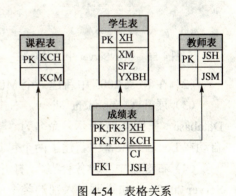

图 4-54 表格关系

4.7 用 Rational Rose 进行数据库设计

Rational Rose 是 Rational 公司出品的一种面向对象的统一建模语言的可视化建模工具,用于可视化建模和公司级水平软件应用的组件构造。Rational Rose 包括统一建模语言(UML)、OOSE 及 OMT。其中统一建模语言(UML)由 Rational 公司 3 位世界级面向对象技术专家 Grady Booch、Ivar Jacobson 和 Jim Rumbaugh 通过对早期面向对象研究和设计方法的进一步扩展而得来,它为可视化建模软件奠定了坚实的理论基础。Rational Rose 的两个受欢迎的特征是它的提供反复式发展和来回旅程工程的能力。Rational Rose 允许设计师利用反复式发展(有时也叫进化式发展），因为在各个进程中，新的应用能够被创建，把一个反复的输出变成下一个反复的输入。这和瀑布式发展形成对比，在瀑布式发展中，在一个用户开始尝试之前整个工程被从头到尾完成。当开发者开始理解组件之间如何相互作用，以及在设计中进行调整时，Rational Rose 能够通过回溯和更新模型的其余部分来保证代码的一致性，从而展现出被称为"来回旅程工程"的能力。Rational Rose 是可扩展的，可以使用下载附加项和第三方应用软件，它支持 COM/DCOM（ActiveX）、JavaBeans 和 Corba 组件标准。

4.7.1 正向工程

新建数据库的步骤如下。

（1）以 SQL Server 中已有的一个"教务管理"数据库为例，命名新的数据库名为 NorthwindRose，并采用其中的 3 个表"学生表"、"教师表"和"课程表"，另外再新建一个"成绩表"，建立表间关系，其余类推。这里的前提是已经安装 Rose 2003 和 SQL Server。表结构如图 4-55 和图 4-56 所示。

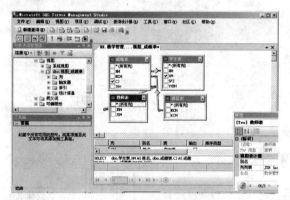
图 4-55 SQL Server 中的关系图

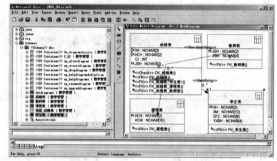
图 4-56 Rose 2003 中的关系图

（2）在 Rose 2003 中新建一个 MDL 文档，命名为"JWGL.mdl"。

（3）展开 Component View，右击单击，选择 Data Modeler→New→Database，新建一个 Database，如图 4-57 所示，命名为"教务管理"。这时会出现在 SQL Server 中的新库名，Rose 自动在 Logical View 中新建了两个包 Global Data Types 及 Schemas。

（4）右键选中"教务管理"，打开的对话框如图 4-58 所示，选择 Target 为 Microsoft SQL Server 2000.x。如果要导入别的类型的数据库，可以修改连接数据库类型。

（5）新建"教务管理"的表空间，右键单击"教务管理"，选择 Data Modeler→New→Tablespace，如图 4-59 所示。默认的表空间名称为 PRIMARY，这里将表空间命名为"Tablespace_教务管理"。导入 SQL Server 时不是任意空间名都可以，必须与 SQL Server 中"文件组"中的项目相对应的表空间才允许导入。

（6）右键单击"Logical View"中的"Schemas"结点，新建一个模式，如图 4-60 所示，命名为"Schema_教务管理"（可以随意命名）。

（7）右键单击"Schema_教务管理"，新建一个 Data Model Diagram，如图 4-61 所示，命名为 Main。双击这个 Main 图标，可以看到工具栏的变化。

第 4 章 数据库设计基础

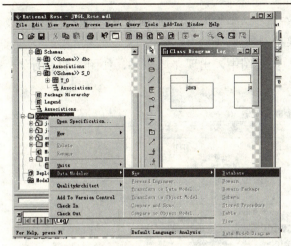

图 4-57 新建 Database

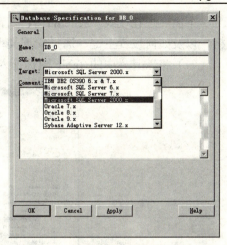

图 4-58 选择目标数据库类型

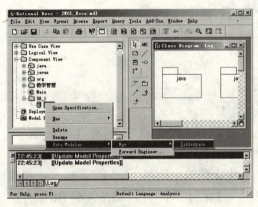

图 4-59 新建表空间

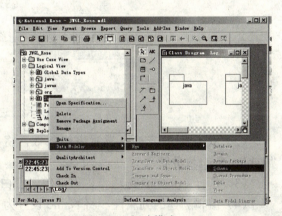

图 4-60 新建模式

（8）右键单击"Schema_教务管理"的 Open Specification 结点，将 DataBase 选择为"教务管理"，表明从属关系，同时右击"Schema_教务管理"，选择 Data Modeler→New→Table，或者从 Data Model Diagram 结点下的 Main 中，拖放一个 Table 图标到视图中，新建一个表格，如图 4-62 所示。

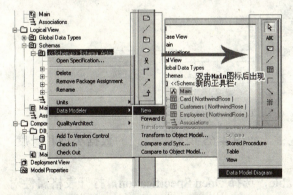

图 4-61 出现新的工具栏

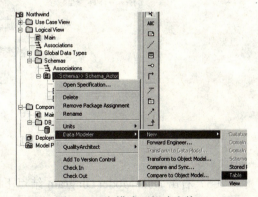

图 4-62 在模式下新建表格

下面通过在模式"Schema_教务管理"下新建"学生表",说明如何在 Rose 2003 中建立表格,以及如何设置主键、选择数据类型和数据长度等。

(1) 将工具栏中的 Table 图标拖入 Main 数据视图中,出现 T_1 表格,如图 4-63 所示。

图 4-63 设置表格属性

(2) 双击 T_1 表格,设置表格参数,将 Name 设置为"学生表",选择 Tablespace 为"Tablespace_教务管理"。

(3) 选择 Columns 选项卡,右键单击空白区域从快捷菜单中选择"Insert",插入新列。

(4) 编辑新建的列属性,将 Name 设置为"XH",注释为"学号",如图 4-64 所示。

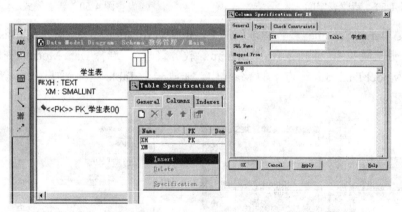

图 4-64 表格参数设置

(5) 选择 Type 选项卡,设置"XH"为主键,如图 4-65 所示。修改的数据类型和长度,如图 4-66 所示。

(6) 右击 Data Model Diagram 结点下的 Table,选择 Open Specification,打开表格属性对话框,设置表参数。选择 Key Constraints 选项卡可以设置主码属性,如图 4-67 所示。建立的逻辑模型如图 4-68 所示。

第 4 章 数据库设计基础

图 4-65 设置列属性

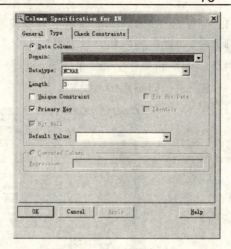

图 4-66 设置数据类型

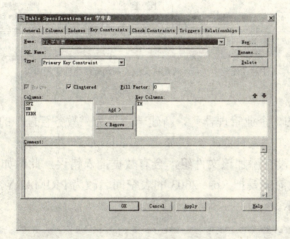

图 4-67 设置表的主码

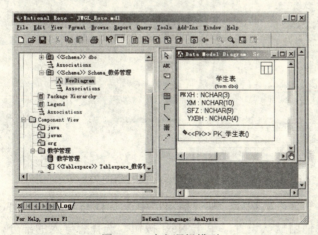

图 4-68 建立逻辑模型

下面模仿 4.6.1 节的方法,建立"教师表"、"课程表"和"成绩表",并使用工具栏中的 Identifying Relationship 和 Non-identifying Relationship 两个工具建立 3 个表之间的关系。

Identifying Relationship 表示主外键关系，拖动方向应该是从父表指向子表，图 4-69 中的 "教师表"、"课程表" 和 "学生表" 为父表，"成绩表" 为子表，JSB、KCH、XH 为 "教师表"、"课程表" 和 "学生表" 的主键，以及 "成绩表" 的外键；Non-identifying Relationship 仅建立外键关系，如图 4-69 所示。

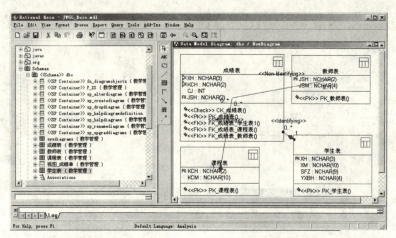

注意：先选中工具，再选择父表，拖动连线指向子表即可

图 4-69　建好后的表关系图

打开 SQL Server 的 "企业管理器"，新建一个名为 "教务管理" 的数据库，与 Rose 中的 DB 同名，打开属性，在 "文件组" 一栏加上 "Tablespace_教务管理"，这里就是对应 Rose 中的 Tablespace。如果没有添加该文件组，会有数据插入错误，此时如果不在 SQL 中增加表空间，则在重新导入之前需要把 Rose 2003 的表空间名改为 PRIMARY，最后得到一个可以使用的库，如图 4-70 所示。

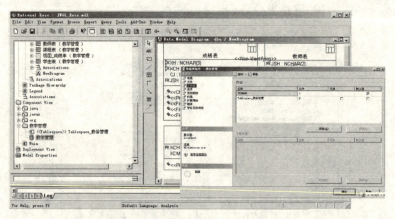

图 4-70　表空间和文件组的关系

右键单击 "教务管理" 数据库，从快捷菜单中选择 Data Modeler→Forward Engineer，在打开的向导对话框中使用默认设置，单击 Next 按钮，选择想导入的部分，再单击 Next 按钮，选择 Execute，填入 SQL Server 的登录账号和密码，选择刚才建立的 "教务管理" 数据库，单击 Next 按钮，开始导入，如图 4-71 所示。导入后的表结构如图 4-72 所示。

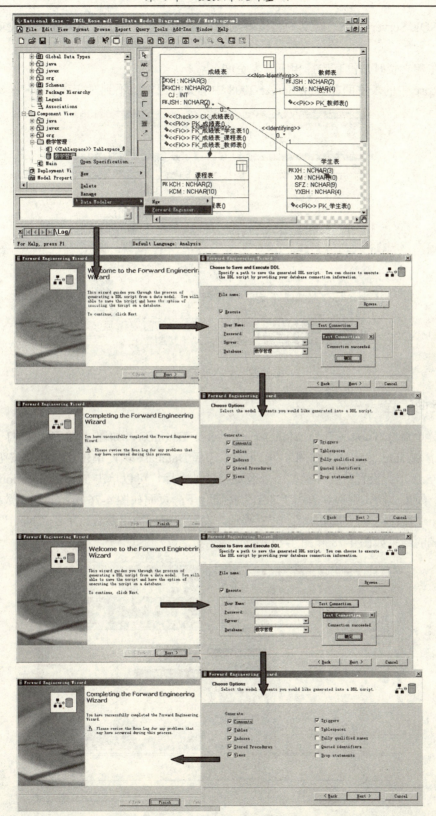

图 4-71 导入过程

进入 SQL Server 2008，在其中可以看到表已经自动建立好了。如果导入不成功，可能的原因如下：

（1）在建立表时，没有选择相应的表空间。

（2）Rose 中的表空间在 SQL Server 2008 中的文件组中找不到对应项。

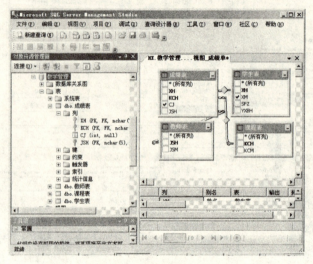

图 4-72　导入后的表结构

4.7.2　反向工程

选择菜单命令 Tools→Data Modeler→Reverse Engineer，如图 4-73 所示，打开 Reverse Engineering Wizard 对话框，如图 4-74 所示。选择 Database 项，单击"Next"按钮，下一页面如图 4-75 所示。设置数据库类型，以及连接的数据库，可以单击 Test connection 测试连接是否成功。如果成功，则继续单击"Next"按钮，下一页面如图 4-76 所示。选择数据库模式，单击"Next"按钮，下一页面如图 4-77 所示，设置数据库导出参数。单击"Next"换钮，反向工程生成的结果如图 4-78 和图 4-79 所示。

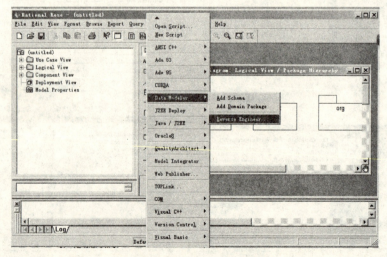

图 4-73　Reverse Engineer 菜单

第 4 章 数据库设计基础

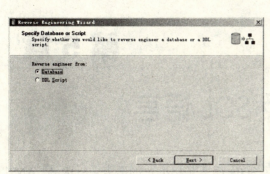

图 4-74 选择 Database 选项

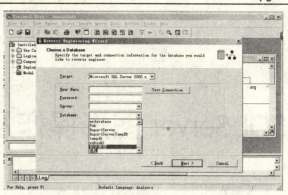

图 4-75 设置数据库连接参数

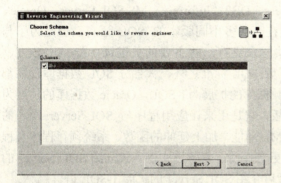

图 4-76 选择数据库模式

图 4-77 设置数据库导出参数

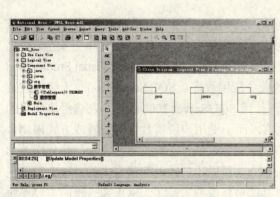

图 4-78 导出的数据库模型

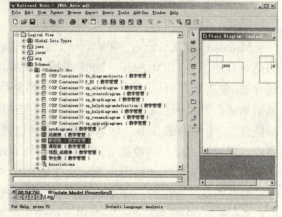

图 4-79 导出的表模式

习题

1. 数据库的设计分成哪些主要的过程？
2. 使用 Visio、Rational Rose 和 SQL Server 进行数据库设计。
3. 进一步对第 3 章的第 4 道题进行数据库设计，绘制 E-R 图。
4. 进一步对第 3 章的第 5 道题进行数据库设计，绘制 E-R 图。

第 5 章

SQL Server 图形操作及 SQL 语言

关系数据库是当前最流行的数据库系统之一，SQL 语言是标准化的语言。SQL 是 ANSI 的标准计算机语言，用来访问和操作数据库系统。SQL 语句用于取回和更新数据库中的数据。SQL 可与数据库程序协同工作，比如 MS Access、DB2、Informix、MS SQL Server、Oracle、Sybase，以及其他数据库系统。不幸地是，存在着很多不同版本的 SQL 语言，但是为了与 ANSI 标准相兼容，它们必须以相似的方式共同来支持一些主要的关键词（如 SELECT、UPDATE、DELETE、INSERT、WHERE 等）。除 SQL 标准之外，大部分 SQL 数据库程序都拥有它们自己的私有扩展，例如，SQL Server 数据库的扩展为T-SQL，Oracle 数据库的扩展为 PL/SQL。T-SQL是 SQL 程序设计语言的增强版，它是用来让应用程序与 SQL Server 沟通的主要语言。T-SQL 提供标准 SQL 的 DDL 和 DML 功能，加上延伸的函数、系统预存程序及程序式设计结构（如 IF 和 WHILE）让程序设计更有弹性。本章以实例方式介绍 SQL Server 的图形界面使用，然后介绍 SQL 语言的使用，最后介绍 SQL Server 的扩展 T-SQL 语言。

5.1 SQL Server 的图形界面

Microsoft SQL Server 2008 是一个全面的数据平台，它为企业提供企业级数据管理与集成的商业智能工具。SQL Server 2008 数据库引擎可为关系型数据与 XML 数据提供更安全、可靠的存储，使得用户可以灵活应对快速增长的复杂业务应用。通过与 Microsoft Visual Studio 2008 紧密集成，开发人员能够快速构建和部署关键的业务应用程序。SQL Server 2008 无缝集成数据整合、分析和报表工具，这意味着企业可以通过使用 SQL Server 2008 构建和部署经济实惠的商业智能解决方案，将数据驱动到业务的每个角落，而不受用户所需数据的位置或方式限制，灵活应对业务变化。如果用户第一次使用 SQL Server 2008，或许会被大量的新功能和界面改动弄得眼花缭乱。与任何一个版本相比，SQL Server 2008 所做出的改动都是最大的。你会发现在 SQL Server 2000 或 SQL Server 7 中习惯使用的工具都被修改或去除了。SQL Server 的主要模块如下：① 企业管理器；② 查询分析器；③ 分析服务管理器；④ DTS 设计器；⑤ 导入/导出向导。下面介绍使用 SQL Server 2008 提供的图形化界面来创建数据库的基本方法。

5.1.1 连接 SQL Server 2008

（1）打开 SQL Server 2008 应用程序

当 SQL Server 2008 未连接任何 SQL 数据库服务器时，显示无服务器连接状态，如图 5-1 所示。

(2) 连接数据库服务器

① 单击菜单"文件"选择"连接对象资源管理器",如图 5-2 所示。

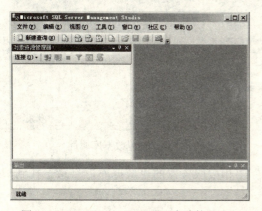

图 5-1 SQL Server 2008 处于未连接状态

图 5-2 单击连接对象资源管理器

② 在弹出的对话框中选择需要连接的服务器类型和名称及身份验证方式,并单击"连接"按钮,如图 5-3 所示。注意:SQL Server 2008 不仅能连接本机数据库服务器,还能访问网络数据库服务器。默认状态下身份认证为"Windows 身份认证",而在连接某些数据库服务器时需要输入用户名和密码否则无法连接成功。注意:数据库服务器默认名称为:"主机名:端口"或"主机IP:端口",如"210.34.240.110:1433"本机默认为"127.0.0.1:1433"端口为1433,默认端口可以省略不写。连接成功后,SQL Server 2008 将显示数据库服务器的相关信息,如图 5-4 所示。

图 5-3 连接到服务器对话框

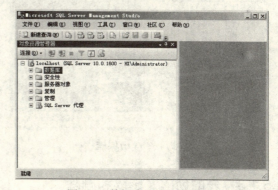

图 5-4 数据库服务器连接成功

5.1.2 数据库的创建和删除

数据库是数据库服务器用来存放表、视图、存储过程及其他对象的容器。同时数据库也是数据库服务器对外提供查询和服务的基本单元。

(1) 创建数据库

① 以建立"教学管理"数据库为例,在对象资源管理器中,右击"数据库",选择"新建数据库"命令,如图 5-5 所示。

② 在弹出的"新建数据库"对话框中输入数据库名称"教学管理",并可对数据库"初始化大小"、储存路径进行修改。如需要增加新数据库文件可单击"增添"按钮。数据库设置完成后单击"确定"按钮,完成数据库的创建,如图 5-6 所示。

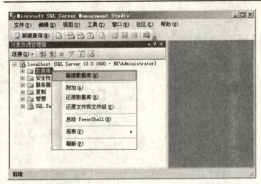
图 5-5 新建数据库文件

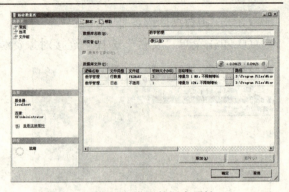
图 5-6 设置数据库属性

③ 创建好的数据库可以在"对象资源管理器"中相应服务器的"数据库"目录下找到，如图 5-6 所示。

（2）删除数据库

数据库删除时，在"对象资源管理器"中选定需要删除数据库文件右击，单击"删除"按钮，如图 5-7 所示。在弹出的如图 5-8 所示的"删除对象"窗口中选择需要删除的数据库相关文件并单击"确定"按钮，完成删除数据库操作。注意：删除的数据库是不可恢复的，若有需要保存的文件必须先备份。而 SQL Server 2008 中的系统数据库是无法进行删除的。

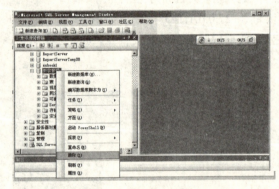
图 5-7 删除数据库文件

图 5-8 "删除对象"窗口

5.1.3 表的创建、修改和删除

表是数据库中用于保存使用数据的对象，使用 SQL Server 2008 建立表的过程是非常简单的。

1. 创建数据表

以创建"成绩表"为例，操作步骤如下：打开 SQL 数据库中"数据库"文件夹。选择"教学管理"并右击其目录下的"表"，选择"新建表"命令，如图 5-9 所示。

在右边显示的表栏中"列名"列中输入表的字段名，在"数据类型"选择字段数据类型和长度，并设置数据是否允许为空。还可以在右下角的列属性栏中对属性进行详细设置，如图 5-10 所示。注意：字段名和表名中可以包含中文字符，其命名规则与程序设计中的变量命名规则相同。SQL Server 2008 中的常用数据类型如表 5-1 所示。

第 5 章 SQL Server 图形操作及 SQL 语言

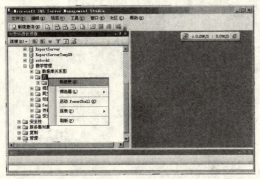

图 5-9 新建数据库表格

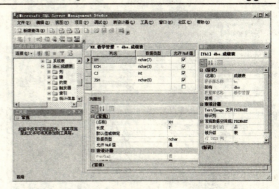

图 5-10 设置表格字段名和数据类型

表 5-1 SQL Server 2008 中的常用数据类型

数据类型	储存数据及长度
bit	只能包含 1、0 或 NULL
int	从 -2^{31} 到 $2^{31}-1$ 之间的整数数据，存储大小为 4 字节
bigint	从 -2^{63} 到 $2^{63}-1$ 之间的整数数据，存储大小为 8 字节
smallint	从 -2^{15} 到 $2^{15}-1$ 之间的整数数据，存储大小为 2 字节
tinyint	从 0 到 255 之间的整数数据，存储大小为 1 字节
float	从 -1.79^{308} 到 1.79^{308} 之间的浮点数，存储大小为 8 字节
real	从 -1.79^{38} 到 1.79^{38} 之间的浮点数，存储大小为 8 字节
char	固定长度字符数据，采用 Unicode 标准字符集，最大长度为 8000 个字符
varchar	可变长度的非 Unicode 字符数据，最大长度为 8000 个字符
nchar	固定长度的 Unicode 字符数据，最大长度为 4000 个字符
nvarchar	可变长度的 Unicode 字符数据，最大长度为 4000 字符
text	可变长度的非 Unicode 字符数据，可存储大量文本数据，最大长度为 $2^{31}-1$ 字符
ntext	可变长度的非 Unicode 字符数据，可存储大量文本数据，最大长度为 $2^{30}-1$ 字符
image	可变长度的二进制数据，用于存储图形等，最大长度为 $2^{30}-1$ 字符
money	从 -2^{63} 到 $2^{63}-1$ 之间的货币数据值，精确到货币单位的千分之十，存储大小为 8 字节
smallmoney	从 -2147483648 到 +2147483648 之间的货币数据值，精确到货币单位的千分之十，存储大小为 4 字节
binary	固定长度的二进制数据，最大长度为 8000
varbinary	可变长度的二进制数据，最大长度为 8000
sql_variant	存储除 text、ntext、timestamp 和自己本身以外的其他所有类型的变量
timestamp	时间戳数据类型，可以反映数据库中数据修改的相对顺序

① 设置主键（主码），右击每一个字段名前的按钮，选择"设置主键"命令，即可将该字段设为表的主键。如有多字段同时作为主键可按住 Ctrl 键单击各字段前按钮，然后右击选择"设置主键"命令。当按钮上出现钥匙图形时，表示设置成功。例如"成绩表"中主键为："XH"、"KCH"、"JSH"，则选中 3 个字段后，右击并选择"设置主键"命令，如图 5-11 所示。

② 删除主键，在已设置为主键的字段前的按钮上右击，选择"删除主键"则可删除主键，如图 5-12 所示。

③ 表格设置完成后，单击菜单栏中的"文件"选择"保存"命令，在弹出的"选择名称"对话框中填写表名称"成绩表"，单击"确定"按钮完成表的创建，如图 5-13 所示。

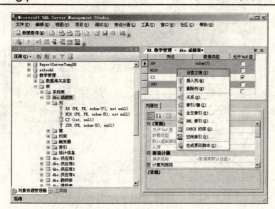
图 5-11 设置主键

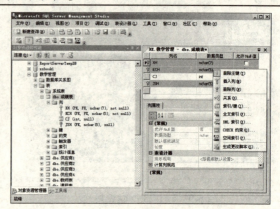
图 5-12 删除主键

④ 照上面创建表的步骤，我们分别创建另外三个表：学生表、教师表、课程表，如图 5-14、图 5-15 和图 5-16 所示。

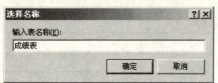

图 5-13 填写表格名称 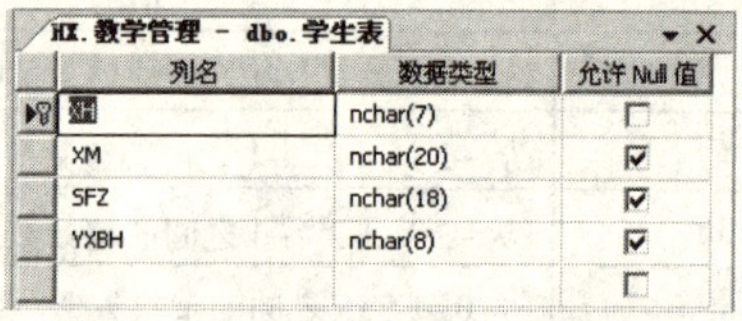　　　　　　　图 5-14 "学生表"表结构设置

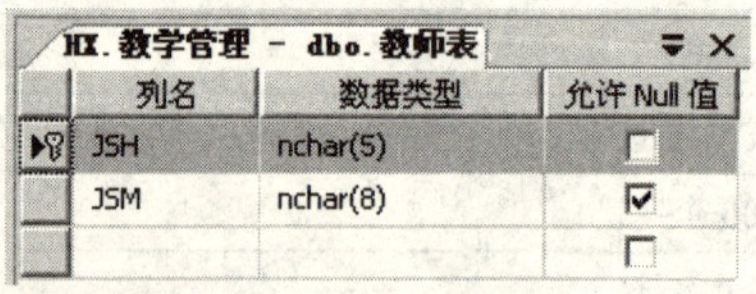

图 5-15 "教师表"表结构设置 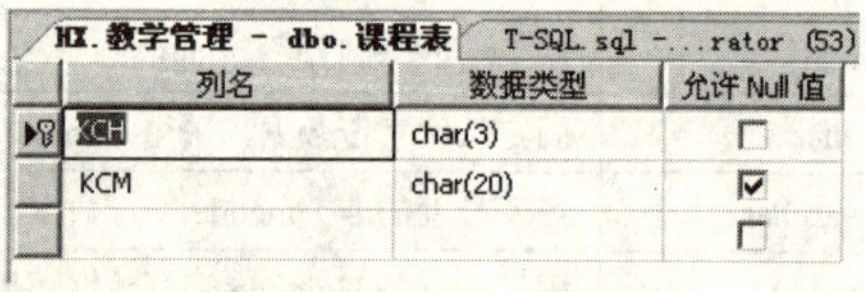　　　图 5-16 "课程表"表结构设置

2. 修改表结构

在已创建的表中，用户可能需要对表结构进行修改，操作步骤如下：

① 在对象资源管理器中，选择所要修改的库表，右击选择"设计"命令，如图 5-17 所示。

② 进入右边的表格栏，选择需要修改的列名和数据类型进行修改、插入和删除操作，修改过程与创建表的过程相似。

③ 修改完成后，单击"保存"按钮完成修改。注意：当数据库中已存在数据时，用户同样可以修改表中的列名和数据类型。但是当修

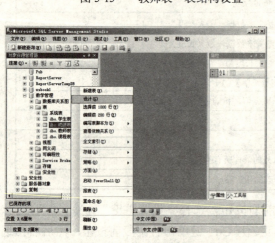

图 5-17 修改表结构

改前的数据类型和修改后的数据类型不能直接转换时，数据库服务器无法完成对表结构的修改。

3. 删除表

如果存在不再需要的表或需要替换表时，则需要从数据库中删除表。删除表的过程与删除数据库过程相似，删除步骤如下：

① 在对象资源管理器中,选择所要删除的表,右击选择"删除"命令,如图 5-18 所示;

② 在弹出的"删除对象"对话框中选择要删除的对象,并单击"确定"按钮完成删除操作,如图 5-19 所示。

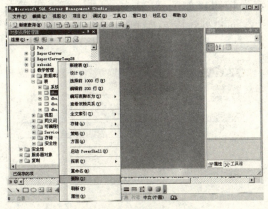

图 5-18 删除数据表

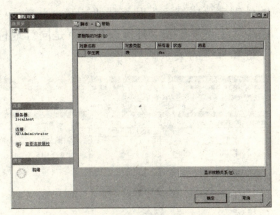

图 5-19 删除对话框

5.1.4 建立表间的关联

外键(外码)用于建立和加强两个表的数据之间的链接。将表中的一个字段或多个字段组合成为外键链接到其他表的主键上,以此建立外键约束维护关系表间的引用完整性。SQL Server 2008 提供可视化的"数据库关系图"来创建和维护数据表之间的关系,使外键约束的创建变得容易。例如,在"教学管理"数据库中,"学生表"中的学号字段"XH"和"成绩表"中的学号字段"XH"相对应。那我们就必须在两者之间创建联系,为"成绩表"设置外键。

(1) 外键的创建

① 打开"对象资源管理器"栏中的"数据库"文件夹,在"教学管理"目录下右击"数据库关系图",选择"新建数据库关系图"命令,如图 5-20 所示。

② 在弹出的"添加表"对话框中,按住 Ctrl 键选择"学生表"和"成绩表",单击"添加"按钮,然后单击"关闭"按钮关闭对话框,如图 5-21 所示。

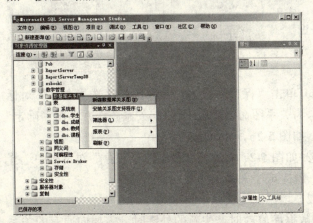

图 5-20 新建数据库关系图

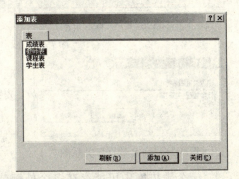

图 5-21 添加关系图表格

③ 如图 5-22 所示，在关系图栏中。在"成绩表*"的"XH"字段前面的按钮上按住鼠标左键，并拖拽到"学生表*"上。这时在两表之间产生一条虚线，松开鼠标。

在弹出的"表和列"对话框中，选择关联的主键表"学生表"和字段"XH"，以及关联的外键表"成绩表"和字段"XH"，并单击"确定"按钮，如图 5-23 所示。注意：外键关系中"主键表"和"外键表"并不是同等地位的，在创建外键关系时必须明确两个字段间的主键和外键的关系。

图 5-22 创建数据库表间关系

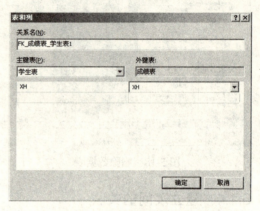
图 5-23 创建外键关系

④ 在弹出的"外键关系"对话框中，设置外键的属性，并单击"确定"按钮，如图 5-24 所示。

⑤ 完成外键的建立后，会在两表间出现一条链，表示两表间存在外键关系，如图 5-25 所示。

图 5-24 设置外键属性

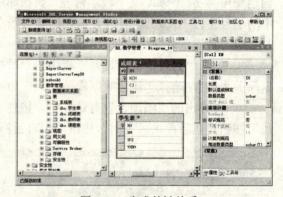
图 5-25 生成外键关系

⑥ 单击"保存"按钮，在弹出的"选择名称"对话框中，为关系图命名"教学管理_关系图"并单击"确定"按钮，如图 5-26 所示。

⑦ 如图 5-27 所示，在弹出的"保存"对话框中选择"是"，就完成了关系图的建立。

（2）增添表间关系

图 5-26 命名数据库关系图

一个数据库中可能存在多个外键或当数据库修改时产生新的外键时，需要向原有的关系图中增添新的外键。例如，"教学管理"数据库中，我们建立了"学生表"和"成绩表"间的外键,也希望"成绩表"中的课程号字段"KCH"与"课程表"中的课程号字段"KCH"相对应,则需要在原有的数据库关系图上增添新的外键关系,增添步骤如下:

① 打开"对象资源管理器"栏中的"数据库"文件夹,在"教学管理"目录下打开"数据库关系图"文件夹,右击"dbo.教学管理_关系图",选择"修改"命令,如图 5-28 所示。

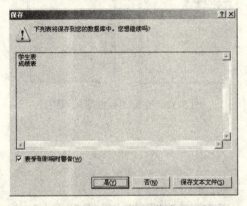

图 5-27 提示信息

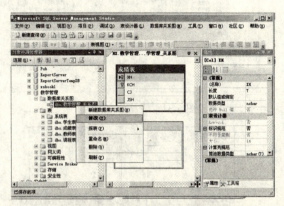

图 5-28 修改数据库关系图

② 在"关系图"栏里的空白处右击,选择"添加表"命令,如图 5-29 所示。

③ 在弹出的"添加表"对话框中,选择"课程表"后单击"添加"按钮,然后单击"关闭"按钮关闭对话框,如图 5-30 所示。

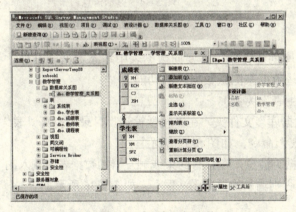

图 5-29 向关系图中添加表格

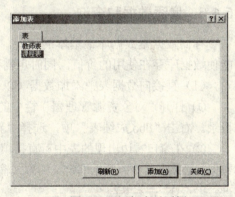

图 5-30 添加表对话框

④ 这时"课程表"就出现在原来的"教学管理_关系图"中,如图 5-31 所示。接下来的步骤与"外键的创建"中步骤③以后的步骤相似。

按照上面的步骤。我们还要建立一个"教师表"中教师号字段"JSH"与"成绩表"中教师号字段"JSH"相对应的外键关系。最后得到完整的数据库关系图,如图 5-32 所示。

(3)删除表间关系(删除外键)

① 删除外键时,只需打开数据库关系图。选择相应外键,右击选择"从数据库中删除关系",如图 5-33 所示。

② 在弹出的提示框中单击"是"按钮,即可删除对应外键,如图 5-34 所示。

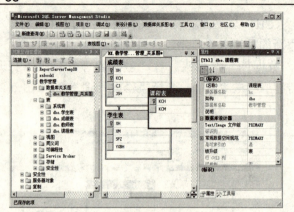

图 5-31　表格添加成功

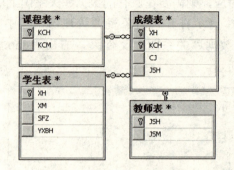

图 5-32　完整的数据库关系图

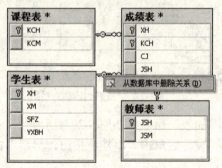

图 5-33　删除表间关系

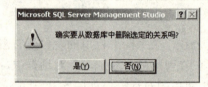

图 5-34　提示信息

5.1.5　增添数据和查询

存储数据是数据库最基本的功能。数据库创建完成后需要向数据表中增添数据，这样才能使数据库存在使用的价值。同时也需要一些数据来测试数据库的功能。

（1）直接向数据表中添加数据（以"学生表"为例）

① 打开"对象资源管理器"栏中的"数据库"文件夹，在"教学管理"目录中打开"表"目录。右击"dbo.成绩表"项，选择"新建表"命令，如图 5-35 所示。

② 在窗口右边出现的表中可直接填入数据。注意：在存有约束或触发器的数据表中输入的数据，必须严格按照数据库定义的方式输入，否则输入的数据无法保存，如图 5-36 所示。

图 5-35　打开数据表

图 5-36　向数据表中填写数据

（2）新建查询

查询是数据库提供的最基本的功能。在 SQL Server 2008 中，"新建查询"功能提供的 SQL 语句编辑框不仅能够查询、修改数据库数据，还可以对整个数据库的结构做修改。可以说"新建查询"是 SQL Server 2008 为编写 SQL 语句提供的编辑环境。

① 在对象资源管理器中，通过右击"计算机名/登录名"或右击数据库文件都能找到"新建查询"命令，也可以在菜单项中直接单击"新建查询"项，如图 5-37 所示。

② 在右边显示的编辑框中，输入 SQL 语句，并单击"执行"。执行结果将显示在下方的"结果栏"中，如图 5-38 所示。

图 5-37 新建查询

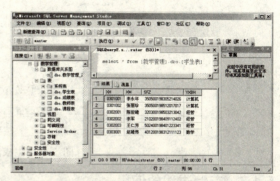

图 5-38 显示查询结果

5.1.6 CHECK 约束

CHECK 约束通过限制用户输入的值来加强域完整性。CHECK 约束通过将用户输入的值代入约束表达式进行逻辑运算，以运算结果判断用户输入的值是否有效。拒绝一切结果不为 TURE 的值。例如，在"成绩表"中的成绩字段"成绩表"，我们不希望看到有小于 0 分的成绩，也不可能出现大于 100 分的成绩，这时可以为字段"成绩表"建立一个 CHECK 约束。创建 CHECK 约束的步骤如下：

① 打开"对象资源管理器"栏中的"数据库"文件夹，在"教学管理"目录中打开"表"目录。再打开"dbo.成绩表"目录，右击目录下的"约束"选项，选择"新建约束"命令，如图 5-39 所示。

② 在弹出的"CHECK 约束"对话框中，输入约束表达式：（[cj]>= (0) AND [cj]<=(100))，并对约束的属性进行设置。设置完成后单击"关闭"按钮，如图 5-40 所示。

图 5-39 新建约束

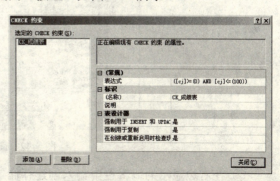

图 5-40 设置 CHECK 约束属性

③ 对右边表栏中的"成绩表"进行保存。这样 CHECK 约束的创建就完成了，如图 5-41 所示。

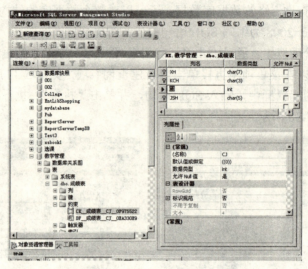

图 5-41 生成的 CHECK 约束

5.1.7 存储过程的使用

存储过程是一组为完成特定功能的 SQL 语句集，经编译后存储在数据库中。用户通过指定存储过程的名字并给出参数（如果该存储过程带有参数）来执行它。存储过程是数据库中的一个重要对象。例如，在"教学管理"数据库中，常常需要查询一些不及格的同学的信息，则需要建立一个查找不及格（成绩低于 60 分）同学信息的存储过程。以建立查找"张"姓同学的存储过程为例，在 SQL Server 2008 中创建存储过程的步骤如下：

① 打开"对象资源管理器"栏中的"数据库"文件夹，在"教学管理"目录中打开"可编程性"目录，右击目录下的"存储过程"选项，选择"新建存储过程"命令，如图 5-42 所示。

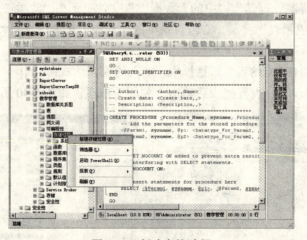

图 5-42 新建存储过程

② 在右边显示的编辑栏中输入创建存储过程的 SQL 语句，并单击菜单中的"执行"按钮，如图 5-43 所示。

③ 如果执行通过,则存储过程创建成功;如果未通过,则会弹出错误提示信息。经修改后再次执行。直至"消息"栏中显示"命令已成功完成"。注意:一个存储过程的名称在数据库中是唯一的。当数据库中已存在该存储过程时,在执行创建同名的存储过程时,SQL Server 2008 则会提示错误。只有删除原有的存储过程,才能再次执行创建,如图 5-44 所示。

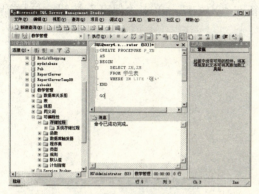 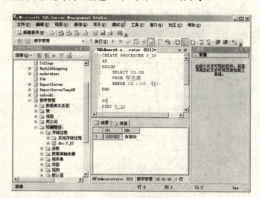

图 5-43 输入创建存储过程的 SQL 语句　　　　图 5-44 存储过程创建成功

这样一个简单的存储过程就建立好了。存储过程不仅可以用于查询数据库,还能对数据库进行增添、修改和删除等操作。要创建出功能更强大的存储过程需要继续深入的学习和研究。

5.1.8 视图的使用

视图是一种虚拟表,视图的内容是从一个或多个表中使用 SELECT 查询语句导出的。视图和真实的表一样具有字段和行数据。但视图并不是数据库中存储数据的真实容器,视图的行和列多来源于查找的表,只有在引用的时候才动态生成视图。由于数据库中表的结构和数据的划分并不能满足每一个用户的需求,所以视图通常用于按照用户需求为用户提供适合的数据组合表,去除不必要的数据,大大增强了数据库的实用性和安全性。例如,只想查看学生的姓名和成绩的表格,而数据库中并不存在这样的表格。我们可以新建一个视图来生成这样一个虚拟表。视图的创建过程如下:

① 打开"对象资源管理器"栏中的"数据库"文件夹,在"教学管理"目录中右击目录下的"视图"选项,选择"新建视图"命令,如图 5-45 所示。

② 在弹出的"添加表"对话框中,按住 Ctrl 键选择"学生表"和"成绩表",单击"添加"按钮,然后单击"关闭"按钮,如图 5-46 所示。

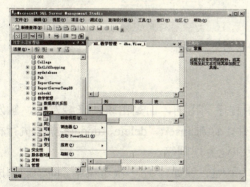 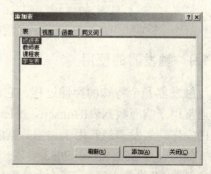

图 5-45 新建视图　　　　图 5-46 增添视图表格

③ 在右边出现的视图编辑栏中，分别显示图表、表格和 SQL 文本形式的视图编辑方式。单击勾选"学生表"姓名字段中的"XM"和"成绩表"中的成绩字段"CJ"，并在表格中的"别名"列里设置两个字段在视图中的名称"姓名"和"成绩"，如图 5-47 所示。提示：可以在 SQL 文本编辑栏中输入 SQL 语句来创建视图。

④ 在弹出的"选择名称"对话框中输入视图名称"XSCJ"，单击"保存"按钮。这样视图的建立就完成了，如图 5-48 所示。

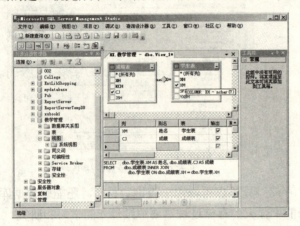

图 5-47 视图的编辑　　　　　　　　　图 5-48 输入视图名称

⑤ 建立好视图后，在视图编辑栏中空白处右击选择"执行"命令，便可得到视图的查询结果，如图 5-49 所示。

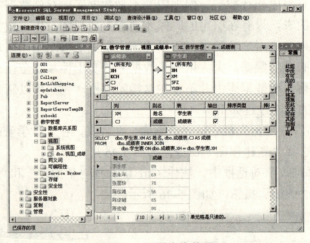

图 5-49 视图查询结果

5.1.9 触发器的使用

触发器是个特殊的存储过程，它的执行不是由程序调用的，而是由事件来触发的，触发器通常用于响应数据表的 insert、delete、update 事件，针对 insert、delete、update 操作执行相应的操作。触发器经常用于加强数据的完整性约束和业务规则等。

如何使用 SQL Server 2008 实现一个触发器的功能呢？例如，"在一次考试中，同学们的成绩都很差，及格的人很少。那么老师在输入成绩时会想把 55～60 分的同学的分数都提到 60 分"。

那么我们要做的就是当老师输入的成绩小于 60 分且大于等于 55 分时，将输入的成绩改为 60 分。为实现这个功能，需要在"成绩表"下创建一个触发器。当成绩表存在 insert 操作时，触发器通过判断实现修改分数的功能。触发器的创建步骤如下：

① 打开"对象资源管理器"栏中的"数据库"文件夹，在"教学管理"目录中打开"表"目录。再打开"dbo.成绩表"目录，右击目录下的"触发器"选项，选择"新建触发器"命令，如图 5-50 所示。

② 在右边显示的编辑栏中输入创建触发器的 SQL 语句，并单击菜单中的"执行"按钮，如图 5-51 所示。

图 5-50　新建触发器

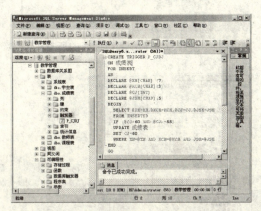

图 5-51　输入创建触发器 SQL 语句生成触发器

③ 如果执行通过，则触发器创建成功。如果未通过，则会弹出错误提示信息。经修改后再次执行。直至"消息"栏中显示"命令已成功完成"。注意：虽然触发器是在数据表目录下创建的，但同一个数据库中不允许存在两个名字相同的触发器。

5.1.10　账号及权限管理

在 SQL Server 中有 3 个默认的用户账号：sa（系统管理员，拥有 SQL 系统和数据库的所有权限）、Windows 系统管理员账号（拥有 SQL 系统和数据库的所有权限）及 guest（访问账号，访问系统的默认用户账号）。

1．Windows 登录账号的建立与删除

（1）建立和管理用户账号

选择"Windows 开始菜单"→"设置"→"控制面板"→"用户账户"选项，如图 5-52 所示，选择"创建一个新账户"选项，打开如图 5-53 所示的对话框。建立账号的前提是需要以 Windows 系统管理员账号登录系统。

（2）混合认证模式下 SQL Server

选择"数据库管理系统→"安全性"→"登录名"，如图 5-54 所示，选择"新建登录名"。在如图 5-55 所示的对话框中，设置登录名、密码及默认登录的数据库。如图 5-56 所示，选择"服务器角色"，设置该登录名访问数据库的权限，是"系统管理员（systemadmin）"还是"磁盘管理员（diskadmin）"还是"公共账户（public）"。如图 5-57 所示，选择"用户映射"选项卡，设置允许该登录名可以访问的数据库及对该数据库的访问权限。

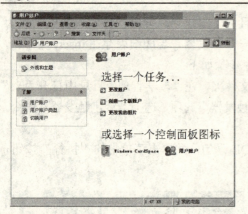
图 5-52 拥有 SQL 系统和数据库的所有权限

图 5-53 创建一个新账户

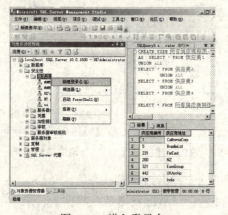
图 5-54 进入登录名

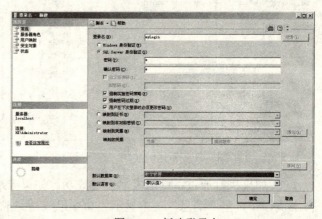
图 5-55 新建登录名

图 5-56 设置"服务器角色"

图 5-57 设置"用户映射"

5.1.11 分离和附加数据库

选择要分离的数据库右击,如图 5-58 所示,在弹出的菜单中,选择"教学管理"→"任务"→"分离",出现如图 5-59 所示的对话框,设置参数,单击"确定"按钮将数据库分离。

右击 SQL Server 中"数据库"选项→"附加",如图 5-60 所示,弹出如图 5-61 所示的对话框,单击"添加"按钮,出现如图 5-62 所示对话框,选择数据库文件名称,单击"确定"按钮,回到图 5-61 所示的对话框,单击"确定"按钮实现数据库的添加。

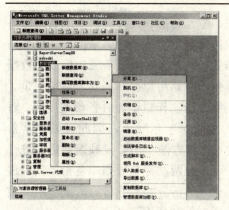

图 5-58　选择分离菜单

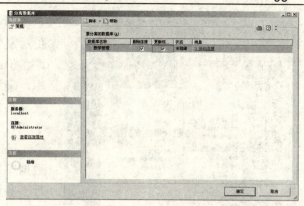

图 5-59　"分离数据库"对话框

图 5-60　选择"附加"菜单

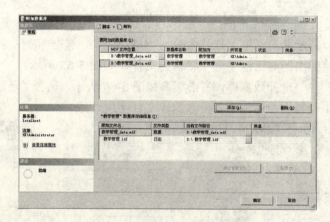

图 5-61　"附加数据库"对话框

图 5-62　"定位数据库文件"对话框

5.1.12　数据库备份和还原

数据库备份有 3 种类型：完整、差异和日志。其中，完整数据库备份，备份整个数据库，包括事务日志。当系统出现故障时，可以恢复到最近一次数据库备份，但自该备份后提交的

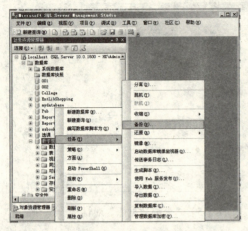

图 5-63 选择备份菜单

事务都将丢失。差异备份,只备份自上次数据库备份后发生更改的部分数据库,它用来扩充完全数据库备份或日志备份方法。对于一个经常修改的数据库,采用差异备份策略可以减少备份和恢复时间。差异备份比完整备份工作量小而且备份速度快,对于正在运行的系统影响也较小,因此可以经常备份。日志备份,这种方法不需要很频繁地定期进行数据库备份,而是在两次完全数据库备份期间,进行事务日志备份,所备份的事务日志记录了两次数据库备份之间所有的数据库活动记录。

选择数据库,右击出现如图 5-63 所示的弹出式菜单,选择"任务"→"备份",出现如图 5-64 所示的对话框,选择备份的类型:完整、差异和日志;选择备份组建为"文件和文件组",在弹出的对话框中选中备份的文件,如图 5-65 所示。

选择数据库,右击菜单如图 5-66 所示,选择"还原"选项,出现如图 5-67 所示的对话框,设置用于还原的备份数据库文件实现还原。

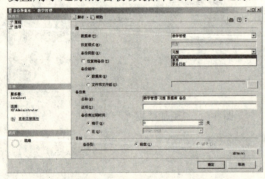

图 5-64 设置备份类型

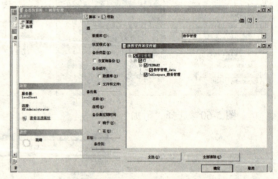

图 5-65 设置备份的文件

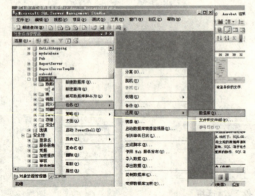

图 5-66 选择"还原"

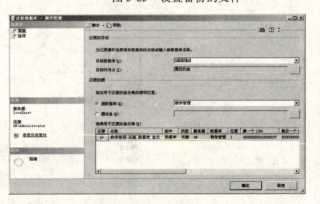

图 5-67 设置还原数据库参数

5.1.13 DTS 导入导出向导

选择数据库,右击出现如图 5-68 所示的菜单,选择"导出数据"选项,出现导入和导出向导对话框,单击"下一步"按钮,出现如图 5-69 所示的数据源设置对话框,如果数据源是本地服务器，则输入本地服务器的 IP 地址，或者输入 localhost。选择要复制的数据库，这里选择"教学管理"，单击"下一步"按钮，出现目标数据库设置对话框，如图 5-70 所示，如果是远程数据库，在"服务器名称"中输入远程服务器的 IP 地址及数据库名称，这里仍选择本地服务器，IP 为 localhost，数据库选择 master，单击"下一步"按钮，选择一个或多个要复制的表和视图，单击"下一步"按钮，出现如图 5-71、图 5-72 和图 5-73 所示的对话框，导入数据。

图 5-68　选择"导出数据"选项

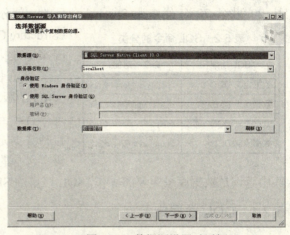

图 5-69　数据源设置对话框

图 5-70　目标数据库设置对话框

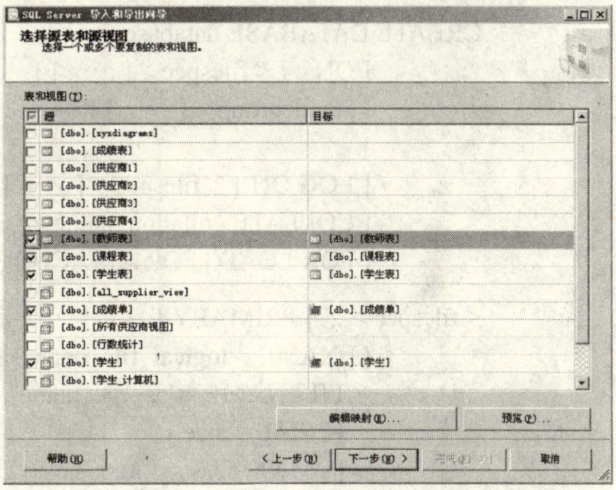

图 5-71　选择要复制的表和视图

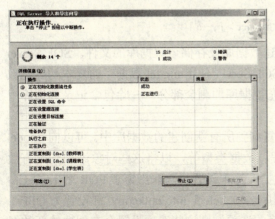

图 5-72　选择表格

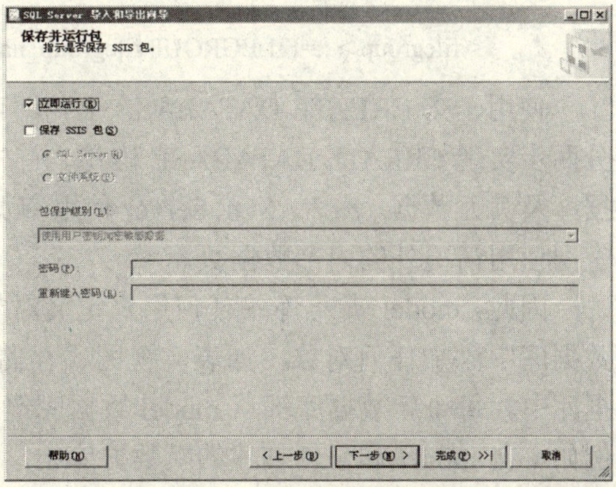

图 5-73　选择导入参数

数据导入方法与数据导出方法相反，过程类似，不再举例说明。

5.2　SQL 语言

SQL 有多种版本，最早的版本是由 IBM 的 SanJose 研究室提出的，该语言最初叫做 Sequel，是 20 世纪 70 年代作为 System 项目的一部分实现的。发展到现在它的名字已经变为 SQL（Structure Query Language）结构化查询语言。1986 年美国国家标准化组织（ANSI）和国际标准化组织（ISO）发布了 SQL 标准 SQL—1986，之后 SQL 经历了 SQL—92、SQL3 的版本变化。SQL 是关系数据库系统的国际标准查询语言，当前主流的数据库都提供对该语言的支持，它包括数据定义、数据控制、数据操作及数据查询。SQL 语言包含的内容非常丰富，SQL 命令动词如表 5-2 所示。其中查询是数据库最重要的操作，SQL 语言的 SELECT 语句为查询提供了灵活及全面的支持。

表 5-2　SQL 命令的分类

SQL 功能	命令（动词）
数据定义 DDL	create、alter、drop
数据操纵 DML	insert、update、delete
数据查询 DQL	select
数据控制 DCL	grant、revoke、deny

5.2.1　DDL 数据库管理

1．创建数据库

```
CREATE DATABASE database_name
    [ ON    [ < filespec > [ ,…n ] ]
    [ , < filegroup > [ ,…n ] ]
    ]
    [ LOG ON { < filespec > [ ,…n ] } ]
    [ COLLATE collation_name ]
    [ FOR LOAD | FOR ATTACH ]

< filespec > ::=[ PRIMARY ]
        ( [ NAME = logical_file_name , ]
          FILENAME = 'os_file_name'
          [ , SIZE = size ]
          [ , MAXSIZE = { max_size | UNLIMITED } ]
          [ , FILEGROWTH = growth_increment ]
        ) [ ,…n ]

< filegroup > ::=FILEGROUP filegroup_name < filespec > [ ,…n ]
```

使用一条 CREATE DATABASE 语句即可创建数据库及存储该数据库的文件。SQL Server 分两步实现 CREATE DATABASE 语句。首先，SQL Server 使用 model 数据库的复本初始化数据库及其元数据。然后，SQL Server 使用空页填充数据库的剩余部分——除包含记录数据库中空间使用情况外的内部数据页。

因此，model 数据库中任何用户定义对象均复制到所有新创建的数据库中。可以向 model 数据库中添加任何对象，如表、视图、存储过程、数据类型等，以将这些对象添加到所有数据库中。每个新数据库都从 model 数据库继承数据库选项设置（除非指定了 FOR ATTACH）。例如，在 model 和任何创建的新数据库中，数据库选项 select into/bulkcopy 都设置为 OFF。如果使用 ALTER DATABASE 更改 model 数据库的选项，则这些选项设置会在创建的新数据库中生效。如果在 CREATE DATABASE 语句中指定了 FOR ATTACH，则新数据库将继承原始数据库的数据库选项设置。一台服务器上最多可以指定 32 767 个数据库。有 3 种类型的文件用来存储数据库，文件类型如表 5-3 所示。

① 主文件包含数据库的启动信息，主文件还可以用来存储数据，每个数据库都包含一个主文件。

② 次要文件保存所有主要数据文件中容纳不下的数据。如果主文件大到足以容纳数据库中的所有数据，就不需要有次要数据文件。而另一些数据库可能非常大，需要多个次要数据文件，也可能使用多个独立磁盘驱动器上的次要文件，以将数据分布在多个磁盘上。

表 5-3　文件类型

文件类型	文件扩展名
主要数据文件	.mdf
次要数据文件	.ndf
事务日志文件	.ldf

③ 事务日志文件保存用来恢复数据库的日志信息。每个数据库必须至少有一个事务日志文件（尽管可以有多个），事务日志文件最小为 512 KB。

每个数据库至少有两个文件，一个主文件和一个事务日志文件。尽管 'os_file_name' 可以是任何有效的操作系统文件名，但如果使用以下建议的扩展名，则可以更加清楚地反映文件的用途。

例 5-1　创建简单数据库。

```
CREATE DATABASE Products
```

例 5-2　创建"教学管理"数据库：数据库名称为"教学管理"，数据库文件初始大小为 5MB，最大为 100MB，文件增长率为 15%，文件名称为"教学管理_DATA.mdf"，日志文件名称为"教学管理_LOG.ldf"，定义如下：

```
--建立数据库
CREATE  DATABASE  教学管理
ON  PRIMARY   --默认就属于 PRIMARY 主文件组，可省略
(NAME='教学管理_DATA',  --主数据文件的逻辑名
 FILENAME='D:\教学管理_data.mdf,  --主数据文件的物理名
 SIZE=5MB,  --主数据文件初始大小
 MAXSIZE=100MB,  --主数据文件增长的最大值
 FILEGROWTH=15%   --主数据文件的增长率
)
LOG  ON
(NAME='教学管理_log',
  FILENAME='D:\教学管理_LOG.ldf,
  SIZE=2MB,
  FILEGROWTH=1MB
)
GO
```

例 5-3　使用文件组、多个数据文件和事务日志文件创建数据库。

下面的示例使用 3 个文件组创建名为"教务管理"的数据库。主文件组包含一个"学籍管理"主要文件，以及"境内生学籍管理"和"境外生学籍管理"两个次要文件。指定这些文件的 FILEGROWTH 增量为 15%。"宿舍管理组 1"的文件组包含文件"境内生宿舍管理"和"境外生宿舍管理"两个文件。"选课系统"的文件组包含文件"选课系统"，日志文件为"教务管理_log"，主要数据文件使用.mdf，次要数据文件使用 .ndf，事务日志文件使用 .ldf。

```
CREATE DATABASE 教务管理
ON PRIMARY
( NAME =学籍管理,
    FILENAME = 'C:\学籍管理.mdf',
    SIZE = 10,
    MAXSIZE = 50,
    FILEGROWTH = 15% ),
( NAME =境内生学籍管理,
    FILENAME = 'C:\境内生学籍管理.ndf',
    SIZE = 10,
    MAXSIZE = 50,
    FILEGROWTH = 15% ),
( NAME =境外生学籍管理,
    FILENAME = 'C:\境外生学籍管理.ndf',
    SIZE = 10,
    MAXSIZE = 50,
    FILEGROWTH = 15% ),
FILEGROUP  宿舍管理组 1
( NAME =境内生宿舍管理,
    FILENAME = 'D:\境内生宿舍管理.ndf',
    SIZE = 10,
    MAXSIZE = 50,
    FILEGROWTH = 5 ),
( NAME =境外生宿舍管理,
    FILENAME = 'D:\境外生宿舍管理.ndf',
    SIZE = 10,
    MAXSIZE = 50,
    FILEGROWTH = 5 ),
FILEGROUP  选课系统
( NAME =选课系统,
    FILENAME = 'E:\选课系统.ndf',
    SIZE = 10,
    MAXSIZE = 50,
    FILEGROWTH = 5 )
LOG ON
( NAME ='教务管理_log',
    FILENAME = 'C:\教务管理_log.ldf',
    SIZE = 5MB,
    MAXSIZE = 25MB,
    FILEGROWTH = 5MB )
GO
```

例 5-4 创建一个包含下列物理文件的名为"product"的数据库：

C:\product1.mdf
C:\product2.ndf
C:\product 3.ndf
C:\productlog1.ldf
C:\productlog2.ldf

可以使用 sp_detach_db 存储过程分离该数据库，然后使用带有 FOR ATTACH 子句的 CREATE DATABASE 重新附加。

```
CREATE DATABASE product
ON PRIMARY
(NAME=product1,
FILENAME='C:\product1.mdf',
SIZE=10,
MAXSIZE=50,
FILEGROWTH=15%),

(NAME=product2,
FILENAME='C:\product2.ndf',
SIZE=10,
MAXSIZE=50,
FILEGROWTH=15%),

(NAME=product3,
FILENAME='C:\product3.ndf',
SIZE=10,
MAXSIZE=50,
FILEGROWTH=15%)
LOG ON
(NAME='productlog1',
FILENAME='C:\productlog1.ldf',
SIZE=5MB,
MAXSIZE=20MB,
FILEGROWTH=5MB),
(NAME='productlog2',
FILENAME='C:\productlog2.ldf',
SIZE=5MB,
MAXSIZE=20MB,
FILEGROWTH=5MB)        ——创建数据库 GO
sp_detach_db product
GO
CREATE DATABASE product
ON PRIMARY (FILENAME = 'C:\product1.mdf')
FOR ATTACH
GO
```

2. 修改数据库

```
ALTER DATABASE database
{ ADD FILE < filespec > [ ,…n ] [ TO FILEGROUP filegroup_name ]
| ADD LOG FILE < filespec > [ ,…n ]
| REMOVE FILE logical_file_name
| ADD FILEGROUP filegroup_name
| REMOVE FILEGROUP filegroup_name
| MODIFY FILE < filespec >
| MODIFY NAME = new_dbname
| MODIFY FILEGROUP filegroup_name {filegroup_property | NAME = new_filegroup_name
}
```

例 5-5 向数据库添加文件。创建数据库 Test1，数据库文件为 t1dat1.ndf 并更改该数据库以添加一个 5 MB 的新数据文件 t1dat2.ndf。

```
USE master
GO
CREATE DATABASE Test1 ON
(NAME = Test1dat1,
 FILENAME = 'c:\t1dat1.ndf',
 SIZE = 5MB,
 MAXSIZE = 100MB,
 FILEGROWTH = 5MB
)
GO
ALTER DATABASE Test1
ADD FILE
(NAME = Test1dat2,
 FILENAME = 'c:\t1dat2.ndf',
 SIZE = 5MB,
 MAXSIZE = 100MB,
 FILEGROWTH = 5MB
)
GO
```

例 5-6 向数据库 Test1 添加文件组 Test1FG1,并向 Test1FG1 添加数据库文件 t1dat3.ndf 和 t1dat4.ndf,设置 Test1FG1 为默认文件组。

```
USE master
GO
ALTER DATABASE Test1
ADD FILEGROUP Test1FG1
GO
ALTER DATABASE Test1
ADD FILE
( NAME = test1dat3,
  FILENAME = 'c:\t1dat3.ndf',
  SIZE = 5MB,
  MAXSIZE = 100MB,
  FILEGROWTH = 5MB),
( NAME = test1dat4,
  FILENAME = 'c:\t1dat4.ndf',
  SIZE = 5MB,
  MAXSIZE = 100MB,
  FILEGROWTH = 5MB)
TO FILEGROUP Test1FG1

ALTER DATABASE Test1
MODIFY FILEGROUP Test1FG1 DEFAULT
GO
```

例 5-7 向数据库 Test1 中添加日志文件,数据库中添加两个 5MB 的日志 test2log.ldf 和 test3log.ldf。

```
USE master
GO
ALTER DATABASE Test1
ADD LOG FILE
( NAME = test1log2,
```

```
        FILENAME = 'c:\test2log.ldf',
        SIZE = 5MB,
        MAXSIZE = 100MB,
        FILEGROWTH = 5MB),
    ( NAME = test1log3,
        FILENAME = 'c:\test3log.ldf',
        SIZE = 5MB,
        MAXSIZE = 100MB,
        FILEGROWTH = 5MB)
GO
```

例 5-8 从数据库 Test1 中删除文件。将例 5-6 中添加到数据库 Test1 中的一个文件 test1dat4 删除。

```
USE master
GO
ALTER DATABASE Test1
REMOVE FILE test1dat4
GO
```

例 5-9 更改数据库文件，将例 5-6 中添加到数据库 Test1 中的 test1dat3，将文件由 5MB 修改为 20MB。

```
USE master
GO
ALTER DATABASE Test1
MODIFY FILE
    (NAME = test1dat3,
    SIZE = 20MB)
GO
```

3．数据库快照的维护

数据库快照是数据库（称为"源数据库"）的只读静态视图。在创建时，每个数据库快照在事务上都与源数据库一致。在创建数据库快照时，源数据库通常会有打开的事务。在快照可以使用之前，打开的事务会回滚以使数据库快照在事务上取得一致。快照是利用 NTFS 文件系统的特性创建的，不能在 FAT32 文件系统或 RAW 分区中创建快照。

（1）创建数据库快照

```
CREATE DATABASE database_snapshot_name
ON
(
    NAME = logical_file_name,
    FILENAME ='os_file_name'
) [ ,…n ]
AS SNAPSHOT OF source_database_name
[;]
```

例 5-10 为例 5-5 创建数据库快照 Test1_snapshot。

```
CREATE DATABASE Test1_snapshot
    ON
    ( NAME = Test1dat1,
        FILENAME = 'c:\t1dat1.ss'
```

```
            ),
            (   NAME = Test1dat2,
                FILENAME = 'c:\t1dat2.ss'
            ),
            (   NAME = Test1dat3,
                FILENAME = 'c:\t1dat3.ss'
            )
         AS SNAPSHOT OF Test1
```

(2) 删除数据库快照

```
DROP DATABASE database_snapshot_name
```

例 5-11 删除 Test1 数据快照 Test1_snapshot。

```
DROP DATABASE Test1_snapshot
```

4．分离和附加数据库

(1) 分离数据库

```
SP_DETACH_DB [ @DBNAME = ] 'database_name'
    [ , [ @SKIPCHECKS = ] 'skipchecks' ]
    [ , [ @KEEPFULLTEXTINDEXFILE = ] 'keepfulltextindexfile' ]
```

例 5-12 创建一个数据库 Test2，并分离。

```
CREATE DATABASE Test2
  ON   PRIMARY
  (NAME ='Test2_data',
   FILENAME='c:\Test2.mdf')
     GO
     SP_DETACH_Db Test2
```

(2) 以附加的方式创建数据库

```
CREATE DATABASE database_name
  ON <filespec> [ ,…n ]
  FOR { ATTACH [ WITH <service_broker_option> ]
       | ATTACH_REBUILD_LOG }
[;]
<service_broker_option> ::=
{
  ENABLE_BROKER
 | NEW_BROKER
 | ERROR_BROKER_CONVERSATIONS
}
```

例 5-13 利用例 5-12 分离的数据库创建新的数据库。

```
CREATE DATABASE Test3
    ON
    (FILENAME='c:\Test2.mdf')
    FOR ATTACH
```

(3) 附加数据库

```
SP_ATTACH_DB [ @DBNAME = ] 'dbname', [ @FILENAME1 = ] 'filename_n' [ ,…16 ]
```

例 5-14 附加例 5-13 创建的数据库。

SP_ATTACH_DB @DBNAME='Test2', @FILENAME1 ='c:\Test2.mdf'

5．数据库备份和还原

（1）数据库备份命令

BACKUP DATABASE { database_name | @database_name_var }
TO < backup_device > [,…n]
< backup_device >:=DISK | TAPE|PIPE

例 5-15 完全备份"教学管理"数据库，运行结果如图 5-74 所示。

BACKUP DATABASE 教学管理 TO DISK='D:\教学管理系统备份.bak'

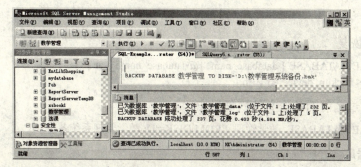

图 5-74 完全备份"教学管理"数据库

（2）差异备份数据库

BACKUP DATABASE { database_name | @database_name_var }
TO < backup_device > [,…n]
[WITH [[,]DIFFERENTIAL]]

例 5-16 差异备份"教学管理"数据库，运行结果如图 5-75 所示。

BACKUP DATABASE 教学管理 TO DISK='D:\教学管理系统差异备份.bak'
WITH DIFFERENTIAL

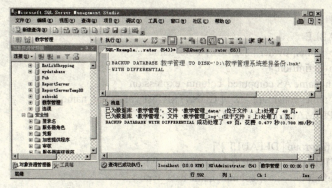

图 5-75 差异备份"教学管理"数据库

（3）事务日志

BACKUP LOG { database_name | @database_name_var }
   TO < backup_device > [,…n]

例 5-17 日志备份，运行结果如图 5-76 所示。

BACKUP LOG 教学管理 TO DISK='D:\教学管理系统日志备份.bak'

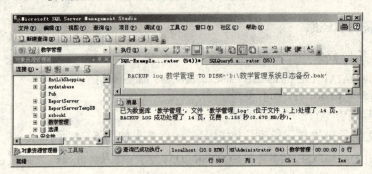

图 5-76 日志备份

（4）数据库恢复

RESTORE DATABASE { database_name | @database_name_var }
　FROM < backup_device > [,…n]

例 5-18 通过之前的备份文件恢复日志。

RESTORE DATABASE 教学管理 FROM DISK='D:\教学管理系统备份.bak'

6．删除数据库

DROP DATABASE database_name [,…n]

例 5-19 删除单个数据库，从系统表中删除 Test1 数据库的所有引用。

DROP DATABASE Test1

例 5-20 删除多个数据库

DROP DATABASE product, Test1

5.2.2 DDL 表格管理

1．创建表格

```
CREATE TABLE
    [ database_name.[ owner ] .| owner.] table_name
 ( { < column_definition >
     | column_name AS computed_column_expression
        | < table_constraint > ::= [ CONSTRAINT constraint_name ] }
     | [ { PRIMARY KEY | UNIQUE } [ ,…n ]
 )
     [ ON { filegroup | DEFAULT } ]
     [ TEXTIMAGE_ON { filegroup | DEFAULT } ]
 < column_definition > ::= { column_name data_type }
     [ COLLATE < collation_name > ]
     [ [ DEFAULT constant_expression ]
     | [ IDENTITY [ ( seed , increment ) [ NOT FOR REPLICATION ] ] ]
     ]
     [ ROWGUIDCOL ]
    [ < column_constraint > ] [ …n ]
```

```
< column_constraint > ::= [ CONSTRAINT constraint_name ]
   { [ NULL | NOT NULL ]
     | [ { PRIMARY KEY | UNIQUE }
         [ CLUSTERED | NONCLUSTERED ]
         [ WITH FILLFACTOR = fillfactor ]
         [ON {filegroup | DEFAULT} ] ]
       ]
  | [ [ FOREIGN KEY ]
      REFERENCES ref_table [ ( ref_column ) ]
      [ ON DELETE { CASCADE | NO ACTION } ]
      [ ON UPDATE { CASCADE | NO ACTION } ]
      [ NOT FOR REPLICATION ]
      ]
      | CHECK [ NOT FOR REPLICATION ]
      ( logical_expression )
   }
< table_constraint > ::=
   [ CONSTRAINT constraint_name ] { [ { PRIMARY KEY | UNIQUE }
     [ CLUSTERED | NONCLUSTERED ]{ ( column [ ASC | DESC ] [ ,…n ] ) }
       [ WITH FILLFACTOR = fillfactor ] [ ON { filegroup | DEFAULT } ]
       ]
       | FOREIGN KEY [ ( column [ ,…n ] ) ]   REFERENCES ref_table [ ( ref_column [ ,…n ] ) ]
       [ ON DELETE { CASCADE | NO ACTION } ]
       [ ON UPDATE { CASCADE | NO ACTION } ]
       [ NOT FOR REPLICATION ]
     | CHECK [ NOT FOR REPLICATION ]( search_conditions )
   }
```

其中表格的约束有：

- 主键约束—Primary Key
- 外键约束—Foreign Key
- 检查约束—Check 约束
- 默认约束—Default 约束
- 唯一约束—Unique 约束

例 5-21 创建"院系表"和"学生表"，由系统提供 PRIMARY KEY 和 FOREIGN KEY 约束名，见表 5-4 和表 5-5。

```
CREATE TABLE 院系表      /*-创建"院系表"-*/
(YXBH CHAR(8) PRIMARY KEY CLUSTERED,   --院系编号，主码，由系统提供约束名
  YXMC CHAR(20) NOT NULL,              --院系名称，非空（必填）
  YXZR  CHAR(8)                        --院系主任
)

CREATE  TABLE  学生表     /*-创建学生表-*/
(XH       CHAR(7)     --学号，主码，自定义约束名
          CONSTRAINT PK_XH PRIMARY KEY NONCLUSTERED,
 XM      CHAR(20)   NOT  NULL,    --姓名，非空（必填）
 SFZ     CHAR(18)   UNIQUE NONCLUSTERED, --身份证，唯一
 YXBH   CHAR(8)    REFERENCES  院系表(YXBH)   --院系编号，外码
)
```

或者

```
CREATE   TABLE   学生表      /*-创建学生表-*/
(XH     CHAR(7)  --学号，主码，自定义约束名
         CONSTRAINT PK_XH PRIMARY KEY NONCLUSTERED,
 XM     CHAR(20)  NOT  NULL,     --姓名，非空（必填）
 SFZ    CHAR(18)  UNIQUE NONCLUSTERED, --身份证，唯一
 YXBH   CHAR(8) FOREIGN KEY (YXBH) REFERENCES 院系表(YXBH) --院系编号，外码
)
```

表 5-4 院系表

字段名	类型	宽度	小数位	空值	是否主码	字段说明
YXBH	CHAR	8		否	主码	院系编号
YXMC	CHAR	20		否		院系名称
YXZR	CHAR	8		是		院系主任

表 5-5 学生表

字段名	类型	宽度	小数位	空值	主外码	字段说明
XH	CHAR	7		否	主码	学号
XM	CHAR	20		否		姓名
SFZ	CHAR	18		是		身份证
YXBH	CHAR	8		是	外码	院系编号

例 5-22 创建表格"学生表"，自定义 PRIMARY KEY 和 FOREIGN KEY 约束名。

```
CREATE   TABLE   学生表      /*-创建学生表-*/
(XH   CHAR(7)   --学号,主码,自定义约束名
CONSTRAINT PK_XH PRIMARY KEY NONCLUSTERED,
 XM     CHAR(20)  NOT  NULL,     --姓名，非空（必填）
 SFZ    CHAR(18) UNIQUE NONCLUSTERED, --身份证，唯一
 YXBH   CHAR(8) --院系编号，外码
         CONSTRAINT FK_YXBH FOREIGN KEY (YXBH) REFERENCES  院系表(YXBH)
)
GO
```

例 5-23 创建"课程表"，"教师表"及"成绩表"，表结构如表 5-6，表 5-7 及表 5-8 所示。

```
CREATE TABLE 课程表
(KCH CHAR(3) CONSTRAINT PK_KCH PRIMARY KEY,
KCM CHAR(20)
)
GO

CREATE TABLE 教师表
(JSH CHAR(5) CONSTRAINT PK_JSH PRIMARY KEY,
JSM CHAR(20)
)
GO

CREATE TABLE 成绩表(XH CHAR(7) REFERENCES 学生表(XH),--学号,外码,指向"学生表"的学号(XH)KCH CHAR(3) REFERENCES 课程表(KCH),--课程号,外码,指向"课程表"的课程号(KCH)
```

CJ INT DEFAULT 0 CHECK (CJ>=0 AND CJ<=100),--成绩,默认值为 0，取值在 0 和 100 之间
JSH CHAR(5) REFERENCES 教师表(JSH),教师号,外码,指向"教师表"的教师号(JSH)
CONSTRAINT PK_CJ PRIMARY KEY (XH,KCH)--主码
)

表 5-6 课程表

字段名	类型	宽度	小数位	空值	主外码	字段说明
KCH	CHAR	3		否	主码	课程号
KCM	CHAR	20		否		课程名

表 5-7 教师表

字段名	类型	宽度	小数位	空值	主外码	字段说明
JSH	CHAR	5		否	主码	教师号
JSM	CHAR	20		是		教师名

表 5-8 成绩表

字段名	类型	宽度	小数位	空值	主外码	字段说明
XH	CHAR	7		否	主码	学号
KCH	CHAR	3		是	外码	课程号
CJ	INT			是		成绩
JSH	CHAR	5		是	外码	教师号

2．修改表格

ALTER TABLE table
{ [ALTER COLUMN column_name
{ new_data_type [(precision [, scale])]
  [COLLATE < collation_name >]
    [NULL | NOT NULL]
| {ADD | DROP } ROWGUIDCOL }]
| ADD{ [< column_definition > | column_name AS computed_column_expression } [,…n]
| [WITH CHECK | WITH NOCHECK] ADD{ < table_constraint > } [,…n]
| DROP{ [CONSTRAINT] constraint_name
    | COLUMN column } [,…n]
| { CHECK | NOCHECK } CONSTRAINT { ALL | constraint_name [,…n] }
| { ENABLE | DISABLE } TRIGGER{ ALL | trigger_name [,…n] }
}

例 5-24 更改表以添加新列。

ALTER TABLE 成绩表 ADD column_b VARCHAR(20) NULL
GO

例 5-25 更改表以添加具有约束的列。

ALTER TABLE 成绩表 ADD column_b VARCHAR(20) NULL CONSTRAINT b_unique UNIQUE

例 5-26 更改表以除去列。

ALTER TABLE 成绩表 DROP COLUMN column_b

例 5-27 更改表以添加未验证的约束。建立表 t(column_b)，向该表插入记录(-1)，再插入约束(column_b> 1)，为了防止对现有的数据执行约束验证，采用 WITH NOCHECK 参数建立约束。

```
CREATE TABLE t (column_b varchar(20))
INSERT INTO t (column_b) VALUES (-1)
ALTER TABLE t WITH NOCHECK   ADD CONSTRAINT b_check CHECK (column_b> 1)
```

例 5-28 更改表以添加多个带有约束的列。向表中添加多个带有约束的新列，第一个新列具有 IDENTITY 属性，表中每一行的标识列都将具有递增的新值。

```
CREATE TABLE Test ( column_a INT CONSTRAINT column_a_un UNIQUE)
ALTER TABLE Test   ADD
/* 添加主码标识列 */
column_b INT IDENTITY CONSTRAINT column_b_pk PRIMARY KEY,
/* 添加指向本表主码的外码 */
column_c INT NULL   CONSTRAINT column_c_fk REFERENCES Test (column_a),
/*添加一个为空或者满足手机号码格式的列 */
column_d VARCHAR(16) NULL   CONSTRAINT column_d_chk
CHECK (column_d IS NULL OR
        column_d LIKE '[0-9][0-9][0-9]-[0-9][0-9][0-9][0-9]' OR
        column_d LIKE'[0-9][0-9][0-9]) [0-9][0-9][0-9]-[0-9][0-9][0-9][0-9]'),
/*添加一个具有默认值的列   */
column_e DECIMAL(3,3) CONSTRAINT column_e_default DEFAULT .081
```

3. 删除表格

```
DROP TABLE table_name
```

例 5-29 除去当前数据库内的表。从当前数据库中删除 Test 表及其数据和索引。

```
DROP TABLE Test
```

例 5-30 除去另外一个数据库内的表。在"Master"数据库中删除"教务管理"数据库中的"t"表。

```
USE Master
DROP TABLE 教务管理.dbo.t
```

5.2.3 DML 数据管理

数据如表 5-9、表 5-10、表 5-11、表 5-12 和表 5-13 所示。

表 5-9 教师表

JSH	JSM
01001	王崇阳
01002	李穆
02001	吴赛
02002	冯远客
03001	李莉
03002	简方
01003	刘高

表 5-10 课程表

KCH	KCM
001	高等数学
002	计算机基础
003	网络基础
005	大学英语

表 5-11 学生表

XH	XM	SFZ	YXBH
0301001	李永年	350500198305214026	001
0301002	张丽珍	350500198512017017	001
0302001	陈俊雄	320300198503213042	002
0302002	李军	210200198409112402	002
0302003	王仁芳	502400198401223341	002
0303001	赵雄伟	401200198312111123	003

表 5-12 院系表

YXBH	YXMC	YXZR
001	计算机	冯远客
002	经管	简方
003	数学	黄梅

表 5-13 成绩表

XH	KCH	CJ	JSH	XH	KCH	CJ	JSH
0301001	001	89	01001	0302001	001	56	01002
0301002	001	78	01002	0302002	001	93	02001
0302001	002	85	02001	0302003	001	67	01003
0301001	005	69	02002				

1. 插入数据

INSERT [INTO]
  { table_name WITH (< table_hint_limited > […n]) | view_name| rowset_function_limited}
  {[(column_list)] { VALUES ({ DEFAULT | NULL | expression } [,…n])
derived_table| execute_statement }} | DEFAULT VALUES
< table_hint_limited > ::=
  { FASTFIRSTROW | HOLDLOCK | PAGLOCK | READCOMMITTED
  | REPEATABLEREAD | ROWLOCK | SERIALIZABLE | TABLOCK
  | TABLOCKX | UPDLOCK
}

例 5-31 使用简单的 INSERT，为院系表插入输入数据('001', '计算机', '冯远客')。

INSERT 院系表 VALUES ('001', '计算机', '冯远客')

也可以从 Master 数据库的院系表复制到教务管理数据库的院系表中。

INSERT 教务管理.dbo.院系表 SELECT * FROM master.dbo.院系表

例 5-32 插入与列顺序不同的数据。为院系表插入数据，并以列显示指定的方式进行。

INSERT 院系表 (YXMC, YXBH) VALUES ('经管', '002')"
INSERT 院系表 (YXZR, YXMC,YXBH) VALUES ('黄梅', '数学', '003')

例 5-33 插入值少于列个数的数据。下面的示例创建一个带有 4 个列的表。INSERT 语句插入一些行，这些行只有部分列包含值。

CREATE TABLE T2
(column_1 int identity,
  column_2 varchar(30) CONSTRAINT default_name DEFAULT ('column default'),
  column_3 int NULL,
  column_4 varchar(40)
)
INSERT INTO T2 (column_4) VALUES ('1A4')
INSERT INTO T2 (column_2,column_4) VALUES ('2A2', '2A4')
INSERT INTO T2 (column_2,column_3,column_4) VALUES ('3A2',-44,'3A4')

例 5-34 从学生表中插入数据，运行结果如图 5-77 所示。

INSERT INTO 学生表 VALUES('0301002','张丽珍','350500198512017017','001')
INSERT INTO 学生表 VALUES('0302001','陈俊雄','320300198503213042','002')
INSERT INTO 学生表 VALUES('0302002','李军','210200198409112402','002')
INSERT INTO 学生表 VALUES('0302003','王仁芳','502400198401223341','002')
INSERT INTO 学生表 VALUES('0303001','赵雄伟','401200198312111123','003')

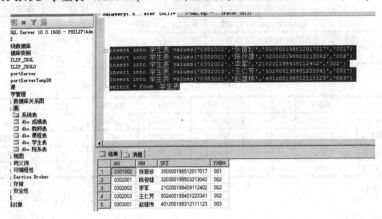

图 5-77 向"学生表"插入数据

2. 修改数据

UPDATE { table_name WITH (< table_hint_limited > […n])
　　| view_name | rowset_function_limited
　　}
SET　{ column_name = { expression | DEFAULT | NULL }
　　| @variable = expression | @variable = column = expression } [,…n]
　　　{ { [FROM { < table_source > } [,…n]] [WHERE < search_condition >] }
　　| [WHERE CURRENT OF { { [GLOBAL] cursor_name } | cursor_variable_name }] }
　　　[OPTION (< query_hint > [,…n])]
< table_source > ::=table_name [[AS] table_alias] [WITH (< table_hint > [,…n])]
　　| view_name [[AS] table_alias] | rowset_function [[AS] table_alias]
　　| derived_table [AS] table_alias [(column_alias [,…n])]　| < joined_table >
< joined_table > ::=< table_source > < join_type > < table_source > ON < search_condition >
　　| < table_source > CROSS JOIN < table_source > | < joined_table >
< join_type > ::= [INNER | { { LEFT | RIGHT | FULL } [OUTER] }] [< join_hint >] JOIN
< table_hint_limited > ::=
　　{FASTFIRSTROW | HOLDLOCK　| PAGLOCK | READCOMMITTED | UPDLOCK
　　| REPEATABLEREAD | ROWLOCK | SERIALIZABLE | TABLOCK | TABLOCKX
　　}
< table_hint > ::={ INDEX (index_val [,…n])
　　| FASTFIRSTROW　| HOLDLOCK | NOLOCK | PAGLOCK | READCOMMITTED
　　| READPAST| READUNCOMMITTED| REPEATABLEREAD| ROWLOCK
　　| SERIALIZABLE| TABLOCK| TABLOCKX|UPDLOCK
　　　}
< query_hint > ::={{ HASH | ORDER } GROUP
　　| { CONCAT | HASH | MERGE } UNION| {LOOP | MERGE | HASH } JOIN
　　| FAST number_rows| FORCE ORDER| MAXDOP| ROBUST PLAN | KEEP PLAN
　　}

例 5-35 使用简单的 UPDATE，将成绩表中的所有成绩加 10 分。

UPDATE 成绩表　SET　CJ=CJ+10

例 5-36 把 WHERE 子句和 UPDATE 语句一起使用，例如院系表中的"电脑系"更名为"计算机"。

UPDATE 院系表 SET YXMC = '计算机' WHERE YXBH = '001'

例 5-37 通过 UPDATE 语句使用来自另一个表的信息。下面的示例在"学生表"中插入一行，在"成绩表"中插入一行。

INSERT 学生表(XH,XM,SFZ)VALUES('0301001','李永年','350500198305214026')
INSERT 成绩表(XH,KCH,CJ,JSH) VALUES('0301001','001',89,'01001')

将名字为"李永年"的成绩减少 10 分：

UPDATE 成绩表 SET CJ =CJ-10 FROM 学生表,成绩表 WHERE 学生表.XM='李永年' AND 学生表.XH=成绩表.XH

程序执行结果如图 5-78 所示。

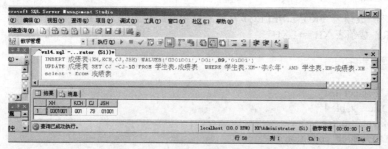

图 5-78 更新"成绩表"的数据

例 5-38 将 UPDATE 语句与 SELECT 语句中的 TOP 子句一起使用，将"成绩表"前三名学生的成绩修改为 95 分。

UPDATE 成绩表 SET CJ=95 FROM (SELECT TOP 3 * FROM 成绩表 ORDER BY CJ DESC) AS t1 WHERE 成绩表.XH= t1.XH AND 成绩表.KCH=t1.KCH AND 成绩表.JSH=t1.JSH

3．删除数据

```
DELETE [ FROM ]
    { table_name WITH ( <table_hint_limited> [ …n ] ) | view_name| rowset_function_limited }
    [ FROM { <table_source> } [ ,…n ] ]
    [ WHERE{ <search_condition>
|{[ CURRENT OF {{[ GLOBAL ] cursor_name }| cursor_variable_name }
]}}] [ OPTION ( <query_hint> [ ,…n ] ) ]
```

例 5-39 不带参数使用 DELETE 从成绩表中删除所有行。

SELECT * INTO copy_cj FROM 成绩表——建立成绩表的数据副本表 copy_cj;
DELETE 成绩表

例 5-40 在行集上使用 DELETE。删除成绩表表中所有学号为'0301001'的成绩记录，因为"成绩表"中 XH 可能不是唯一的，下例删除的是'0301001'的所有行。

INSERT INTO 成绩表 VALUES SELECT * FROM copy_cj——将成绩表的数据从 copy_cj 表中恢复
DELETE FROM 成绩表 WHERE XH= '0301001'

例 5-40 在游标的当前行上使用 DELETE。下例显示在名为 complex_join_cursor 的游标上所做的删除。它只影响当前从游标提取的单行。

DELETE FROM 成绩表 WHERE CURRENT OF complex_join_cursor

例 5-41 基于子查询使用 DELETE 或使用 Transact-SQL 扩展本例显示基于连接或相关子查询从基表中删除记录的 Transact-SQL 扩展。第 1 个 DELETE 显示与 SQL-92 兼容的子查询解决方法，第 2 个 DELETE 显示 Transact-SQL 扩展。两个查询都基于将姓张的同学的成绩从成绩表中删除。

```
/* SQL-92 标准查询 */
DELETE   FROM  成绩表
WHERE XH   IN
(SELECT XH FROM  学生表  WHERE XM LIKE '张%')
/* Transact-SQL 扩展 */
DELETE FROM  成绩表 INNER JOIN  学生表   ON  成绩表.XH = 学生表.XH
WHERE XM LIKE '张%'
```

例 5-42 在 DELETE 和 SELECT 中使用 TOP 子句。由于可以在 DELETE 语句中指定 SELECT 语句，因此还可以在 SELECT 语句中使用 TOP 子句。例如，本例从"成绩表"中删除前 3 个学生的成绩。

```
DELETE  成绩表  FROM (SELECT TOP 3 * FROM  成绩表) AS t1
WHERE  成绩表.XH = t1.XH
```

5.2.4 DQL 数据查询

```
SELECT select_list
[ INTO new_table ]
FROM table_source
[ WHERE search_condition ]
[ GROUP BY group_by_expression ]
[ HAVING search_condition ]
[ ORDER BY order_expression [ ASC | DESC ] ]
```

1. 投影：SELECT 子句

```
SELECT [ ALL | DISTINCT ] [ TOP n [ PERCENT ] [ WITH TIES ] ]   < select_list >
< select_list > ::={ * | { table_name | view_name | table_alias }.*
    | { column_name | expression | IDENTITYCOL | ROWGUIDCOL } [ [ AS ] column_alias ]
    | column_alias = expression
} [ ,…n ]
```

注：SELECT 子句的常用函数表达式如表 5-14 所示。

表 5-14 SELECT 子句的常用函数表达式

名称	功能
MIN(DISTINCT|ALL<字段名>)	求一列中的最小值
MAX(DISTINCT|ALL<字段名>)	求一列中的最大值
AVG(DISTINCT|ALL<字段名>)	按列计算平均值
SUM(DISTINCT|ALL<字段名>)	按列计算值的总和
COUNT(*) 或者 COUNT(DISTINCT|ALL<字段名>)	统计一列中值的个数

例 5-43 从表 5-11 中，查询所有学生信息，运行结果如图 5-79 所示。

```
SELECT  *  FROM  学生表
```

例 5-44 从表 5-11 中，查询所有学生的学号、姓名、身份证信息，并把结果的列名显示成中文，查询结果如图 5-80 所示。

```
SELECT   XH   AS 学号,XM   AS   姓名,SFZ   AS   身份证,FROM   学生表
```

第 5 章　SQL Server 图形操作及 SQL 语言

	XH	XM	SFZ	YXBH
1	0301001	李永年	350500198305214026	001
2	0301002	张丽珍	350500198512017017	001
3	0302001	陈俊雄	320300198503213042	002
4	0302002	李军	210200198409112402	002
5	0302003	王仁芳	502400198401223341	002
6	0303001	赵雄伟	401200198312111123	003

	学号	姓名	身份证
1	0301001	李永年	350500198305214026
2	0301002	张丽珍	350500198512017017
3	0302001	陈俊雄	320300198503213042
4	0302002	李军	210200198409112402
5	0302003	王仁芳	502400198401223341
6	0303001	赵雄伟	401200198312111123

图 5-79　查询所有学生信息　　　　　　　图 5-80　查询所有学生的部分信息

例 5-45　从表 5-12 中，查询学生表中的前 4 个学生信息，查询结果如图 5-81 所示。

　　　　SELECT　TOP　4　*　FROM　学生表

查询以名字顺序排列的前 50%的同学信息，查询结果如图 5-82 所示。

　　　　SELECT　TOP　50 PERCENT　*　FROM　学生表 ORDER　BY　XM

	XH	XM	SFZ	YXBH
1	0301001	李永年	350500198305214026	001
2	0301002	张丽珍	350500198512017017	001
3	0302001	陈俊雄	320300198503213042	002
4	0302002	李军	210200198409112402	002

	XH	XM	SFZ	YXBH
1	0302001	陈俊雄	320300198503213042	002
2	0302002	李军	210200198409112402	002
3	0301001	李永年	350500198305214026	001

图 5-81　SELECT TOP 查找前 4 位同学　　　图 5-82　SELECT TOP 查找按姓名排序前 50%同学

例 5-46　从表 5-13 中，查询"成绩表"不重复的 KCH，查询结果如图 5-83 所示。

　　　　SELECT　DISTINCT(KCH)　AS KCH　FROM　成绩表

例 5-47　从表 5-13 中，查询所有人的平均成绩，查询结果如图 5-84 所示。

　　　　SELECT　AVG(CJ) AS　平均成绩 FROM　成绩表

图 5-83　查询成绩表不重复课程号　　　　　图 5-84　查询成绩表平均成绩

例 5-48　从表 5-13 中，查询最高的成绩和最低的成绩，查询结果如图 5-85 所示。

　　　　SELECT　MAX (CJ)　AS　最高分,MIN(CJ) AS　最低分
　　　　FROM　成绩表

2．连接：FROM

图 5-85　查询成绩表的最高分和最低分

```
[ FROM { < table_source > } [ ,…n ] ]
< table_source > ::=table_name [ [ AS ] table_alias ] [ WITH ( < table_hint > [ ,…n ] ) ]
    | view_name [ [ AS ] table_alias ] [ WITH ( < view_hint > [ ,…n ] ) ]
    | rowset_function [ [ AS ] table_alias ]| user_defined_function [ [ AS ] table_alias ]
    | derived_table [ AS ] table_alias [ ( column_alias [ ,…n ] ) ]| < joined_table >
< joined_table > ::=< table_source > < join_type > < table_source > ON < search_condition >
    | < table_source > CROSS JOIN < table_source > | [ ( ] < joined_table > [ ) ]
< join_type > ::=[ INNER | { { LEFT | RIGHT | FULL } [ OUTER ] } ][ < join_hint > ]
    JOIN
```

说明：<数据库名>表示数据库名，如果<表名>不是自由表，且包含在它的数据库不是当前数据库，则用<数据库名>指定数据库，<别名>表示表的别名。

[[INNER | LEFT [OUTER]|RIGHT[OUTER]|FULL[OUTER] JOIN]内部/左（外部）/右（外部）/完全（外部）连接

其中，OUTER 关键字是任选的，它用来强调创建的是一个外部连接。连接类型见表 5-15。

表 5-15 表格连接的类型

连接类型	名称	连接结果
CROSS JOIN	笛卡尔积	两个表的矢量积
INNER JOIN	内部连接	只包含两个表中满足条件的记录
[OUTER]LEFT JOIN	左连接	左表的全部记录以及右表满足条件的记录
[OUTER]RIGHT JOIN	右连接	右表的全部记录以及左表满足条件的记录
[OUTER]FULL JOIN	完全连接	除重复记录外，包含左、右表的全部记录

（1）内部连接

例 5-49 从表 5-10、表 5-11 和表 5-13 中查询学生的成绩，要求实现内部连接，查询学生的姓名和课程号。结果如图 5-86 所示。

SELECT 学生表.XH AS 学号,学生表.XM AS 姓名,课程表.KCM AS 课程名,成绩表.CJ AS 成绩
FROM 学生表 INNER JOIN 成绩表 ON （学生表.XH=成绩表.XH）
INNER JOIN 课程表 ON （课程表.KCH =成绩表.KCH）

（2）左连接

例 5-50 从表 5-10、表 5-11 和表 5-13 中查询学生的课程名单，要求实现左连接。结果如图 5-87 所示。

SELECT 学生表.XH AS 学号,
　　　　学生表.XM AS 姓名,
　　　　课程表.KCM AS 课程名
FROM 学生表 LEFT JOIN 成绩表 ON 成绩表.XH=学生表.XH
　　　　LEFT JOIN 课程表 ON 成绩表.KCH=课程表.KCH

图 5-86 内部连接的例子

图 5-87 左连接的例子

（3）右连接

例 5-51 从表 5-10、表 5-11 和表 5-13 中查询学生的课程名单，要求实现右连接。结果如图 5-88 所示。

SELECT 学生表.XH AS 学号,学生表.XM AS 姓名,课程表.KCM AS 课程名
FROM 学生表
RIGHT JOIN 成绩表 ON 成绩表.XH=学生表.XH
RIGHT JOIN 课程表 ON 成绩表.KCH=课程表.KCH

图 5-88 右连接的例子

（4）完全连接

例 5-52　从表 5-10、表 5-11 和表 5-13 中查询学生的课程名单，要求实现完全连接。结果如图 5-89 所示。

```
SELECT  学生表.XH AS  学号,
        学生表.XM  AS   姓名,
        课程表.KCM AS  课程名
FROM    学生表　FULL JOIN 成绩表　ON 成绩表.XH=学生表.XH
                FULL JOIN 课程表　ON 成绩表.KCH=课程表.KCH
```

	学号	姓名	课程名
1	0301001	李永年	高等数学
2	0301001	李永年	大学英语
3	0301002	张丽珍	高等数学
4	0302001	陈俊雄	高等数学
5	0302001	陈俊雄	计算机基础
6	0302002	李军	高等数学
7	0302003	王仁芳	高等数学
8	0303001	赵雄伟	NULL
9	NULL	NULL	网络基础

	学号	姓名	课程名
1	0303001	赵雄伟	NULL
2	0301001	李永年	大学英语
3	0301002	张丽珍	高等数学
4	0302001	陈俊雄	高等数学
5	0302002	李军	高等数学
6	0302003	王仁芳	高等数学
7	0301001	李永年	高等数学
8	0302001	陈俊雄	计算机基础
9	NULL	NULL	网络基础

图 5-89　完全连接的例子

3．选择：WHERE

指定用于限制返回的行的搜索条件。

```
[ WHERE < search_condition > | < old_outer_join > ]
< old_outer_join > ::=column_name { * = | = * } column_name
```

说明：<连接条件>，连接条件，通过使用谓词限制结果集内返回的行。对搜索条件中可以包含的谓词数量没有限制。连接条件的形式如表 5-16 所示。

表 5-16　连接条件

运算符	含义	语法
=,>,<,>=,<=,!=,<>	关系运算	比较字段与表达式的值，返回满足条件的记录<字段名>比较符<表达式>
BETWEEN…AND	确定范围	表示介于两个值之间，有两种使用格式： ①<字段>BETWEEN　<下限> AND <上限> ②BETWEEN (<字段名>,<下限>,<上限>) BETWEEN 的否定：NOT BETWEEN
IN	确定集合	判断指定值是否在该表中 ①<字段> IN (<值 1>,<值 2>,…,<值 N>) ②IN 的否定：NOT　IN
LIKE	字符匹配	模糊匹配 <字段>LIKE<字符通配符> 在字段通配符中： %　表示任意个字符或汉字 _　　表示任意一个字符或汉字 <字符串>%、%<字符串>、%<字符串>%、_<字符串>% 等都是合法的字符串通配符
NULL	空值	空值查询 ①IS　NULL：用于检查是否为空值 NULL ②IS　NULL 的否定形式：IS　NOT　NULL
AND,OR,NOT	多重条件	

例 5-53　查询"成绩表"中成绩不在 70～80 分的学生名单。

SELECT　*　FROM　成绩表　WHERE　CJ<70　OR　CJ>80

例 5-54　查询“成绩表”中成绩及格的成绩名单，如图 5-89 所示。

SELECT　*　FROM　成绩表　WHERE CJ>=60

例 5-55　查询成绩在 70～80（包括 70）分的成绩名单，如图 5-90 所示。

SELECT　*　FROM　成绩表 WHERE CJ BETWEEN 70 AND　80

	XH	KCH	CJ	JSH
1	0301001	001	89	01001
2	0301001	005	69	02002
3	0301002	001	78	01002
4	0302001	002	85	02001
5	0302002	001	93	02001
6	0302003	001	67	01003

图 5-90　查询成绩表中及格的成绩名单

	XH	KCH	CJ	JSH
1	0301002	001	78	01002

图 5-91　查询成绩在 70～80 分的成绩名单

例 5-56　查询选修了“001”课程的成绩单，如图 5-92 所示。

SELECT　*　FROM　成绩表　WHERE　KCH　IN ('001')

例 5-57　查询姓李的学生名单，如图 5-93 所示。

SELECT　*　FROM　学生表　WHERE (XM　LIKE　'李%')

	XH	KCH	CJ	JSH
1	0301001	001	89	01001
2	0301002	001	78	01002
3	0302001	001	56	01002
4	0302002	001	93	02001
5	0302003	001	67	01002

图 5-92　查询选修了“001”课程的成绩单

	XH	XM	SFZ	YXBH
1	0301001	李永年	350500198305214026	001
2	0302002	李军	210200198409112402	002

图 5-93　查询学生表中李姓学生

4．ORDER　BY

指定结果集的排序。除非同时指定了 TOP，否则 ORDER BY 子句在视图、内嵌函数、派生表和子查询中无效。

[ORDER BY { order_by_expression [ASC | DESC] } [,…n]]

说明：

① 排序规则：指定要排序的列。可以将排序列指定为列名或列的别名（可由表名或视图名限定）和表达式，或者指定为代表选择列表内的名称、别名或表达式的位置的负整数。可指定多个排序列。ORDER BY 子句中的排序列序列定义排序结果集的结构。ORDER BY 子句可包括未出现在此选择列表中的项目。然而，如果指定 SELECT DISTINCT，或者如果 SELECT 语句包含 UNION 运算符，则排序列必定出现在选择列表中。此外，当 SELECT 语句包含 UNION 运算符时，列名或列的别名必须是在第一选择列表内指定的列名或列的别名。

② ASC：指定按递增顺序，从最低值到最高值对指定的列中的值进行排序。

③ DESC：指定按递减顺序，从最高值到最低值对指定的列中的值进行排序。

注：空值被视为最低的可能值。

例 5-58　查询按照分数高低排列的成绩名单，如图 5-94 所示。

SELECT * FROM 成绩表 ORDER BY KCH,CJ DESC

例 5-59 查询成绩在前三名的学生,并按照成绩从高到低排序,如图 5-95 所示。

SELECT TOP 3 * FROM 成绩表 ORDER BY CJ DESC

图 5-94 按照分数高低排列的成绩名单

图 5-95 查询成绩在前三名的学生

5. GROUP BY

GROUP BY 子句用来输出行的组,并且如果 SELECT 子句 <select list> 中包含聚合函数,则计算每组的汇总值。指定 GROUP BY 时,选择列表中任一非聚合表达式内的所有列都应包含在 GROUP BY 列表中,或者 GROUP BY 表达式必须与选择列表表达式完全匹配。

[GROUP BY [ALL] group_by_expression [,…n] [WITH { CUBE | ROLLUP }]]

说明:

① ALL:包含所有组和结果集,甚至包含那些任何行都不满足 WHERE 子句指定的搜索条件的组和结果集。如果指定了 ALL,将对组中不满足搜索条件的汇总列返回空值。

② 分组规则:是对其执行分组的表达式。group_by_expression 也称为分组列。group_by_expression 可以是列或引用列的非聚合表达式。在选择列表内定义的列的别名不能用于指定分组列。

例 5-60 查询各个课程的平均成绩,如图 5-96 所示。

SELECT AVG(CJ) AS 平均成绩,KCH AS 课程编号 FROM 成绩表 GROUP BY KCH

例 5-61 将成绩表中的成绩按照教师分组,要求统计成绩高于 60 分的学生人数及他们所获得的成绩总和,如图 5-97 所示。

SELECT SUM(CJ) AS 成绩总和,JSH AS 教师号 COUNT(*) AS 人数
FROM 成绩表 WHERE CJ>60 GROUP BY JSH

图 5-96 查询各课程的平均成绩

图 5-97 成绩按照老师分组

6. COMPUTE 集合查询

集合查询主要有:并操作 UNION、交操作 INTERSECT、差操作 MINUS。在 SQL 中没有直接进行交操作和差操作的语句。

利用集合的并操作,可以实现一个表内或两个表之间的合并查询。由于查询结果会将两个表的数据组合在一起,所以要求两个表的输出字段的类型和宽度必须一样。在 SQL 中执行并操作后,系统会自动将合并后的重复行全部删除。

例 5-62 将学号大于 0302002 和小于 0302002 的学生名单合并,如图 5-98 所示。

SELECT * FROM 学生表 WHERE XH>0302002
UNION
SELECT * FROM 学生表 WHERE XH<0302002

例 5-63 查询或者选修"高等数学"或者选修"大学英语"的学生成绩单，如图 5-99 所示。

SELECT XM AS 姓名,KCM AS 课程名,CJ AS 成绩
FROM 学生表,成绩表,课程表
WHERE 学生表.XH=成绩表.XH AND 课程表.KCH=成绩表.KCH
        AND KCM='高等数学'
UNION
SELECT XM AS 姓名,KCM AS 课程名,CJ AS 成绩
FROM 学生表,成绩表,课程表
WHERE 学生表.XH=成绩表.XH AND 课程表.KCH=成绩表.KCH
        AND KCM='大学英语'

图 5-98 合并学生表中学号大于和小于 0302002 的学生

图 5-99 合并选修"高等数学"和"大学英语"的学生成绩单

7. 嵌套子查询

指在一个外层查询中包含另一个内层查询。其中外层查询称为主查询，内层查询称为子查询。说明：WHERE 子句的谓词取值如表 5-17 所示。

表 5-17 WHERE 子句

谓词	含义
IN	以子表达式值作为主表达式的参数
BETWEEN	以子表达式值确定主表达式的取值范围
ANY	以子表达式最小值决定主表达式结果（与 SOME 为同义词）
ALL	以子表达式最大值决定主表达式结果
[NOT] EXISTS	以子表达式作为主表达式的条件
LIKE	用通配符%选择某类记录

例 5-64 查询选择网络基础课程的学生名单，如图 5-100 所示。

SELECT * FROM 学生表 WHERE XH IN
 (SELECT XH FROM 成绩表 WHERE KCH IN
  (SELECT KCH FROM 课程表 WHERE (KCM='计算机基础')))

例 5-65 查询所有成绩高于任何一个姓陈的成绩的学生名单，如图 5-101 所示。

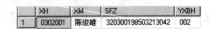

图 5-100 查询选择网络基础课程的学生名单

SELECT * FROM 学生表 AS A,成绩表 AS B
    WHERE A.XH=B.XH AND B.CJ>ANY
     (SELECT C.CJ FROM 成绩表 AS C,学生表 AS D
        WHERE C.XH=D.XH AND D.XM LIKE '陈%')

第 5 章 SQL Server 图形操作及 SQL 语言

	XH	XM	SFZ	YXBH	XH	KCH	CJ	JSH
1	0301001	李永年	350500198305214026	001	0301001	001	89	01001
2	0301001	李永年	350500198305214026	001	0301001	005	69	02002
3	0301002	张丽珍	350500198512017017	001	0301002	001	78	01002
4	0302001	陈俊雄	320300198503213042	002	0302001	002	85	02001
5	0302002	李军	210200198409112402	002	0302002	001	93	02001
6	0302003	王仁芳	502400198401223341	002	0302003	001	67	01003

图 5-101 查询所有成绩高于任何一个姓陈的成绩的学生名单

例 5-66 查询成绩高于所有姓陈的学生名单，如图 5-102 所示。
```
SELECT * FROM  学生表 AS A,成绩表 AS B
    WHERE A.XH=B.XH AND B.CJ>ALL
        (SELECT C.CJ FROM  成绩表 AS C,学生表 AS D
         WHERE C.XH=D.XH AND D.XM LIKE '陈%')
```

	XH	XM	SFZ	YXBH	XH	KCH	CJ	JSH
1	0301001	李永年	350500198305214026	001	0301001	001	89	01001
2	0302002	李军	210200198409112402	002	0302002	001	93	02001

图 5-102 查询成绩高于所有姓陈的学生名单

5.2.5 DCL 数据控制

1. 账号管理

- 创建账号：CREATE LOGIN loginName WITH PASSWORD = password, DEFAULTDATA-BASE = database
- 修改账号：ALTER LOGIN login_name
- 删除账号：DROP LOGIN login_name
- 创建用户：CREATE USER user_name FOR LOGIN login_name

例 5-67 为教务管理数据库创建一个登录账号 teacher，密码为 123，并为该登录账号创建一个数据库用户，使得账号可以登录数据库。

```
USE  教务管理
CREATE LOGIN teacher WITH PASSWORD ='123' ,DEFAULT_DATABASE =教务管理
CREATE USER teacher1 FOR LOGIN teacher
EXEC SP_CHANGE_USERS_LOGIN 'update_one', 'teacher1', 'teacher';--建立登录账号与数据库用户之间的关系
```

2. 授权命令 GRANT

GRANT 语句用于向用户、角色和组授予使用数据库对象，以及运行某些存储过程和函数的权限。

语法如下：

  GRANT { ALL | statement [,⋯n] } TO security_account [,⋯n]

对象权限：

  GRANT   { ALL [PRIVILEGES] | permission [,⋯n] }
  {   [(column [,⋯n])] ON { table | view }
  | ON { table | view } [(column [,⋯n])]
  | ON { stored_procedure | extended_procedure }
  | ON { user_defined_function }

}
TO security_account [,…n] [WITH GRANT OPTION] [AS { group | role }]

说明：

① 操作对象：表名、视图、数据库、存储过程、函数。

② WITH GRANT OPTION：表示被授权也可以用这些语句来向其他用户授权。

也可以授予学生 ALL 权限，这样他还可以使用 CREATE DATABASE、CREATE FUNCTION、CREATE RULE、CREATE TABLE、BACKUP DATABASE 及其他语句。不过，我们一般都希望限制用户的访问和操作数据库的权限。

例 5-68 授予学生 student 对教学管理数据库中的学生表进行 INSERT、UPDATE 和 DELETE 的权限。

```
EXEC SP_ADDLOGIN 'student','0000','教学管理'—用存储过程创建账号，SP_ADDLOGIN loginName, password, database"创建用户"
GRANT ALL ON 管理系统 TO STUDENT WITH GRANT OPTION
```

3．废除权限命令 REVOKE

废除操作权限：

```
REVOKE { ALL | statement [ ,…n ] }
FROM security_account [ ,…n ]
```

废除对象权限：

```
REVOKE [ GRANT OPTION FOR ]
    { ALL [ PRIVILEGES ] | permission [ ,…n ] }
    {
      [ ( column [ ,…n ] ) ] ON { table | view }
      | ON { table | view } [ ( column [ ,…n ] ) ]
      | ON { stored_procedure | extended_procedure }
      | ON { user_defined_function }
    }
    { TO | FROM }
        security_account [ ,…n ]
    [ CASCADE ]
    [ AS { group | role } ]
```

操作权限：SELECT—查询，INSERT—插入，UPDATE—更新，DELETE—删除，ALL—所有操作

例 5-69 废除 student 在学生表的 INSERT 权限。

```
REVOKE INSERT ON 学生表 FROM student
```

例 5-70 废除所有用户对学生表的操作。

```
REVOKE ALL ON 学生表 FROM PUBLIC
```

4．拒绝继承权限命令 DENY

在安全系统中创建一项，以拒绝给当前数据库内的安全账户授予权限并防止安全账户通过其组或角色成员资格继承权限。

例 5-71 本例对用户拒绝多个语句权限。用户不能使用 CREATE DATABASE 和 CREATE TABLE 语句，除非给他们显式授予权限。

```
DENY CREATE DATABASE, CREATE TABLE TO student
```

5.3 T-SQL 编程

从 SQL Server 2008 开始，每个对象都属于一个数据库架构。数据库架构是一个独立于数据库用户的非重复命名空间。可以将架构视为对象的容器，可以在数据库中创建和更改架构，且可以授予用户访问架构的权限。任何用户都可以拥有架构，并且架构所有权可以转移。在 SQL Server 2000 中架构和用户是没有多大区别的，我们在 SQL Server 2000 中一般是指所有者。SQL Server 2005 后，用户和架构开始明确地分开，架构可以理解为对象的容器或者命名空间。SQL Server 2008 中：

  服务器名.数据库名.拥有者名.对象名

- 基本功能支持 ANSI SQL—92 标准：DDL 数据定义，DML 数据操纵，DCL 数据控制，DD 数据字典。
- 扩展功能：加入程序流程控制结构，加入局部变量、系统变量等。
- 标识符分类：常规标识符 Regular identifer（严格遵守标识符格式规则），界定标识符 Delimited identifer（引号' '或方括号[ ]）。
- 标识符格式规则：SQL Server 7.0 以前的版本，标识符长度限制在 30 个字符以内。SQL Server 2000 的标识符为 1~128 个字符，临时表名 1~116 个字符。

标识符的第一个字符必须是：大小写字母、下画线、@、#。其中，@和#在 TSQL 中有专门的含义。接下来的字符必须是符合 Unicode2.0（统一码）标准的字母，或者是十进制数字，或者是特殊字符@、#、_、$。标识符不能与任何 SQL Server 保留字匹配。标识符不能包含空格或别的特殊字符。不符合规则的标识符必须加以界定（双引号" "或方括号[ ]）。注意：数据库名、表名必须符合标识符规范。

- 对象命名规则：所有数据库对象的引用由下面 4 部分构成：

  server_name.[database_name].[schema_name].object_name
  | database_name.[schema_name].object_name
  | schema_name.object_name
  | object_name

说明：

① server_name：指定链接的服务器名称或远程服务器名称。

② database_name： 如果对象驻留在 SQL Server 的本地实例中，则指定 SQL Server 数据库的名称。如果对象在链接服务器中，则 database_name 将指定 OLE DB 目录。

③ schema_name：如果对象在 SQL Server 数据库中，则指定包含对象的架构的名称。如果对象在链接服务器中，则 schema_name 将指定 OLE DB 架构名称。

④ object_name：对象的名称。

5.3.1 T-SQL 注释

注释多行

  /* fshjhfjkshfjsdhfsdjf
  fsjdkfljskdlfjkldsfjkdslfjfjfj */

注释单行

  ghjfghkfdjhgkfhgjfdhgkgjfdh

5.3.2 表达式

1. 数据类型

在 SQL Server 2008 中，每个列、局部变量、表达式和参数都具有一个相关的数据类型。数据类型是一种属性，用于指定对象可保存的数据类型：整数数据、字符数据、货币数据、日期和时间数据、二进制字符串等。

（1）字符串

字符串分为 ASCII 字符串、UNICODE 字符串。

① ASCII：用单引号括起来，由 ASCII 构成的字符串，如'abcde'。

② UNICODE：前面有一个 N，如 N'abcde'。（N 在 SQL—92 规范中表示国际语言，必须大写）。

字符串必须放在单引号或双引号中，由字母、数字、下画线、特殊字符（!、@、#）组成。当单引号括住的字符串中包含单引号时，用 2 个单引号表示字符串中的单引号。例如，I'm ZYT 写做'I''m ZYT'。T-SQL 中设置 SET QUOTED_IDENTIFIER { ON | OFF }，当 SET QUOTED_IDENTIFIER 为 ON 时，标识符可以由双引号分隔，而文字必须由单引号分隔。不允许用双括号括住字符串，因为双括号括的是标识符。

SET QUOTED_IDENTIFIER 为 OFF 时，标识符不能加引号，且必须遵守所有 Transact-SQL 标识符规则。允许用双括号括住字符串。Microsoft SQL 客户端和 ODBC 驱动程序自动使用 ON。

（2）整型

二进制整型：由 0 和 1 组成，如 111001。

十进制整型：由 0~9 组成，如 1982。

十六进制整型：用 0x 开头，如 0x3e 和 0x，其中，只有 0x 表示空十六进制数。

（3）日期时间型

用单引号将日期时间字符串扩起来。例如：

'july 22,2007' '22-july-2007' '06-24-1983' '06/24/1983' '1981-05-23' '19820624' '1982 年 10 月 1 日'

（4）实型

实型有定点和浮点，如 165.234，10E23。

（5）货币

用货币符号开头，如¥542324432.25。SQL Server 不强制分组，如每隔 3 个数字插 1 个逗号。

（6）全局唯一标识符

全局唯一标识符（Globally Unique Identification Numbers，GUID）是 16 字节长的二进制数据类型，是 SQL Server 根据计算机网络适配器地址和主机时钟产生的唯一号码生成的全局唯一标识符。例如，6F9619FF-8B86-D011-B42D-00C04FC964FF 即为有效的 GUID 值。世界上的任何两台计算机都不会生成重复的 GUID 值。GUID 主要用于在拥有多个结点、多台计算机的网络或系统中，分配必须具有唯一性的标识符。在 Windows 平台上，GUID 应用非常广泛：注册表、类及接口标识、数据库，甚至自动生成的机器名、目录名等。

2. 常量

常量是指在程序运行中值不变的量。根据常量的类型不同分为字符型常量，整型常量，日期时间型常量、实型常量、货币常量、全局唯一标识符。

3. 变量

变量就是在程序执行过程中其值可以改变的量。局部变量是作用域局限在一定范围内的 T-SQL 对象。系统全局变量是 SQL Server 系统提供并赋值的变量。用户不能建立全局变量，也不能用 SET 语句改变全局变量的值。

局部变量声明：

    DECLARE{ @变量名 数据类型，@变量名 数据类型}

赋值：

    SET　@变量名=表达式
    SELECT　@变量名=表达式/ SELECT　变量名=输出值　FROM 表 where

全局变量声明：

    @@变量名

全局变量记录 SQL Server 服务器活动状态的一组数据。系统提供 30 个全局变量。以下是几个全局变量介绍：

@@ERROR	最后一个 T-SQL 错误的错误号
@@IDENTITY	最后一个插入的标识值
@@LANGUAGE	当前使用语言的名称
@@MAX_CONNECTIONS	创建的同时可以链接的最大数目
@@ROWCOUNT	受上一个 SQL 语言影响的行数
@@SERVERNAME	本地服务器的名称
@@SERVICENAME	该计算机上的 SQL 服务的名称
@@TIMETICKS	当前计算机上每刻度的微秒数
@@TRANSCOUNT	当前连接打开的事务数
@@VERSION	SQL Server 的版本信息

注意：全局变量由@@开始，由系统定义和维护，用户只能显示和读取，不能修改；局部变量由一个@开始，由用户定义和赋值。全局变量共有 33 个。

4．运算符

Microsoft SQL Server 提供了 7 种类型的运算符，分别是算术运算符、赋值运算符、位运算符、比较运算符、逻辑运算符和一元运算符。

（1）算术运算符

算术运算符对两个表达式执行数学运算，参与运算的表达式必须是数值数据类型或能够进行算术运算的其他数据类型。SQL Server 2008 提供的算术运算符如表 5-18 所示。加（+）和减（−）运算符也可用于对 datetime、smalldatetime、money 和 smallmoney 值执行算术运算。

表 5-18　算术运算符

运算符	名称	语法
+	加	Expression1 + Expression2
−	减	Expression1 − Expression2
*	乘	Expression1 * Expression2
/	除	Expression1 / Expression2
%	取余	Expression1 % Expression2

(2) 赋值运算符

等号（=）是唯一的 Transact-SQL 赋值运算符。

(3) 字符串串联运算符

加号（+）是字符串串联运算符，可以用它将字符串串联起来。其他所有字符串操作都使用字符串函数进行处理。例如，'Hello' + ' ' + 'World'的结果是'Hello World'。

(4) 比较运算符

比较运算符用来比较两个表达式值之间的大小关系，可以用于除了 text、ntext 或 image 数据类型之外的所有数据类型。运算的结果为 True、False，通常用来构造条件表达式。表 5-19 列出了 Transact-SQL 的比较运算符。

表 5-19 比较运算符

运算符	名称	语法
=	等于	Expression1 = Expression2
>	大于	Expression1 > Expression2
>=	大于等于	Expression1 >= Expression2
<	小于	Expression1 < Expression2
<=	小于等于	Expression1 <= Expression2
<>或!=	不等于	Expression1 <> Expression2
!>	不大于	Expression1 !> Expression2
!<	不小于	Expression1 !< Expression2

(5) 逻辑运算符

逻辑运算符用来对多个条件进行运算，运算的结果为 True 或 False，通常用来表示复杂的条件表达式。表 5-20 列出了 Transact-SQL 的逻辑运算符。

表 5-20 逻辑运算符

运算符	说明	语法
Not	对表达式的值取反	Not Expression
And	与，如果表达式的值都为 True，结果为 True，否则为 False	Expression1 and Expression2
Or	或，如果表达式的值都为 False，结果为 False，否则为 True	Expression1 or Expression2
Between…and	如果操作数在某个范围内，结果为 True	Expression between A and B
In	如果操作数等于值列表中的任何一个，结果为 True	Expression in（值表或子查询）
Like	如果字符型操作数与某个模式匹配，结果为 True	Expression1 like Expression2
Exists	如果子查询结果不为空，结果为 True	Exists（子查询）
Any 或 Some	如果操作数与一列值中的任何一个比较结果为 True，结果为 True	Expression >any（值表或子查询）
All	如果操作数与一列值中所有值的比较结果为 True，结果为 True	Expression <all（值表或子查询）

(6) 按位运算符

按位运算符对两个二进制数据或整数数据进行位操作，但是两个操作数不能同时为二进制数据，必须有一个为整数数据。SQL Server 提供的按位运算符如表 5-21 所示。

表 5-21 比较运算符

运算符	说明	语法
&	按位与	Expression1 & Expression2
|	按位或	Expression1 | Expression2
^	按位异或	Expression1 ^ Expression2

（7）一元运算符

一元运算符只对一个表达式进行运算，SQL Server 2008 提供的一元运算符如表 5-22 所示。

表 5-22　一元运算符

运算符	说明	语法
+	正	+Numeric_Expression
−	负	−Numeric_Expression
~	按位去反	~ Expression

（8）运算符的优先级

运算符在运算时存在先后关系，运算符的优先级如表 5-23 所示，数值越小的优先级越高。

表 5-23　运算符的优先级

优先级	运算符
1	~（按位取反）
2	*（乘）、/（除）、%（取余）
3	+（正）、−（负）、+（加）、（+字符串串联）、−（减）、&（按位与）、^（按位异或）、|（按位或）
4	=、>、<、>=、<=、<>、!=、!>、!<（比较运算符）
5	Not
6	And
7	All、Any、Between、In、Like、Or、Some
8	=（赋值）

5．函数

函数是能够完成特定功能并返回处理结果的一组 Transact-SQL 语句，处理结果称为"返回值"，处理过程称为"函数体"。函数可以用来构造表达式，可以出现在 SELECT 语句的选择列表中，也可以出现在 WHERE 子句的条件中。SQL Server 提供了许多系统内置函数，同时也允许用户根据需要自己定义函数。SQL Server 提供的常用内置函数主要有以下几类：数学函数、字符串函数、日期函数、convert 函数、聚合函数等。

（1）数学函数

Transact-SQL 语言中提供的常用数学函数如下。

- Abs(numeric_expression)：返回指定数值表达式的绝对值。
- Round(numeric_expression , length [,function])：返回一个舍入到指定的长度或精度的数值。
- Floor(numeric_expression)：返回小于或等于指定数值表达式的最大整数。
- Ceiling(numeric_expression)：返回大于或等于指定数值表达式的最小整数。
- Power(float_expression , y)：返回指定表达式的指定幂的值。
- Sqrt(float_expression)：返回指定表达式的平方根。
- Square(float_expression)：返回指定表达式的平方。
- Exp(float_expression)：返回指定表达式的指数值。
- Log(float_expression)：返回指定表达式的自然对数。
- Log10(float_expression)：返回指定表达式的以 10 为底的对数。

- Sin(float_expression):返回指定角度(以弧度为单位)的三角正弦值。
- Cos(float_expression):返回指定角度(以弧度为单位)的三角余弦值。

(2)字符串函数

SQL Server 提供的常用字符串函数如下。

- Ascii(character_expression):返回字符表达式中最左侧的字符的 ASCII 代码值。
- Char(integer_expression):将 int ASCII 代码转换为字符。
- Suubstring(value_expression ,start_expression , length_expression):返回字符表达式的从 start_expression 位置开始的长度为 length_expression 的子串。
- Left(character_expression , integer_expression):返回字符串中从左边开始指定个数的字符。
- Right(character_expression, integer_expression):返回字符串中从右边开始指定个数的字符。
- Len(string_expression):返回指定字符串表达式的字符数,其中不包含尾随空格。
- Ltrim(character_expression):返回删除了前导空格之后的字符表达式。
- Rtrim(character_expression):截断所有尾随空格后返回一个字符串。
- Str(float_expression [, length [, decimal]]):返回由数字数据转换来的字符数据。

(3)日期和时间函数

Transact-SQL 语言中提供如下日期时间函数。

- Getdate():返回系统当前的日期和时间。
- Year(date):返回表示指定 date 的"年"部分的整数。
- Month(date):返回表示指定 date 的"月"部分的整数。
- Day(date):返回表示指定 date 的"日"部分的整数。
- Datename(datepart , date):返回表示指定 date 的指定 datepart 的字符串。
- Datepart(datepart , date):返回表示指定 date 的指定 datepart 的整数。
- Datediff(datepart , startdate , enddate):根据指定 datepart 返回两个指定日期之间的差值。
- Dateadd(datepart , number , date):根据 datepart 将一个时间间隔与指定 date 的相加,返回一个新的 datetime 值。

(4)强制数据类型转换函数

Convert 函数可以将一种数据类型的表达式强制转换为另一种数据类型的表达式。两种数据类型必须能够进行转换。例如,Char 值可以转换为 Binary,但是不能转换为 Image。Convert 函数的语法格式为:

Convert(data_type [(length)] , expression [, style])

参数说明:

- expression:任何有效的表达式。
- data_type:目标数据类型。
- length:指定目标数据类型长度的可选整数。
- style:用于日期时间型数据类型和字符数据类型的转换。

(5)用户自定义函数

通过用户自定义函数,可以接受参数执行复杂的操作并将操作的结果以值的形式返回。根据函数返回值的类型,可以把 SQL Server 用户自定义函数分为标量值函数(数值函数)和表值函数（内联表值函数和多语句表值函数）。数值函数返回结果为单个数据值，表值函数返回结果集（table 数据类型）。用户自定义函数的建立详见 5.3.6 节。

例 5-72 SELECT 命令赋值，执行脚本，运行结果如图 5-103 所示。

```
DECLARE @var1 varchar(7)        --声明局部变量
SELECT @var1='学生姓名'          --为局部变量赋初始值
SELECT @var1=XM                  --查询结果赋值给变量
FROM 学生表
WHERE XH='0302001'
SELECT @var1 as '学生姓名'       --显示局部变量结果
```

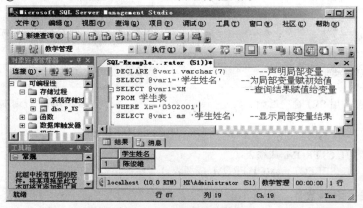

图 5-103 根据学号查询学生姓名

例 5-73 SELECT 命令赋值，多个返回值中取最后一个，运行结果如图 5-104 所示。

```
DECLARE @var1 varchar(8)
SELECT @var1='学生姓名'
SELECT @var1= XM --查询结果赋值，返回的是整个列的全部值，但最后一个给变量
FROM 学生表
SELECT @var1 AS '学生姓名'    --显示局部变量的结果
```

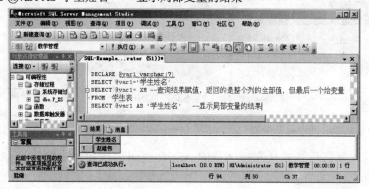

图 5-104 变量获取返回的学生集合的第一个值

例 5-74 SET 命令赋值，结果如图 5-105 所示。

```
DECLARE @no varchar(10)
SET @no='0302001'           --变量赋值
SELECT XH, XM
FROM 学生表
WHERE XH=@no
```

例 5-75 显示 SQL Server 的版本，结果如图 5-106 所示。

    select @@version
    select @@servername   --本地服务器名

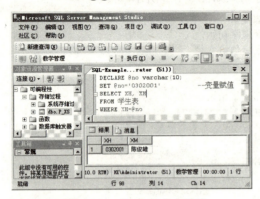
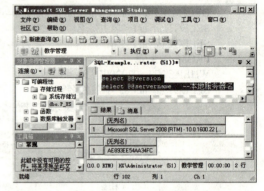

图 5-105　用 SET 命令赋值　　　　　　　　图 5-106　查询本地服务器

例 5-76 查询出最高分的学号和最高分，如图 5-107 所示。

    SELECT XH, CJ FROM 成绩表
    WHERE CJ=(SELECT max(CJ) FROM 成绩表)

例 5-77 求子串函数，如图 5-108 所示。

    DECLARE @StringTest char(10)
    SET @StringTest='Robin　　'
    SELECT SUBSTRING (@StringTest,3,LEN(@StringTest))

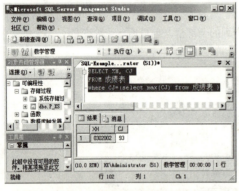

图 5-107　查询最高学分的学号和分数　　　　　图 5-108　求子串

例 5-78 返回字符表达式最左端字符的 ASCII 代码值，如图 5-109 所示。

    DECLARE @StringTest char(10)
    SET @StringTest=ASCII('Robin　　')
    SELECT @StringTest

例 5-79 将 int ASCII 代码转换为字符的字符串函数，如图 5-110 所示。

    DECLARE @StringTest char (10)
    SET @StringTest=ASCII ('Robin　　')
    SELECT CHAR (@StringTest)

图 5-109　返回 ASCII 码值

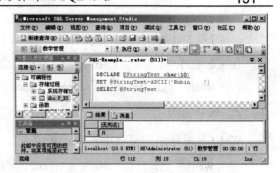
图 5-110　转化 ASCII 码为字符

5.3.3 批处理与脚本

批处理是指包含一条或多条 T-SQL 语句的语句组，被一次性执行，是作为一个单元发出的一个和多个 SQL 语句的集合。SQL Server 将批处理编译成一个可执行单元，称为执行计划。在批处理中如果某处发生编译错误，整个执行计划都无法执行。

脚本是存储在文件中的一系列 T-SQL 语句，可包含一个或多个批处理。GO 作为批处理结束语句，如果脚本中无 GO 语句，则作为单个批处理。脚本文件扩展名为.sql。

例 5-80　返回状态，该过程检查在成绩表中是否存在选修了 001 课程的学生。存在则返回 1，不存在返回 2，运行结果如图 5-111 所示。

```
CREATE PROCEDURE checks_kch @param int
AS IF (SELECT COUNT(KCH) FROM  成绩表  WHERE KCH=@param )>0      RETURN 1
   ELSE    RETURN 2

DECLARE @param INT
EXEC @param=check_kch    '001'
PRINT @param
```

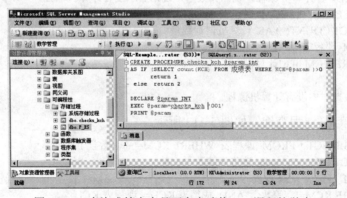
图 5-111　查询成绩表中是否存在选修 001 课程的学生

5.3.4 流程控制语句

1．分支语句

IF…ELSE 分支语句可以根据某一条件执行某一个语句块，其语法如下。

　　IF Boolean_expression　　　　　　　　　　　　　　/* 条件表达式 */

```
            { sql_statement | statement_block }         /* 条件表达式为 TRUE 时执行 */
         [ ELSE { sql_statement | statement_block } ]   /* 条件表达式为 FALSE 时执行 */
```

在实际程序中，IF…ELSE 语句中不止包含一条语句，而是一组 SQL 语句，其语法格式为：

```
         BEGIN   {sql_statement | statement_block}   END /* 语句块 */
```

2．循环语句

WHILE 循环语句可以根据某一条件反复执行某一个语句块，其语法如下。

```
         WHILE  逻辑表达式 Begin    T-SQL 语句组
         [break]/*终止整个语句的执行*/
         [continue]/*结束一次循环体的执行*/
         END
```

3．控制语句

控制语句可以控制代码在语句块中的跳转，控制语句包含 BREAK 语句、CONTINUE 语句、GOTO 语句、WAITFOR 语句等。

BREAK 语句：退出 while 或 if…else 语句中最内层的循环。退出本次循环。

CONTINUE 语句：退出本层循环。

GOTO 语句：GOTO 语句将执行语句无条件跳转到标签处，并从标签位置继续处理。

```
         GOTO label
```

WAITFOR 语句：WAITFOR 语句称为延迟语句。

```
         WAITFOR { DELAY 'time_to_pass'    /* 设定等待时间 */
         | TIME 'time_to_execute}          /* 设定等待到某一时刻 */
```

例 5-81　IF 查询课程中有没有计算机课，如图 5-112 所示。

```
     --如果课程中有计算机课程，统计其数量，否则显示没有计算机课程
     IF exists(SELECT * FROM 课程表  WHERE KCM like '计算机%')
         SELECT COUNT(*) AS 计算机课程数量
         FROM 课程表
         WHERE KCM like '计算机%'
     ELSE
     PRINT '数据库中没有计算机课程'
```

例 5-82　嵌套 IF 课程查询，如图 5-113 所示。

```
     IF exists(SELECT * FROM 课程表  WHERE KCM='高等数学')
         SELECT COUNT(*) AS 选修高等数学人数
         FROM 成绩表，课程表
         WHERE KCM='高等数学' AND 成绩表.KCH= 课程表.KCH
     ELSE
         IF exists(SELECT * FROM 课程表  WHERE KCM ='编译原理')
             SELECT COUNT(*) AS 选修编译原理人数
             FROM   成绩表,课程表
             WHERE KCM='编译原理'
         ELSE
         PRINT '高等数学和编译原理都没开！'
```

第 5 章 SQL Server 图形操作及 SQL 语言

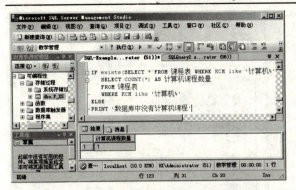

图 5-112　IF 查询课程中有没有计算机课　　　　图 5-113　嵌套 IF 课程查询

例 5-83　BEGING END 课程查询，如图 5-114 所示。

```
IF exists(SELECT * FROM  课程表  WHERE KCM='高等数学')
  begin
  SELECT COUNT(*) AS  高等数学
    FROM  课程表
    WHERE KCM='高等数学'
  end
ELSE
  begin
    IF exists(SELECT * FROM  课程表  WHERE KCM='编译原理')
      SELECT COUNT(*) AS  编译原理
      FROM  课程表
      WHERE KCM='编译原理'
    ELSE
      PRINT '高等数学和编译原理都没开！'
  End
```

例 5-84　一个小循环程序。

```
DECLARE @X int
SET @X=0
WHILE @x<3
  BEGIN
    SET @x=@X+1
    PRINT 'x='+convert (char(1),@x)
    --类型转换函数 convert
END
```

执行结果如图 5-115 所示。

例 5-85　延迟 30 秒执行查询。

```
WAITFOR DELAY '00:00:30'
SELECT * FROM  学生表
```

例 5-86　在时刻 21:20:00 执行查询。

```
WAITFOR TIME '21:20:00'
SELECT * FROM  学生表
```

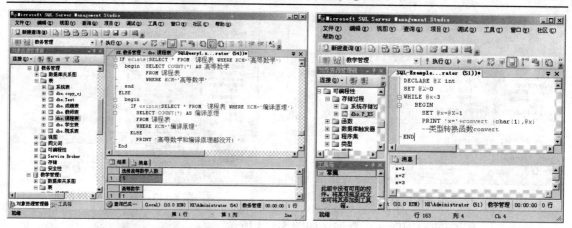

图 5-114 BEGING END 课程查询　　　　　　图 5-115 循环程序

5.3.5 CASE 表达式

CASE 语句用于实现多分支的选择，可以根据某一条件执行某一个分支的语句块，其语法如下。

1. 简单式 CASE 表达式

　　WHEN　表达式的值 1　THEN　返回表达式 1
　　WHEN　表达式的值 2　THEN　返回表达式 2
　　…
　　ELSE　返回表达式 n　　END

2. 搜索式 CASE

　　WHEN　逻辑表达式 1 THEN　返回表达式 1
　　WHEN　逻辑表达式 2 THEN　返回表达式 2
　　…
　　ELSE　返回表达式 n　END

例 5-87　计算式显示学生选课的数量，如图 5-116 所示。

```
SELECT XH,'课程数量'=
CASE COUNT(*)
  WHEN 1 THEN '选修了一门课'
  WHEN 2 THEN '选修了两门课'
  WHEN 3 THEN '选修了三门课'
END
FROM 成绩表
GROUP BY XH
```

例 5-88　统计显示学生选课的数量，如图 5-117 所示。

```
SELECT XH,COUNT(*)AS 数量,课程数量=
CASE
  WHEN COUNT(*)=1 THEN '选修了一门课'
  WHEN COUNT (*)=2 THEN '选修了两门课'
  WHEN COUNT(*)=3 THEN '选修了三门课'
END
FROM 成绩表
GROUP BY XH
```

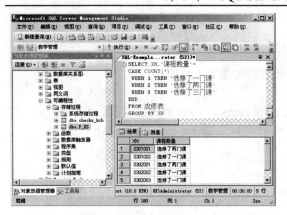 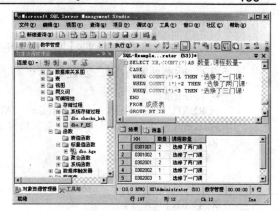

图 5-116　计算式显示学生选课的数量　　　图 5-117　统计显示学生选课的数量

5.3.6　创建用户自定义函数

用户可以自定义函数，并在后续代码中调用自定义的函数。

1．创建用户自定义函数

用户自定义函数分为标量型函数、内嵌表值型、多语句表值型函数三种。其中，标量型函数返回一个标量值，内嵌表值型函数返回一个表，多语句表值型函数返回一个自定义的表。

（1）标量型函数语法

　　create function　[owner_name]　function_name
　　([{@parameter_name [as]　scalar_parameter_data_type [=default] }　[,…n]])
　　returns　scalar_return_data_type [with <function_option> [,…n]][as]
　　begin　function_body　return　[scalar_expression]　end

（2）内嵌表值函数语法

　　create　function　[owner_name]　function_name
　　([{@parameter_name [as]　scalar_parameter_data_type [=default] }　[,…n]])
　　returns　table　[with<function_option> [,…n]][as]return　(select - stmt)

（3）多语句表值型函数语法

　　create　function　[owner_name] function_name
　　([{@parameter_name [as]　scalar_parameter_data_type [=default] } [,…n]])
　　returns　@return_variable　table　　< table_type_definition >
　　[with<function_option> [,…n]][as] begin　function_body　return　end

2．用 SSMS 创建用户自定义函数

打开对象资源管理器→打开数据库→打开可编程性→打开函数→右键单击"表值函数"或"标量值函数"→选择"新建内联表值函数"或"新建标量函数"，如图 5-118 所示。

3．调用自定义函数

调用自定义函数（用户定义的函数）和调用内置函数方式基本相同，当调用标量值函数时，必须加上"所有者"，通常是 dbo。当调用表值函数时，可以只使用函数名称。

4．修改用户自定义函数

alter function：此命令语法与 create function 相同，相当于重建。

5. 删除用户自定义函数

drop function { [owner_name] function_name} [,…n]

例 5-89 标题函数示例。创建计算年龄的函数，如图 5-119 所示。

```
-- 创建函数
CREATE FUNCTION Age( @borntime DATETIME , @today DATETIME )
-- borntime 表示出生日期,today 表示当前日期
RETURNS INT
 AS BEGIN
 DECLARE   @Age INT
 SET   @Age = ( year ( @today ) - year ( @borntime ))
 RETURN ( @Age )
 END-- 结束函数定义
 GO
 -- 调用函数
 SELECT    教学管理.dbo.Age( '1999-7-1 ', getdate ())   AS   someone_Age
```

图 5-118 创建自定义函数

图 5-119 创建计算年龄的函数

例 5-90 内嵌表值型函数示例。创建返回所有选修某门课程的成绩信息函数，如图 5-120 所示。

```
-- 创建函数
CREATE FUNCTION course_grade( @kch VARCHAR( 30 ))
 -- kch 表示课程号
RETURNS TABLE
AS
RETURN ( SELECT * FROM  成绩表  WHERE KCH= @KCH)
GO
-- 调用函数
SELECT * FROM  教学管理.dbo.course_grade('001')
```

注意：因为是表值函数，返回的是一个表，因此调用时，要把该函数作为表来使用。

例 5-91 多语句表值型函数示例。输入一个学生姓名查询选课情况，如图 5-121 所示。

```
-- 创建函数
CREATE FUNCTION choisecourse( @XM VARCHAR( 30 ))
RETURNS @choiseinfo TABLE(学号  CHAR(10),学生姓名  CHAR(20),
         所选课程号  CHAR(10),成绩  NUMERIC(5,1))
AS
```

```
BEGIN
 INSERT @choiseinfo
 SELECT  学生表.XH,XM,KCH,CJ
 FROM  学生表,成绩表
 WHERE  学生表.XH=成绩表.XH and 学生表.XM=@XM
 RETURN
END
GO
-- 调用函数
SELECT * FROM  教学管理.dbo.choisecourse('李永年')
```

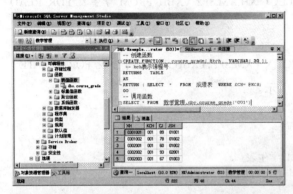

图 5-120 创建返回所有选修某门课程的成绩信息函数

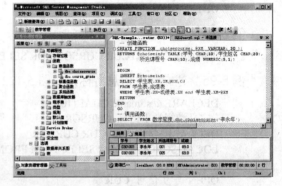

图 5-121 输入一个学生姓名查询选课情况

5.3.7 游标

游标（cursor）是一种数据访问机制，它允许用户单独地访问数据行，而不是对整个行集进行操作。T-SQL 游标类似于 C 语言的指针。

1. 声明游标

```
DECLARE  游标名称  [INSENSITIVE] [ SCROLL ]
CURSOR [ LOCAL|GLOBAL ] [ FORWARD_ONLY|SCROLL ]
FOR SELECT 选择语句[ FOR[READ_ONLY|UPDATE [OF 字段名称 1，字段名称 2，… ]]]
```

2. 打开游标

```
OPEN 游标名称
```

3. 读取游标中的数据 FETCH

```
FETCH [ [NEXT|PRIOR|FIRST|LAST|ABSOLUTE{N|@NVAR}|RELATIVE{N|@NVAR} ] FROM ]
CURSOR_NAME[ INTO @VARIABLE_NAME1,@VARIABLE_NAME2… ]
```

4. 更新游标数据

```
UPDATE   TABLE_NAME
SET COLUMN_NAME1 = {EXPRESSION1 | NULL (SELECT_STATEMENT)}
    [,COLUMN_NAME2={EXPRESSION2|NULL(SELECT_STATEMENT)}]WHERE CUR RENT
               OF CURSOR_NAME
```

5. 删除游标数据

```
DELETE FROM TABLE_NAME WHERE CURRENT OF CURSOR_NAME
```

6. 关闭游标

CLOSE 游标名称;

7. 释放游标

DEALLOCATE 游标名称

例 5-92 标准游标

DECLARE FIRSTCUR CURSOR FOR SELECT XH,XM,SFZ,YXBH FROM 学生表

例 5-93 只读游标

DECLARE FIRSTCUR CURSOR FOR SELECT XH,XM,SFZ,YXBH FROM 学生表 FOR READ ONLY

例 5-94 更新游标

DECLARE FIRSTCUR CURSOR FOR SELECT XH,XM,SFZ,YXBH FROM 学生表 FOR UPDATE

例 5-95 建立学生信息游标，如图 5-122 所示。

```
DECLARE @stuname CHAR(10)
--定义游标学生信息_CURSOR
DECLARE 学生信息_CUR CURSOR
LOCAL SCROLL FOR   SELECT XM FROM 学生表
--打开游标
OPEN 学生信息_CUR
FETCH NEXT FROM 学生信息_CUR INTO @stuname
--取游标中的数据
WHILE  @@fetch_status=0   /* 循环开始，系统默认@@fetch_status 的初始值是*/
BEGIN
   PRINT @stuname
   FETCH NEXT FROM 学生信息_CUR INTO @stuname
END
CLOSE 学生信息_CUR
DEALLOCATE 学生信息_CUR
```

图 5-122 学生信息游标

5.3.8 事务

事务是指一个不可分割的单元的工作，要么全做，要么全不做。一个事务由一个或多个完成一组相关行为的 SQL 语句组成，每个 SLQ 语句都用来完成特定的任务。

1. 使用 T-SQL 语句来管理事务

事务控制语句如下：
（1）BEGIN TRANSACTION [事务名]：开始一个事务。
（2）COMMIT TRANSACTION 提交：完成一个事务单元。
（3）ROLLBACK [TRAN|TRANSACTION] [事务名｜保存点名] 回滚：回滚一个事务单元，即抛弃自最近一条 begin transaction 语句之后的所有修改。
（4）SAVE ［TRANSACTION］ <savepointname> 保存位置：设置保存点，允许部分提交一个事务，同时仍能退回这个事务的其余部分。

2. 判断某条语句执行是否出错

使用全局变量@@ERROR 只能判断当前一条 T-SQL 语句执行是否有错，为了判断事务中所有 T-SQL 语句是否有错，需要对错误进行累计，例如：
　　SET @errorSum=@crrorSum+@@error
事务必须具备 ACID 4 个属性。
① 原子性（Atomicity）：事务是一个完整的操作，事务的各步操作是不可分的（原子的），要么都执行，要么都不执行。
② 一致性（Consistency）：当事务完成时，数据必须处于一致状态。
③ 隔离性（Isolation）：对数据进行修改的所有并发事务是彼此隔离的，这就表明事务必须是独立的，它不应以任何方式依赖于或影响其他事务。
④ 永久性（Durability）：事务完成后，它对数据库的修改被永久保持，事务日志能够保持事务的永久性。

3. 事务的分类

显示事务：用 BEGIN TRANSACTION 明确指定事务的开始，这是最常用的事务类型。
隐性事务：通过设置 SET IMPLICIT_TRANSACTIONS ON 语句，将隐性事务模式设置为打开，下一个语句自动启动一个新事务。当该事务完成时，再下一个 T-SQL 语句又将启动一个新事务。
自动提交事务：这是 SQL Server 的默认模式，它将每条单独的 T-SQL 语句视为一个事务，如果成功执行，则自动提交；如果错误，则自动回滚。

例 5-96 定义一个简单的事务并设置保存点。

```
SELECT * FROM 学生表  WHERE XH='0302001'
BEGIN TRANSACTION EXAMPLETRANS       --开始一个事务
UPDATE 学生表                        --第 1 次更新
SET YXBH='001'
WHERE XH='0302001'
GO
SAVE TRANSACTION CHANGE              --设置保存点
UPDATE 学生表                        --第 2 次更新
SET XM='李小丽'
WHERE XH='0302001'
GO
```

SELECT * FROM 学生表 WHERE XH='0302001'
ROLLBACK TRANSACTION CHANGE   --回滚到保存点
PRINT 'program go on!'
COMMIT TRANSACTION
SELECT * FROM 学生表 WHERE XH='0302001'

该例有两个更新操作：第 1 次更新完成后设置 1 个保存点；第 2 次更新完成后，程序执行回滚到保存点，使得第 2 次更新取消。但第 1 次更新有效，程序继续从回滚处执行，打印一行字。原来 0302001 的专业是"002"，现在被改为"001"，第 2 条更新被回滚了，如图 5-123 所示。

图 5-123　简单的事务并设置保存点

5.3.9　创建存储过程

创建存储过程，存储过程是保存起来的可以接收和返回用户提供的参数的 Transact-SQL 语句的集合。可以创建一个过程供永久使用，或在一个会话中临时使用（局部临时过程），或在所有会话中临时使用（全局临时过程），也可以创建在 Microsoft® SQL Server™ 启动时自动运行的存储过程。

```
CREATE PROC [ EDURE ] procedure_name
[ ; number ][ { @parameter data_type } [ VARYING ] [ = default ] [ OUTPUT ]
] [ ,…n ]
[ WITH{ RECOMPILE | ENCRYPTION | RECOMPILE , ENCRYPTION } ]
[ FOR REPLICATION ]
AS sql_statement [ …n ]
```

1．使用带有复杂 SELECT 语句的存储过程

例 5-97　下面的存储过程从 4 个表的连接中返回所有学生的姓名、课程名，教师姓名及课程的成绩。该存储过程不使用任何参数，运行结果如图 5-124 所示。

```
IF EXISTS (SELECT name FROM sysobjects
        WHERE name = 'cj_info_all' AND type = 'P')
    DROP PROCEDURE cj_info_all
GO
CREATE PROCEDURE cj_info_all
```

第 5 章 SQL Server 图形操作及 SQL 语言

```
        AS
        SELECT XM AS 学生姓名,KCM AS 课程名,JSM AS 教师姓名,CJ AS 成绩
            FROM 成绩表 INNER JOIN 学生表  ON 学生表.XH = 成绩表.XH
        INNER JOIN 课程表 ON  课程表.KCH =成绩表.KCH
        INNER JOIN 教师表 ON 教师表.JSH =成绩表.JSH
        GO
```

cj_info_all 存储过程可以通过以下方法执行：

```
        EXECUTE cj_info_all
        -- Or
        EXEC cj_info_all
```

如果该过程是批处理中的第一条语句，则可以使用 cj_info_all。

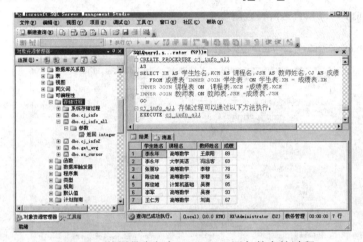

图 5-124 使用带有复杂 SELECT 语句的存储过程

2．使用带有参数的存储过程

例 5-98 下面的存储过程从 4 个表的连接中只返回指定的学生、课程名、教师名。该存储过程接收与传递参数精确匹配的值。

```
        IF EXISTS (SELECT name FROM sysobjects
                WHERE name = 'cj_info' AND type = 'P')
            DROP PROCEDURE cj_info
        GO
        CREATE PROCEDURE cj_info
            @xm varchar(20),
            @jsm varchar(20)
        AS SELECT XM AS 学生姓名,KCM AS 课程名,JSM AS 教师姓名,CJ AS 成绩
            FROM 成绩表 INNER JOIN 学生表  ON 学生表.XH = 成绩表.XH
                    INNER JOIN 课程表  ON 课程表.KCH =成绩表.KCH
                    INNER JOIN 教师表  ON 教师表.JSH =成绩表.JSH
            WHERE XM = @xm AND JSM=@jsm
        GO
```

cj_info 存储过程可以通过以下方法执行，第一条命令的运行结果如图 5-125 所示。

```
        EXECUTE cj_info '张丽珍', '李穆'
        -- Or
```

EXECUTE cj_info @jsm = '李穆', @xm = '张丽珍'
-- Or
EXECUTE cj_info @xm = '张丽珍', @jsm= '李穆'
-- Or
EXEC cj_info '张丽珍', '李穆'
-- Or
EXEC cj_info @jsm = '李穆', @xm = '张丽珍'
-- Or
EXEC cj_info @xm = '张丽珍', @jsm = '李穆'

如果该过程是批处理中的第 1 条语句，则可以使用：

cj_info '张丽珍', '李穆'
-- Or
cj_info @jsm = '李穆', @xm = '张丽珍'
-- Or
cj_info @xm = '张丽珍', @jsm = '李穆'

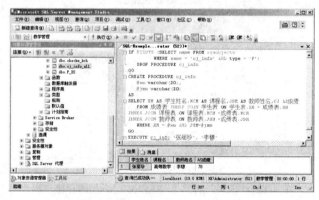

图 5-125 带有参数的存储过程

3．使用带有通配符参数的存储过程

例 5-99 下面的存储过程从 4 个表的连接中只返回指定的学生姓名、作者、出版的书籍及出版社。该存储过程对传递的参数进行模式匹配，如果没有提供参数，则使用预设的默认值。

```
IF EXISTS (SELECT name FROM sysobjects
       WHERE name = 'cj_info2' AND type = 'P')
DROP PROCEDURE cj_info2
CREATE PROCEDURE cj_info2
    @xm varchar(30) = '李%',
    @jsm varchar(18) = '%'
AS
SELECT XM AS 学生姓名,KCM AS 课程名,JSM AS 教师姓名,CJ AS 成绩
    FROM 成绩表 INNER JOIN 学生表 ON 学生表.XH = 成绩表.XH
INNER JOIN 课程表 ON 课程表.KCH =成绩表.KCH
INNER JOIN 教师表 ON 教师表.JSH =成绩表.JSH
WHERE XM LIKE @xm AND JSM LIKE @jsm
GO
EXECUTE cj_info2
```

EXECUTE cj_info2 的执行结果如图 5-126 所示。

第 5 章 SQL Server 图形操作及 SQL 语言   143

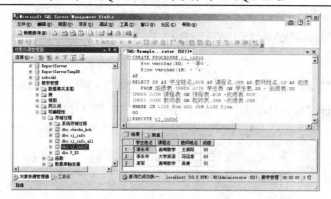

图 5-126　带有通配符参数的存储过程

cj_info2 存储过程可以用多种组合执行。下面只列出了部分组合：

　　-查找张姓同学的成绩单
　　EXECUTE cj_info2 '张%'
　　--查找陈姓同学的成绩单
　　EXECUTE cj_info2 @xm = '陈%'
　　--查找陈姓同学的成绩单
　　EXECUTE cj_info2 '[陈张]%'
　　-- 查找张姓同学，选修李姓教师的成绩单
　　EXECUTE cj_info2 '张%', '李%'

4．使用 OUTPUT 参数

例 5-100　OUTPUT 参数允许外部过程、批处理或多条 Transact-SQL 语句访问在过程执行期间设置的某个值。

说明：OUTPUT 变量必须在创建表和使用该变量时都进行定义。参数名和变量名不一定要匹配，不过数据类型和参数位置必须匹配（除非使用@@SUM = variable 形式）。下面的示例创建一个存储过程（titles_sum），并使用一个可选的输入参数和一个输出参数。首先，创建过程：

```
IF EXISTS (SELECT name FROM sysobjects WHERE name = ' get_avg ' AND type = 'P')
DROP PROCEDURE    get_avg
GO
CREATE PROCEDURE get_avg
    @XM varchar(20)='张%',@AVG int OUTPUT
AS
BEGIN
    DECLARE @XH varchar(7)
    SELECT @XH=学生表.XH FROM 成绩表,学生表
    WHERE 成绩表.XH=学生表.XH AND XM LIKE @XM
    SELECT @AVG = AVG(CJ) FROM 成绩表
    WHERE 成绩表.XH=@XH GROUP BY 成绩表.XH
END
```

接下来，将该 OUTPUT 参数用于控制流语言：

```
DECLARE @GETAVG int
EXECUTE get_avg   '张%', @GETAVG OUTPUT
IF @GETAVG < 60
  BEGIN
```

```
        PRINT ' '
        PRINT '张姓同学的成绩平均值不及格.'
    END
ELSE
    SELECT '张姓同学的平均成绩是:' + RTRIM(CAST(@GETAVG AS varchar(20)))
```
调用存储过程查询张姓同学的平均成绩的运行结果如图 5-127 所示。

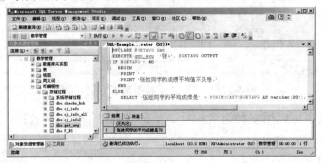

图 5-127 张姓同学的平均成绩

5．使用 OUTPUT 游标参数

例 5-101 OUTPUT 游标参数用来将存储过程的局部游标传递回调用批处理、存储过程或触发器。首先，创建以下过程，在学生表上声明并打开一个游标：

```
IF EXISTS (SELECT name FROM sysobjects WHERE name = 'xs_cursor ' and type = 'P')
    DROP PROCEDURE xs_cursor
GO

CREATE PROCEDURE xs_cursor
 @xs_cursor CURSOR VARYING OUTPUT
AS
SET @xs_cursor = CURSOR FORWARD_ONLY STATIC FOR
SELECT * FROM  学生表

OPEN @xs_cursor
GO
```

接下来，执行一个批处理，声明一个局部游标变量，执行上述过程将游标赋值给局部变量，然后从该游标提取行，运行结果如图 5-128 所示。

```
DECLARE @MyCursor CURSOR
EXEC xs_cursor @xs_cursor = @MyCursor OUTPUT
WHILE (@@FETCH_STATUS = 0)
BEGIN
    FETCH NEXT FROM @MyCursor
END
CLOSE @MyCursor
DEALLOCATE @MyCursor
GO
```

6．使用 WITH RECOMPILE 选项

如果为过程提供的参数不是典型的参数，且新的执行计划不应高速缓存或存储在内存中，WITH RECOMPILE 子句会很有帮助。

图 5-128　使用 OUTPUT 游标参数

例 5-102　使用 WITH RECOMPILE 建立存储过程，运行结果如图 5-129 所示。

IF EXISTS (SELECT name FROM sysobjects
　　　WHERE name = '学生选课单' AND type = 'P')
　　DROP PROCEDURE　学生选课单
GO
CREATE PROCEDURE　学生选课单　　@@LNAME_PATTERN varchar(30)
WITH RECOMPILE
AS SELECT (RTRIM(YXBH) + ' ' + RTRIM(XM)) AS '专业及姓名',
　　　　KCM AS　课程名,JSM AS　教师名
FROM　学生表　S
　　INNER JOIN　成绩表　G ON S.XH=G.XH
　　INNER JOIN　课程表　C ON G.KCH = C.KCH
INNER JOIN　教师表　T ON G.JSH=T.JSH
WHERE XM LIKE @@LNAME_PATTERN
EXEC　学生选课单　'李%'

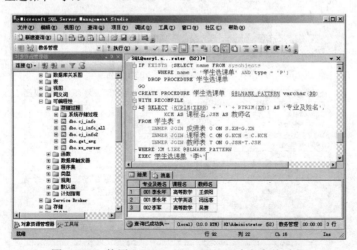

图 5-129　使用 WITH RECOMPILE 建立存储过程

7. 使用 WITH ENCRYPTION 选项

WITH ENCRYPTION 子句对用户隐藏存储过程的文本。例 5-104 创建加密过程，使用 sp_helptext 系统存储过程获取关于加密过程的信息，然后尝试直接从 syscomments 表中获取关于该过程的信息。

例 5-103 创建加密存储过程。

```
IF EXISTS (SELECT name FROM sysobjects
      WHERE name = 'encrypt_xs' AND type = 'P')
   DROP PROCEDURE encrypt_xs
GO
CREATE PROCEDURE encrypt_xs WITH ENCRYPTION
AS
SELECT * FROM 学生表
GO
EXEC sp_helptext encrypt_xs
```

结果集如图 5-130 所示。接下来，选择加密存储过程内容的标识号和文本，运行结果如图 5-131 所示。其中，text 列的输出显示在单独一行中。执行时，该信息将与 id 列信息出现在同一行中。

```
SELECT c.id, c.text
FROM syscomments c INNER JOIN sysobjects o
   ON c.id = o.id
WHERE o.name = 'encrypt_xs'
```

图 5-130　创建加密存储过程

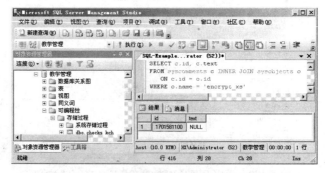

图 5-131　加密存储过程内容的标识号和文本

8. 创建用户定义的系统存储过程

例 5-104 下面的示例创建一个过程，显示表名以"教"开头的所有表及其对应的索引。如果没有指定参数，该过程将返回表名以 sys 开头的所有表（及索引）。

```
IF EXISTS (SELECT name FROM sysobjects
        WHERE name = 'sp_showindexes' AND type = 'P')
    DROP PROCEDURE sp_showindexes
CREATE PROCEDURE sp_showindexes
    @@TABLE varchar(30) = 'sys%'
AS
SELECT o.name AS TABLE_NAME,
    i.name AS INDEX_NAME,
    indid AS INDEX_ID
FROM sysindexes i INNER JOIN sysobjects o
    ON o.id = i.id
WHERE o.name LIKE @@TABLE
GO
EXEC sp_showindexes '教%'
```

结果集如图 5-132 所示。

9. 使用延迟名称解析

下面的示例显示 4 个过程及延迟名称解析的各种可能使用方式。尽管引用的表或列在编译时不存在，但每个存储过程都可创建。

例 5-105 创建一个查询并不存在的表格的存储过程，运行结果如图 5-133 所示。

```
IF EXISTS (SELECT name FROM sysobjects   WHERE name = 'proc1' AND type = 'P')
DROP PROCEDURE proc1
GO
--创建一个查询并不存在的表格的存储过程
CREATE PROCEDURE proc1
AS   SELECT * FROM does_not_exist
EXEC proc1
```

图 5-132 显示"教"开头的所有表及其对应的索引　　图 5-133 创建查询并不存在的表格的存储过程

例 5-106 查询并不存在的存储过程，运行结果如图 5-134 所示。

```
SELECT o.id, c.text
FROM sysobjects o INNER JOIN syscomments c
```

ON o.id = c.id
WHERE o.type = 'P' AND o.name = 'proc2'

例 5-107　删除并不存在的存储过程，如图 5-135 所示。

```
IF EXISTS (SELECT name FROM sysobjects
    WHERE name = 'proc2' AND type = 'P')
    DROP PROCEDURE proc2
GO
```

例 5-108　创建一个尝试从真实存在的表格中，取其并不存在的列值的存储过程，结果如图 5-136 所示。

```
CREATE PROCEDURE proc2
AS
    DECLARE @middle_init char(1)
    SET @middle_init = NULL
    SELECT XH, middle_initial = @middle_init
    FROM 学生表
EXEC proc2
```

图 5-134　查询并不存在的存储过程　　　　　图 5-135　删除并不存在的存储过程

例 5-109　这是一个可以看到文本的存储过程，以下存储过程可以查询存储过程的内容。结果如图 5-137 所示。

```
SELECT o.id, c.text
FROM sysobjects o INNER JOIN syscomments c
    ON o.id = c.id
WHERE o.type = 'P' and o.name = 'proc2'
```

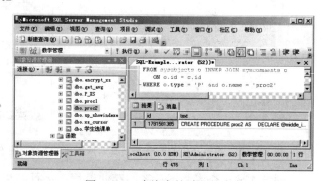

图 5-136　查询表格并不存在
　　　　　的列值的存储过程

图 5-137　查询存储过程的内容

5.3.10 创建视图

视图创建一个虚拟表，该表以另一种方式表示一个或多个表中的数据，且具有与表一样的功能，可以对数据进行增删改，或者设置访问权限，而此前的 SQL 语句不具备这个功能，它只能进行数据的查询。CREATE VIEW 必须是查询批处理中的第一条语句。

```
CREATE VIEW [ < database_name > .] [ < owner > .] view_name [ ( column [ ,...n ] ) ]
    [ WITH < view_attribute > [ ,...n ] ]
    AS select_statement [ WITH CHECK OPTION ]
    < view_attribute > ::={ ENCRYPTION | SCHEMABINDING | VIEW_METADATA}
```

使用简单的 CREATE VIEW。下例创建具有简单 SELECT 语句的视图。当需要频繁地查询列的某种组合时，简单视图非常有用。

例 5-110　创建简单的"学生"视图，结果如图 5-138 所示。

```
IF EXISTS (SELECT TABLE_NAME FROM INFORMATION_SCHEMA.VIEWS
    WHERE TABLE_NAME = '学生')
    DROP VIEW 学生
GO
CREATE VIEW 学生
AS
SELECT XH,XM, SFZ FROM  学生表
GO
SELECT * FROM  学生
```

例 5-111　使用 WITH ENCRYPTION。下例使用 WITH ENCRYPTION 选项并显示计算列、重命名列以及多列，创建加密的"成绩单"视图，运行结果如图 5-139 所示。

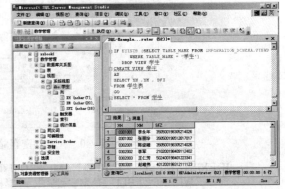

图 5-138　创建简单的"学生"视图

```
IF EXISTS (SELECT TABLE_NAME
FROM INFORMATION_SCHEMA.VIEWS
    WHERE TABLE_NAME = '成绩单')
    DROP VIEW 成绩单
GO
CREATE VIEW 成绩单 (学号,姓名, 平均成绩)
WITH ENCRYPTION
AS
SELECT 成绩表.XH ,XM,AVG (CJ) FROM  学生表, 成绩表
WHERE XM LIKE '张%' AND 学生表.XH=成绩表.XH
GROUP BY 成绩表.XH,XM
GO
SELECT * FROM 成绩单
```

下面是用来检索加密存储过程的标识号和文本的查询，运行结果如图 5-140 所示。执行该存储过程时，下列信息将与 id 列信息出现在同一行中。

```
SELECT c.id, c.text
FROM syscomments c, sysobjects o
WHERE c.id = o.id and o.name = '成绩单'
GO
```

例 5-112　使用 WITH CHECK OPTION。下例显示名为"学生_计算机"的视图，该视图使得只对计算机专业的学生数据修改，运行结果如图 5-141 所示。

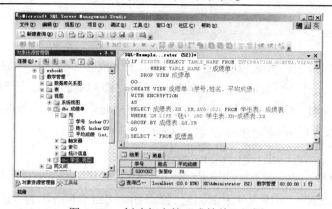

图 5-139　创建加密的"成绩单"视图

图 5-140　检索加密存储过程的标识号和文本

```
IF EXISTS (SELECT TABLE_NAME FROM INFORMATION_SCHEMA.VIEWS
       WHERE TABLE_NAME = '学生_计算机')
DROP VIEW 学生_计算机
GO
CREATE VIEW 学生_计算机(学号,姓名,身份证)
AS
SELECT XH, XM, SFZ
FROM 学生表
WHERE YXBH = '001'
WITH CHECK OPTION
GO
  SELECT * FROM 学生_计算机
```

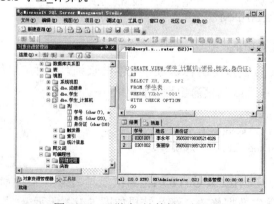

图 5-141　"学生_计算机"的视图

第 5 章 SQL Server 图形操作及 SQL 语言

例 5-113 在视图中使用内置函数。下例显示包含内置函数的视图定义。使用函数时，必须在 CREATE VIEW 语句中为派生列指定列名，运行结果如图 5-142 所示。

```
IF EXISTS (SELECT TABLE_NAME FROM INFORMATION_SCHEMA.VIEWS
        WHERE TABLE_NAME = '专业平均成绩统计')
DROP VIEW 专业平均成绩统计
GO
CREATE VIEW 专业平均成绩统计(院系,平均成绩)
AS
SELECT YXBH, AVG (CJ)
FROM 成绩表,学生表
WHERE 成绩表.XH=学生表.XH
GROUP BY YXBH
SELECT * FROM 专业平均成绩统计
```

例 5-114 在视图中使用 @@ROWCOUNT 函数。下例使用 @@ROWCOUNT 函数作为视图定义的一部分，运行结果如图 5-143 所示。

```
IF EXISTS (SELECT TABLE_NAME FROM INFORMATION_SCHEMA.VIEWS
        WHERE TABLE_NAME = '行数统计')
    DROP VIEW 行数统计
GO
CREATE VIEW 行数统计
AS SELECT   @@ROWCOUNT 查询返回的行数
SELECT * FROM 学生表
SELECT * FROM 行数统计
```

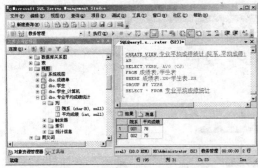

图 5-142 使用系统内置函数创建视图

图 5-143 视图中使用 @@ROWCOUNT 函数

例 5-115 使用分区数据。下例使用名为供应商 1、供应商 2、供应商 3 和供应商 4 的表，这些表对应于位于不同国家的 4 个办事处的供应商表。

```
--创建表格并插入记录
CREATE TABLE 供应商 1 (
    supplyID INT PRIMARY KEY CHECK (supplyID BETWEEN 1 and 150),
    supplier CHAR(50)
)
CREATE TABLE 供应商 2 (
    supplyID INT PRIMARY KEY CHECK (supplyID BETWEEN 151 and 300),
    supplier CHAR(50)
)
```

```
CREATE TABLE  供应商 3 (
    supplyID INT PRIMARY KEY CHECK (supplyID BETWEEN 301 and 450),
    supplier CHAR(50)
    )
CREATE TABLE  供应商 4 (
    supplyID INT PRIMARY KEY CHECK (supplyID BETWEEN 451 and 600),
    supplier CHAR(50)
    )
INSERT  供应商 1 VALUES ('1', 'CaliforniaCorp')
INSERT  供应商 1 VALUES ('5', 'BraziliaLtd')
INSERT  供应商 2 VALUES ('231', 'FarEast')
INSERT  供应商 2 VALUES ('280', 'NZ')
INSERT  供应商 3 VALUES ('321', 'EuroGroup')
INSERT  供应商 3 VALUES ('442', 'UKArchip')
INSERT  供应商 4 VALUES ('475', 'India')
INSERT  供应商 4 VALUES ('521', 'Afrique')

--创建一个包含所有 4 个表格的视图
CREATE VIEW  所有供应商视图(供应商编号,供应商地址)
AS    SELECT * FROM  供应商 1
UNION ALL
SELECT * FROM  供应商 2
        UNION ALL
SELECT * FROM  供应商 3
        UNION ALL
SELECT * FROM  供应商 4
--查询所有供应商的视图，命令如下，运行结果如图 5-144 所示。
SELECT * FROM  所有供应商视图
```

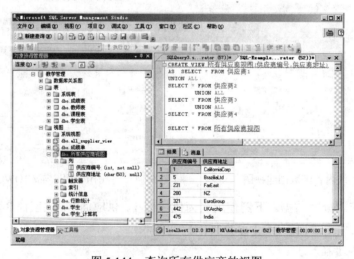

图 5-144 查询所有供应商的视图

习题

1. 建立教务管理系统的数据库，建立学生表、教师表、课程表及成绩表。完成 T-SQL 的函数和存储过程的编写。

2. 建立校运会管理系统的数据库，完成 T-SQL 的函数和存储过程的编写。

.3. 建立超市管理系统的数据库，完成 T-SQL 的函数和存储过程的编写。

4. SQL 语言中的视图（View）是数据库体系结构中的什么模式？

5. 设有关系：学生（学号，姓名，性别，出生年月，个人简历），现查询所有姓陈学生的姓名及出生年月，应使用什么 SQL 语句？

6. 设有关系：学生（学号，姓名，数学，英语），把所有数学成绩都加 10 分的 SQL 语句是什么？

7. 若用下列 SQL 语句创建一个表：Create Table Student(Code Char(6) Primary Key Not Null, Name Char(10) Not Null, Sex Char(2), Age Integer Check 16<Age And Age<30)；要将下列记录插入表 Student 中，（　　）可以被插入。

  A．('T03011', '李兰', '男', '19')　　　　B．('T08002', NULL, '女', 20)
  C．('T05007', '曾泉', NULL, 21)　　　D．('T03009', '高虹', '女', 31)

8. 不能激活触发器执行的操作是（　　）。
A．Delete　　　　B．Update　　　　C．Insert　　　　D．Select

9. 允许取空值但不允许出现重复值的约束是什么？

10. 在 SQL 查询语句中，允许出现聚集函数的是（　　）。
  A．Select 子句　　B．Where 子句　　C．Having 子句　　D．Select 子句和 Having 短语

11. 授予学生 STUDENT 对教学管理数据库中的学生表进行 INSERT、UPDATE 和 DELETE 的权限。

12. 废除 Student 在学生表的 INSERT 权限。

13. 废除所有用户对学生表的操作。

14. 对用户拒绝多个语句权限。用户不能使用 CREATE DATABASE 和 CREATE TABLE 语句，除非给他们显式授予权限。

第 6 章

Visual Basic 数据库编程

1991 年，微软公司推出了 Visual Basic 1.0 版（VB1.0 版）。这个连接编程语言和用户界面的进步被称为 Tripod（有些时候叫做 Ruby），最初的设计是由阿兰·库珀（Alan Cooper）完成的。许多专家把 Visual Basic 的出现当做软件开发史上一个具有划时代意义的事件。Visual Basic 1.0 是第一个"可视"的编程软件，当年许多程序员都尝试在 VB 的平台上进行软件开发。微软也不失时机地在 4 年内接连推出 Visual Basic 2.0，3.0，4.0 三个版本。并且从 Visual Basic 3.0 开始，微软将 Access 的数据库驱动集成到了 Visual Basic 中，这使得 Visual Basic 的数据库编程能力大大提高。从 Visual Basic 4.0 开始，Visual Basic 引入了面向对象的程序设计思想。Visual Basic 功能强大，学习简单，还引入了"控件"的概念，使得大量已经编好的 Visual Basic 程序可以直接拿来使用。Visual Basic 的中心思想就是要便于程序员使用。VB 使用了可以简单建立应用程序的 GUI 系统，但是又可以开发相当复杂的程序。Visual Basic 的程序是一种基于窗体的可视化组件安排的联合，并且通过增加代码来指定组件的属性和方法。因为默认的属性和方法已经有一部分定义在组件内，所以程序员不用写多少代码就可以完成一个简单的程序。过去的版本中，Visual Basic 程序的性能问题一直被放在桌面上，但是随着计算机速度的飞速提升，关于性能的争论已经越来越少。本书介绍 Visual Basic 6.0，如图 6-1 所示。

图 6-1　Visual Basic 6.0

6.1　Visual Basic 编程基础

在 Visual Basic 中采用面向对象的编程思想，其基于控件的编程是核心过程。窗体控件的增加和改变可以通过拖放实现。一个排满控件的工具箱用来显示可用控件（如文本框或者按钮）。每个控件都有自己的属性和事件。默认的属性值会在控件创建的时候提供，但是程序员也可以进行修改。很多的属性值可以在运行时随着用户的动作和修改进行改动，这样就形成了一个动态的程序。举个例子来说：窗体的大小改变事件中加入了可以改变控件位置的代码，在运行时，每当用户更改窗口大小时，控件也会随之改变位置。在文本框中的文字改变事件中加入相应的代码，程序就能够在文字输入的时候自动翻译或者阻止某些字符的输入。Visual Basic 的程序可以包含一个或多个窗体，或者一个主窗体和多个子窗体，类似于操作系统。有很少功能的对话框（没有"最大化"和"最小化"按钮的窗体）可以用来提供弹出功能。Visual Basic 的组件既可以拥有用户界面，也可以没有。这样一来服务器端程序就可以处理增加的模块。

6.1.1 集成开发环境

启动 Visual Basic 后，将显示"新建工程"对话框，该对话框有"新建"、"现存"和"最新"三个选项卡，如图 6-2 所示，可分别用来建立新工程、显示现有的或最新的 Visual Basic 应用程序文件名列表。

图 6-2 "新建工程"对话框

"新建"选项卡显示了可以在 VB 中使用的工程类型，也就是可以建立的应用程序类型，其中，"标准 EXE"用来建立一个标准的 EXE 工程。在对话框中选择要建立的工程类型（如"标准 EXE"），单击"打开"按钮，进入 Visual Basic 6.0 集成开发环境，如图 6-3 所示。

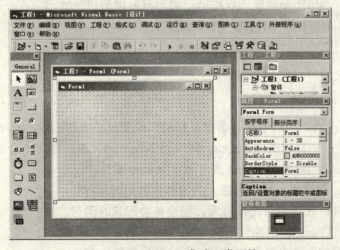

图 6-3 Visual Basic 集成开发环境

6.1.2 面向对象编程思想

在 Visual Basic 中，所有窗体和控件都是对象。程序设计中使用的这些对象包括描述其特征的属性、反映其动作的行为（称为方法），以及在一定条件下发生的事件，即属性、方法和事件构成一个对象的三要素。

1. 对象的属性

属性（Property）是反映对象特征的数据。每种对象所具有的属性是不同的，对属性值的设置有以下两种方法：

（1）利用属性窗口对选定的对象进行属性设置。如果属性窗口尚未打开，可以使用菜单命令"视图"→"属性窗口"将其打开。

（2）在程序代码中改变属性的值。其格式为：

    <对象名>.属性名=<属性值>

如果需要设置同一个对象的多种属性，还可以使用 With 语句，其格式如下：

    With <对象名>
        <属性值表>
    End With

2. 对象的方法

方法（Method）是用来完成一定操作的一段程序。对象方法的调用格式为：

    [<对象名>].方法 [参数表]

注意：属性和方法的用法在形式上有些类似，但"对象名.方法名"是过程调用，可以单独作为一个语句；而"对象名.属性名"只是引用了一个对象的属性，它不是一个完整的语句，只是语句的一个组成部分。

3. 对象的事件

事件（Event）是指由系统事先设定的、能为对象识别和响应的动作。事件的格式如下：

    Private Sub 对象名称_事件名称（[参数表]）
        <程序代码>
    End Sub

常见的事件如下。

（1）窗体和图像框类事件

- Paint 事件：当某一对象在屏幕中被移动、改变尺寸或清除后，程序会自动调用 Paint 事件。注意：当对象的 AutoDraw 属性为 True（−1）时，程序不会调用 Paint 事件。
- Resize 事件：当对象的大小改变时触发 Resize 事件。
- Load 事件：仅适用于窗体对象，当窗体被装载时运行。
- Unload 事件：仅适用于窗体对象，当窗体被卸载时运行。

（2）当前光标（Focus）事件

- GotFocus 事件：当光标聚焦于该对象时发生事件。
- LostFocus 事件：当光标离开该对象时发生事件。

注意：Focus 英文为"焦点"、"聚焦"之意，最直观的例子是，有两个窗体部分重叠，当单击下面的窗体时，它就会全部显示出来，这时它处在被激活的状态，并且标题条变成蓝色，这就是 GotFocus 事件。而相反，另外一个窗体被遮盖，并且标题条变灰，称为 LostFocus 事件。另外，这里所说的"光标"并非指鼠标指针。

（3）鼠标（Mouse）操作事件

Click 事件：鼠标单击对象。
- DbClick 事件：鼠标双击事件。
- MouseDown、MouseUp 属性：按下/放开鼠标键事件。
- MouseMove 事件：鼠标移动事件。
- DragDrop 事件：拖放事件，相当于 MouseDown、MouseMove 和 MouseUp 的组合。
- DragOver 事件：鼠标在拖放过程中会产生 DragOver 事件。

（4）键盘（Key）操作属性
- KeyDown、KeyUp 事件：按键的按下/放开事件。
- KeyPress 事件：按键事件。

（5）改变控制项事件
- Change 事件：当对象的内容发生改变时，触发 Change 事件。最典型的例子是文本框（TextBox）。
- DropDown 事件：下弹事件，仅用于组合框（ComboBox）对象。
- PathChange 事件：路径改变事件，仅用于文件列表框（FileBox）对象。

（6）其他事件
- Timer 事件：仅用于计时器，每隔一段时间被触发一次。

6.1.3 窗体对象

窗体就是平时所说的窗口，它是其他控件的容器。各种控件对象必须建立在窗体上。

1．窗体的常用属性

窗体的属性决定了窗体的外观和状态。对于窗体的大部分属性，既可以在属性窗口中设置，也可以在程序代码中设置，有少数属性只能在设计状态或运行状态下设置。

（1）Name 属性

决定窗体的名称，默认名称是 Form1。窗体命名规则与标识符命名规则相同，最好给出描述性较高的名称，便于阅读和引用。该属性是只读属性（只能在设计状态下通过属性窗口设置）。

（2）Top、Left、Width 和 Height 属性

Top 和 Left 分别表示该窗体在父窗体或屏幕上的位置坐标。Width 和 Height 分别表示该窗体的宽度和高度。

（3）窗体标题栏属性
- Caption 属性：该属性的值为字符类型，决定窗体的标题栏内容。
- Icon 属性：用来设置窗体左上角或窗体最小化时的图标，图标文件是.ico 格式的文件。此属性必须在 ControlBox 属性值为 True 时才有效。

- ControlBox 属性：设置标题栏上是否有控制菜单（值为 True 表示有，False 表示无）。
- MaxButton 属性：设置窗体是否有最大化按钮（值为 True 表示有，False 表示无）。
- MinButton 属性：设置窗体是否有最小化按钮（值为 True 表示有，False 表示无）。

2．窗体的常用方法

（1）Print 方法

格式：[<对象名>.] Print［Spc(n)｜Tab(n)］[<表达式表>] [,｜;]

功能：在指定对象上输出<表达式表>中各元素的值。

（2）Cls 方法

格式：[<对象名>.] Cls

功能：用于清除窗体、图片框上用 Print 方法及绘图方法所显示的文本信息和图形。省略<对象名>时默认为当前窗体。

（3）Move 方法

格式：[<对象名>].Move <左边距离> [,<上边距离>[,<宽度>[,<高度>]]]

功能：移动窗体或控件的位置，并可改变其大小。

（4）Show 方法

格式：[<窗体名>].Show

功能：在屏幕上显示一个窗体。

（5）Hide 方法

格式：[<窗体名>].Hide

功能：使指定的窗体隐藏起来，但不从内存中删除窗体。

3．窗体的常用事件

窗体可接受的事件较多，常用事件如下。

（1）Click 事件：单击窗体的空白区域时，触发该事件。

（2）DblClick 事件：双击窗体的空白区域时，触发该事件。注意，双击事件包含单击事件，双击一次要先触发一次单击事件，然后再触发一次双击事件。

（3）Load 事件：将窗体加载到内存时，触发该事件。当应用程序启动时，自动触发该事件，所以该事件通常用来在启动应用程序时对属性和变量进行初始化。

（4）Activate 事件：当窗体变成活动窗体时，触发该事件。

（5）UnLoad 事件：将窗体从内存中卸载时，触发该事件。

例 6-1 设计一个 Visual Basic 程序，程序运行界面如图 6-4 所示。单击窗体中的按钮，按钮上显示的文本由"Command1"变为"你好"，如图 6-5 所示。

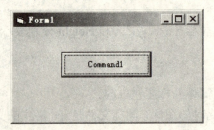

图 6-4　程序初始运行图

图 6-5　单击按钮后程序运行图

(1)创建项目

启动 Visual Basic 系统,在"新建工程"对话框中选择"标准 EXE"并单击"打开"按钮,出现项目窗口"工程1",在窗体设计器的 Form1 中完成程序界面设计。

(2)设计界面

在窗体 Form1 中,增加按钮控件"Command1",如图 6-6 所示。

(3)编写代码

双击按钮控件"Command1",在代码窗口中,选择 Click 事件编写代码:Command1.Caption="你好",如图 6-7 所示。

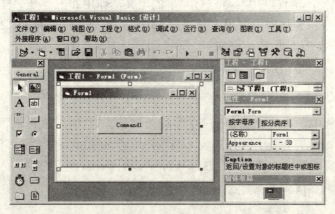

图 6-6 设计窗体

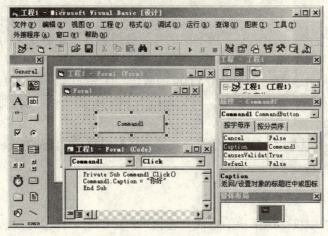

图 6-7 编写代码

6.1.4 数据类型及定义

VB 常用的数据类型有:**整型**(Integer,表示–32768~32767 之间的整数)、长整型(Long,表示–2 147 483 648~2 147 483 647 之间的整数)、实型(Single,表示–3.37E+38~3.37E+38 之间的实数)、双精度实型(Double,表示–1.67E+308~1.67E+308 之间的实数)、字符(String,每个字符占 1 字节,可以储存 0~65 535 个字符)、布尔(Boolean,只有两个值 True/–1,或 False/0)。

1. 定义变量

定义变量最简单的方法是用 Dim 关键字，它的格式为：

　　Dim [<变量名>]As [<数据类型>]= 表达式

- 一般的定义为：Dim Index As Integer。
- 可以在一行中定义多个变量，如：Dim Index As Integer , Dim Number As Long。
- 可以把多个变量定义成同一类型，如：Dim Index , Number As Integer。
- 可以在定义时赋初值，如：Dim Index=3。
- 有时为了简便，也可以用符号进行简单的定义，作用和上面是一样的。整型可以用符号"％"代替，长整型可以用符号"&"代替，实型可以用符号"！"代替，双精度实型可以用符号"#"代替，例如：

　　Dim Index% 等价于 Dim Index As Integer

2. 常量的定义

在程序运行过程中，其值不能被改变的量称为常量。VB 有普通常量、符号常量、系统常量 3 种。普通常量一般从字面上区分其数据类型；符号常量用一个字符串代替程序中的常数；系统常量是系统定义的常量，存放于 VB 系统库中。用 Const 定义常量：

　　Const [<常量名>]As [<数据类型>] = 表达式

例如：Const COLOR=255。

3. 数组的定义

数组的定义类似于变量的定义。所不同的是，数组需要指定数组中的元素个数，示例说明如下。

- 定义包含 100 个元素，脚标从 0 到 99 的数组：Dim IntegerArray(99) As Integer。
- 可以指定脚标的起始值，例如，定义脚标从 2 到 10 的数组：Dim IntegerArray(2 to 10) As Integer。
- 还可以定义多维数组，例如，定义三维数组（4×4×4）：Dim ThreeD(4,2 to 5,3 to 6) As Integer。

4. 记录的定义

记录定义是把控制权交给用户的方法，它让用户可以定义自己的数据类型，使用关键字 Type，格式为：

```
Type [数据类型标识符]
    <域名> As <数据类型>
    <域名> As <数据类型>
    <域名> As <数据类型>
    ……
End Type
```

例如，定义一个地址数据：

```
Type Address
    Street As String
```

```
        ZipCode As String
        Phone As String
    End Type
```

这个地址数据中包括 3 个属性：街区、邮政编码和电话，可以把数据定义成此类型：

```
    Dim MyHome As Address
```

要调用或改变 MyHome 的值时，类似于对对象属性的操作：

变量名.域名＝"……"

为了简化书写重复的部分，可以用关键字 With：

```
    With MyHome
        .Street="集美大道"
        .ZipCode="362021"
        .Phone="0592-12345678"
    End With
```

5．运算操作

在 Visual Basic 中，提供 3 种基本的运算操作：数学运算、关系运算和逻辑运算。

（1）数学运算

- +：加法运算，也适用于字符串之间的合并运算。
- -：减法运算。
- *：乘法运算。
- /：除法运算。
- \：整除运算。
- Mod：求余运算。例如：a Mod b 表示 a 被 b 整除以后的余数。
- ^：幂运算。例如，A^B 表示以 A 为底的 B 次方。

（2）关系运算

关系运算也称比较运算，它表示不等式的真或假，VB 共提供 6 种运算符，分别是：=（等于），>（大于），<（小于），>=（大于等于），<=（小于等于）和<>（不等于）。

（3）逻辑运算

逻辑运算是对真或假的运算，其运算法则见表 6-1。表中，T 表示 True，F 表示 False。

表 6-1　逻辑运算法则

A	B	Not A（非）	And（与）	Or（或）	Xor（异或）	Eqv（相等）	Imp（蕴含）
T	T	F	T	T	F	T	T
T	F	F	F	T	T	F	F
F	T	T	F	T	T	F	T
F	F	T	F	F	F	T	T

6.1.5　基本语法

1．注释语句

在使用注释语句之前必须先了解注释的作用。注释不仅是对程序的解释，有时它对于程序的调试也非常有用，例如，可以利用注释屏蔽一条语句以观察变化，方便发现问题和错误。注释语句将是我们在编程时最经常用到的语句之一。

在 VB 里，注释语句有两种，一种是用 Rem 关键字，它与 DOS 中批处理文件的用法一样；还有一种是利用单引号"'"，例如：

  'Dim a As String

与

  Rem Dim a As String

的作用是一致的。

2. 长语句的分行

在比较早的 VB 版本中，因为没有像 C 等语言用"；"隔开语句与语句，所以 VB 的语句必须写在一行中，不过后来版本的 VB 允许用分行符"_"把一条长语句分成若干行来存放。

3. 条件语句

在程序里控制其流程的有两种语句：条件与循环。VB 自然也不例外。其实不管哪种语言，条件和循环语句的样子都差不多，只不过各有各的规矩罢了。

（1）If 条件语句

条件语句有多种表达方式，包括一般的条件语句、简化的条件语句、单分支条件语句和条件嵌套语句。

- 在条件语句里，If…Then…语句的一般格式如下：

  If <条件> Then
   <语句>
   <语句>…
  End If

- 简化的条件语句，不用 End If，格式如下：

  If <条件> Then <语句>

- 双分支条件语句的格式如下：

  If <条件> Then
   <语句>
  Else <语句>
  End If

- 条件嵌套语句的格式如下：

  If <条件> Then
   <语句>
  Else If <语句>
  Else <语句>
  End If

（2）多分支 Select 语句

格式如下：

  Select Case <变量名>
  Case <情况 1>…

```
Case <情况 2>…
Case <情况 3> …
…
Case Else…
End Select
```

例如：

```
Select Case a%
Case 1    Print "a=1"
Case 2    Print "a=2"
Case Else    Print "a does not equal to 1 or 2."
End Select
```

4．循环语句

循环结构是计算机语言里一种重要的结构，它的应用广泛，最简单的例子是累加器；循环结构还可以用于穷举法，更直观的例子是把某件事按指定的次数重复执行，不用重复输入同一条语句多次，而是通过循环结构完成，非常方便。

（1）C 语言里有 for 循环语句，VB 里也有 For 关键字，其作用也差不多，只是 VB 的 For 语句更容易理解。它的格式如下：

```
For <循环变量>=<初赋值> To <终值> [Step <步长>]
…
Next <循环变量>
```

在默认情况下，Step 被设为 1，可以省略，Step 也可以设为负值，例如：

```
Dim a=0
For I=1 To 10
a=a+I
Next I
```

这是一个最简单的累加器的例子，从 1 到 10 累加在一起，然后赋值给 a。下面例子的效果和上面是一样的，只不过是倒着加，例如：

```
Dim a=0
For I=10 To 1 Step –1
    a=a+I
Next I
```

（2）While 语句也是一个很常用的循环语句，它的形式很多：

- Do While … Loop 语句
- While … Wend 语句
- Do … Loop While

While 后面跟逻辑条件判断，Do While … Loop 语句和 While … Wend 语句作用相似，都是先判断 While 后面的条件是否为"真"，如果为"真"，则执行里面的语句，如果为"假"，则退出循环，循环直至条件为"假"终止。Do … Loop While 与前两者的区别在于，它不管条件的真假，都会先执行 Do 后面的语句，也就是说，它至少执行语句一次。

与 While 用法相似的还有 Until 语句，循环直至条件为真则终止循环。Until <条件>相当于

While Not <条件>。使用时,把上述 While 语句的三种形式中的 While 换成 Until 即可。但是因为容易记混,所以建议只用 While。

For 循环和 While 循环应当根据适当的环境使用,它们有时也可替换。

例 6-2 在窗体中根据要求输出九九乘法表,程序运行结果如图 6-8 和图 6-9 所示。

图 6-8 输出完整九九乘法表　　　　　图 6-9 输出局部九九乘法表

（1）创建项目

启动 Visual Basic 系统,在"新建工程"对话框中选择"标准 EXE"并单击"打开"按钮,出现项目窗口"工程 1",设置项目名称为"九九乘法表"。

（2）设计界面

在窗体 Form1 中,设置窗体的 Caption 属性为"九九乘法表"。增加两个下拉框控件 Combo1 和 Combo2,两个按钮控件 Command1 和 Command2,一个图片控件 Picture1,如图 6-10 所示。

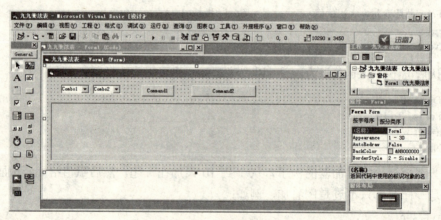

图 6-10 窗体设计

（3）编写代码

双击窗体 Form1,打开代码窗口,选择 Load 事件编写代码如下:

```
Private Sub Form_Load()
Dim Number As Variant
Dim I, Begin_I, End_I As Integer
Number = Array(1, 2, 3, 4, 5, 6, 7, 8, 9)
——初始化控件显示
Form1.Caption = "九九乘法表"
Command1.Caption = "清空"
Command2.Caption = "输出乘法表"
——初始化下拉框控件的值
I = 0
```

```
    While I < 9
        Combo1.List(I) = Number(I)
        Combo2.List(I) = Number(I)
        I = I + 1
    Wend
End Sub
```

双击 Command1 按钮，选择 Click 事件，清空 Picture1 控件内容，编写代码如下：

```
Private Sub Command1_Click()
Picture1.Cls
End Sub
```

双击 Command2 按钮，选择 Click 事件，实现根据 Combo1 和 Combo2 选择的数值范围，输出九九乘法表的局部，编写代码如下：

```
Private Sub Command2_Click()
Dim I, Begin_I, End_I As Integer
'——从 Combo1 和 Combo2 中获取用户选择的输出区间
If Combo1.Text <= Combo2.Text Then
    Begin_I = Combo1.Text
    End_I = Combo2.Text
Else
    Begin_I = Combo2.Text
    End_I = Combo1.Text
End If
'——输出九九乘法表局部
For I = Begin_I To End_I
    For j = 1 To I
        Picture1.Print I; "*"; j; "="; I * j;
    Next j
    Picture1.Print
Next I
End Sub
```

5. 过程

在程序设计中经常会有重复的地方，可以把重复的部分独立为一个过程，在使用时进行调用，从而简化代码编写，提高编程效率。过程可用于压缩重复任务或共享任务。用过程编程有两大好处：

- 过程可使程序划分成离散的逻辑单元，每个单元都比无过程的整个程序容易调试。
- 一个程序中的过程，往往不必修改或只需稍做改动，便可以成为另一个程序的构件。

子过程能够接收参数，并可用于完成过程中的任务并返回一些数值。但是，与函数过程不同，子过程不返回与其特定子过程名相关联的值（尽管它们能够通过变量名返回数值）。子过程一般用于接收或处理输入数据、显示输出或者设置属性。

```
[Public | Private] [Static] Sub <子过程名> ([<形参表>])
    <局部变量或符号常量定义>
```

　　　　　<语句序列>
　　　　　　[Exit Sub]
　　　　　<语句序列>
　　　　End Sub

过程调用语句：

　　　Call　子过程名（[<实参表>]）

或

　　　子过程名 [<实参表>]

6．函数

事件过程或其他过程可按名称调用函数过程。函数过程能够接收参数，并且总是以该函数名返回一个值。这类过程一般用于完成计算任务。函数过程与子过程有许多相似的地方，它们之间最大也是最本质的区别就在于，函数过程有一个返回值，而子过程只是执行一系列动作。

　　　[Public | Private] [Static] Function　<函数名>([<形参表>]) [As <类型>]
　　　　　<局部变量或符号常数定义>
　　　　　<语句序列>
　　　　　[Exit Function]
　　　　　<语句序列>
　　　　　函数名=返回值
　　　End Function

函数调用语句：

　　　函数名（<实参表>）

● 事件处理过程

要对一个控件事件编写事件处理程序，应先打开窗体的代码窗口并从可用对象的下拉列表中选择所需的控件。然后，从该控件的可用事件下拉列表中选择所用的事件。此时，对事件处理程序的定义语句就会自动出现在代码窗口中，可以直接编写事件处理程序了。

● 属性过程

属性过程（property procedure）是特殊的过程，用于赋予和获取自定义属性的值。属性过程只能在对象模块如窗体或类模块中使用。有以下三种属性过程。

Property Let：给属性赋值

Property Get：获取属性的值

Property Set：将对象引用赋给属性引用

例 6-3　在窗体中根据要求计算输入数据的和或者积，程序运行如图 6-11 所示。

（1）创建项目

启动 Visual Basic 系统，在"新建工程"对话框中选择"标准 EXE"并单击"打开"按钮，出现项目窗口"工程 1"，设置项目名称为"求和积"。

图 6-11　根据用户选择计算结果

(2) 设计界面

在窗体 Form1 中，设置窗体的 Caption 属性为"求和积"。增加 5 个文本框控件组，名称均为 Text1，Index 设置为 1～5，分别为 Text1(1)～Text1(5)；两个单选按钮组，名称均为 Option1，Index 设置为 1～2，分别为 Option1(1)和 Option1(2)；一个文本控件 Label1，如图 6-12 所示。

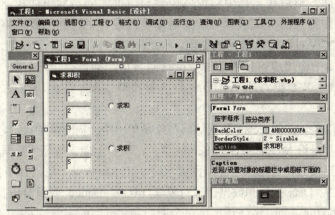

图 6-12　程序设计窗口

(3) 编写代码

双击窗体 Form1，打开代码窗口，选择"通用"事件编写函数和过程代码如下：

```
——本函数返回 5 个文本框的求和的值
Function add() As Integer
Dim Value As Integer
Value = 0
For i = 1 To 5
    Value = Value + Int(Text1(i).Text)
Next
add = Value
End Function
——本过程计算 5 个 text 的求积值，并且输出到 Label1 中
Sub multi()
Label1.Caption = 1
For i = 1 To 5
    Label1.Caption = Label1.Caption * Int(Text1(i).Text)
Next
Label1.Caption = "积为：" + Label1.Caption
End Sub
```

双击 Option1 按钮，选择 Click 事件，根据用户的选择来决定是调用计算和的函数，还是调用计算积的过程，并在 Label1 中输出计算结果，编写代码如下：

```
Private Sub Option1_Click（Index As Integer）
    Select Case Index
        Case 1
            Label1.Caption = "和为：" + Str（add）
        Case 2
            multi
    End Select
End Sub
```

6.2 Visual Basic 的数据访问技术

在 Visual Basic 中数据访问的过程主要分为三个阶段，首先使用数据库访问组件通过数据访问接口连接数据库，然后在窗体中将窗体控件与数据库的访问组件相连，最后，窗体控件通过数据库访问组件提供的方法或者对从数据库访问组件中返回的数据集进行处理，并返回给数据库组件，以实现对数据库数据的处理。

在 Visual Basic 中，用户可使用 3 种数据访问接口，即数据访问对象（DAO）、远程数据对象（RDO）和 ActiveX 数据对象（ADO）。这 3 种接口代表了数据访问技术的 3 个发展时代，其中最新的是 ADO。

DAO（Data SQL Server Objects）数据访问对象是第一个面向对象的接口，用来访问 Microsoft Jet 数据库引擎（最早是给 Microsoft SQL Server 用的，现在已能支持其他数据库），并允许开发者通过 ODBC 像直接连接其他数据库一样，直接连接 SQL Server 表。在 VB 中提供了两种与 Jet 数据库引擎接口的方法：Data 控件和数据访问对象（DAO）。Data 控件只给出有限的不需要编程而能访问现存数据库的功能，而 DAO 模型则是全面控制数据库的完整编程接口。Data 控件将常用的 DAO 功能封装在其中，它与 DAO 控件的关系就像内存与 Cache 之间的关系一样，所以这两种方法并不是互斥的，实际上，它们常同时使用。DAO 最适用于单系统应用程序或在小范围内本地分布使用。其内部已经对 Jet 数据库的访问进行了加速优化，而且使用起来也是很方便的。所以，如果数据库是 SQL Server 数据库且是本地使用的话，建议使用这种访问方式。

RDO（Remote Data Objects）远程数据对象是一个到 ODBC 的、面向对象的数据访问接口，它同易于使用的 DAO STyle 组合在一起，提供了一个接口，形式上展示出所有 ODBC 的底层功能和灵活性。RDO 是包裹着 ODBC API 的一层薄薄的外壳。RDO 是从 DAO 派生出来的，但两者很大的不同在于其数据库模式。DAO 是访问 Jet 引擎（Jet 是 ISAM）的接口，而 RDO 则是访问 ODBC 的接口。尽管 RDO 在很好地访问 Jet 或 ISAM 数据库方面受到限制，而且它只能通过现存的 ODBC 驱动程序来访问关系数据库，但是，RDO 已被证明是许多 SQL Server、Oracle 以及其他大型关系数据库开发者经常选用的接口。RDO 提供了用来访问存储过程和复杂结果集的更多和更复杂的对象、属性，以及方法。和 DAO 一样，在 VB 中也把其封装为 RDO 控件，其使用方法与 DAO 控件的使用方法完全一样。

ADO（ActiveX Data Object）是 DAO/RDO 的后继产物，用来淘汰 RDO、DAO（ADO 可以做 RDO、DAO 能做的所有事）。作为最新的数据库访问模式，ADO 简单易用，微软已经明确表示，今后将把重点放在 ADO 上，对 DAO/RDO 不再升级，所以 ADO 已经成为了当前数据库开发的主流。ADO "扩展"了 DAO 和 RDO 所使用的对象模型，这意味着它包含较少的对象及更多的属性、方法（和参数），以及事件。Visual Basic 已经把 ADO 模型封装成 Adodc 控件，Adodc 控件比 Data 控件更为灵活、功能更全面。ADO 涉及的数据存储有 DSN（数据源名称）、ODBC（开放式数据连接）和 OLEDB 三种方式。ADO 在上层，通过下面的 ODBC 或者 OLE DB 来访问数据源（注意不是数据库，因为可访问范围包括活动目录等各种数据）。不过微软目前的 ODBC 实际上是通过 OLE DB 访问数据源的。ADO 访问的层次关系如下：

    应用程序→ADO→ODBC→OLE DB→数据源

或者

应用程序→ADO→OLE DB→数据源

Visual Basic 拥有丰富多样的数据处理方式，为每种类型的数据库访问技术都提供了相应的数据访问接口，各种数据库访问组件如何通过不同的数据访问接口连接数据库，将在下面各节中分别详细介绍，主要介绍 4 种数据访问方式：

- 通过数据管理器访问数据库；
- 通过 DAO 访问数据库；
- 通过 ADO 访问数据库；
- 通过数据环境设计器访问数据库。

6.3 通过数据管理器访问数据库

在 Visual Basic 中自带一些"自动编程"的工具，其中有一个名为"数据管理器"（Data Manager）的应用程序——Visdata.exe，它是基于 DAO 数据访问对象模型设计的，可在 VB 开发环境中启动，也可以独立运行。凡是和 Visual Basic 有关的数据库的基本操作，例如，数据库结构的建立、记录的添加和修改等，都可以利用这个工具完成。在 Visual Basic 的专业版中提供了这个工具的源程序，它的工程文件名是 VISDATA.VBP。

与 Visual Basic 同时发行的还有一个基于 ADO 的插件，名叫"数据窗体模板"（DFW，Data Form Wizard）。使用这个插件，用户只需选择一个数据库和一个数据表，DFW 就可以自动生成可对此数据表进行增、删、改和浏览操作的窗体。

使用可视化数据管理器建立数据库的过程分为 3 步：第一步，建立数据库结构；第二步，添加表到数据库中；第三步，向表中输入数据。下面用一个例子说明如何使用 Visual Basic 的数据库管理器创建数据库。

例 6-4 通过可视化数据管理器创建一个名称为"选课"的 SQL Server 数据库，其中包含一个"性别表"。表格的结构如表 6-2 所示，数据如表 6-3 所示。

表 6-2 性别表结构

字段名称	数据类型
性别编号	SmallInt
性别名称	VarChar(10)

表 6-3 性别表数据

性别编号	性别名称
1	男
2	女

1. 启动可视化数据管理器

在 VB 的设计模式窗口中，选择菜单命令"外接程序"→"可视化数据管理器"，弹出可视化数据管理器窗口，如图 6-13 所示。"文件"菜单和"实用程序"菜单的有关命令和功能说明如表 6-4、表 6-5 所示。

图 6-13 可视化数据管理器窗口

2. 建立数据库

（1）设置 ODBC

在操作系统的"控制面板"中，双击"性能和维护"→"管理工具"→"数据源（ODBC）"，打开的对话框如图 6-14 所示，单击"添加"按钮创建 ODBC 连接，向导如图 6-15 至图 6-21 所示。

表 6-4 数据管理器的"文件"菜单

命 令	功 能 说 明
打开数据库	打开指定的数据库
新建	根据所选类型建立新数据库
导入/导出	从其他数据库导入数据表或导出数据表及 SQL 查询结果
工作空间	显示"登录"对话框"登录"新工作空间
压缩 MDB	压缩指定的 SQL Server 数据库
修复 MDB	修复指定的 SQL Server 数据库

表 6-5 数据管理器的"实用程序"菜单

命 令	功 能 说 明
查询生成器	建立、查看、执行和存储 SQL 查询
数据窗口设计器	创建数据窗口并将其添加到 Visual Basic 工程中
全局替换	创建 SQL 表达式更新所选数据库表中满足条件的记录
附加	显示当前 SQL Server 数据库中所有附加数据表及连接条件
用户组/用户	查看和修改用户组、用户、权限等设置
SYSTEM.MDW	创建 SYSTEM.MDW 文件,以便为每个文件设置安全机制
首选项	设置超时值

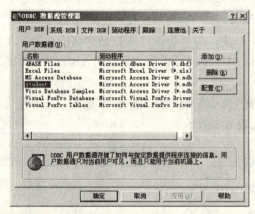

图 6-14 建立 SQL Server 的 ODBC 连接 1

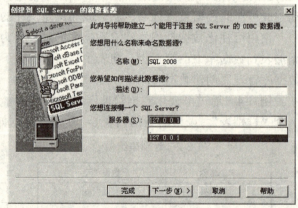

图 6-15 建立 SQL Server 的 ODBC 连接 2

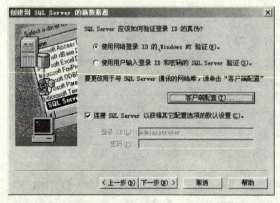

图 6-16 建立 SQL Server 的 ODBC 连接 3

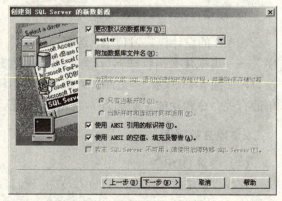

图 6-17 建立 SQL Server 的 ODBC 连接 4

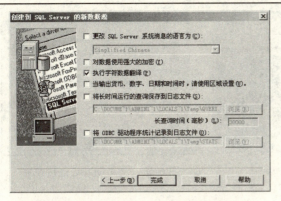
图 6-18 建立 SQL Server 的 ODBC 连接 5

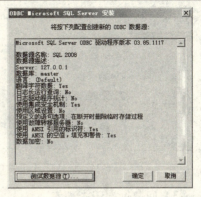
图 6-19 建立 SQL Server 的 ODBC 连接 6

图 6-20 建立 SQL Server 的 ODBC 连接 7

图 6-21 建立 SQL Server 的 ODBC 连接 8

或者在数据管理器中,选择菜单命令"文件"→"新建"→"ODBC",如图 6-22 所示。在打开的对话框中输入驱动名称,如图 6-23 所示,单击"确定"按钮,出现如图 6-15 所示的对话框,可按照如图 6-15 至图 6-21 所示的向导设置 ODBC 连接。

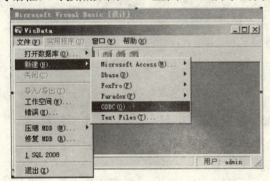
图 6-22 选择 ODBC 连接

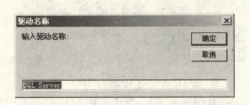
图 6-23 输入驱动名称

(2)打开数据库

在数据管理器中,选择菜单命令"文件"→"打开数据库"→"ODBC",如图 6-24 所示。出现"ODBC 登录"对话框,在"DSN"下拉列表中选择在 ODBC 中设置的数据库别名"SQL 2008",如图 6-25 所示。在"数据库"框中输入要连接的数据库"选课",单击"确定"按钮,这样就建立了名称为"选课"的数据库连接。数据库的路径和名称在数据管理器窗口的标题栏中显示,数据库中的表格显示在左侧,如图 6-26 所示。

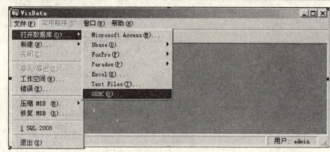
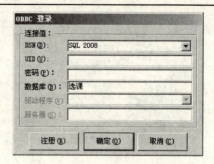

图 6-24 选择打开连接 ODBC　　　　　　图 6-25 设置 ODBC 连接参数

（3）向数据库中添加表
- 添加表格

右击"数据库窗口",从弹出的快捷菜单中选择"新建表"命令,在弹出的"表结构"对话框中,填写表名称为"性别表"。
- 添加字段

在"表结构"对话框中,两次单击"添加字段"按钮,在弹出的"添加字段"对话框中,分别填写字段"性别编号"和"性别名称"的参数,单击"确定"按钮,完成字段的添加,如图 6-27 所示。

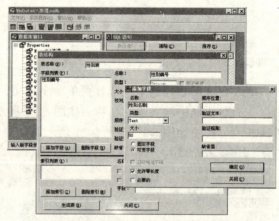

图 6-26 建立"选课"数据　　　　　　图 6-27 在"选课"数据库中添加"性别表"

说明:若要删除某个字段,可在"字段列表"框中选定该字段,然后单击"删除字段"按钮。若要修改某个字段,只能先删除该字段,然后再重新添加新字段。
- 添加索引（可选操作）

索引是指在不改变表中记录位置的前提下,显示和查询记录时,按照指定关键字进行排序。例如,如果选择"性别编号"作为索引关键字,则在显示数据表时,将按性别编号顺序显示记录。对数据表设置索引,可以加快查找速度。索引关键字可以不止一个,但只有一个是主关键字。显示和查询记录时,数据表首先根据主关键字值进行,在主关键字值相同的情况下,再按次关键字值进行。

在"表结构"对话框中,单击"添加索引"按钮,打开对话框如图 6-28 所示,为"性别表"添加"性别编号"主索引。

说明：要删除表索引，在"表结构"对话框的"索引列表"框中选中索引，然后单击"删除索引"按钮即可。

（4）生成表

在"表结构"对话框中单击"生成表"按钮，生成表格，并返回数据管理器窗口。

3. 向表中输入数据

VB 不能直接访问数据库的表，只能通过"记录集"访问。课程表建立完成后的数据管理器主窗口如图 6-29 所示，在窗口的工具栏中有三组按钮。

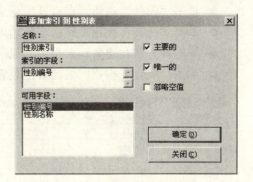

图 6-28 为"性别表"添加主索引

第①组（最左）是"记录集类型设定"按钮组。单击其中一个按钮，决定要打开的记录集是"表类型"、"动态集类型"或"快照类型"。

第②组（中间）是"数据显示风格设定"按钮组。单击其中一个按钮，决定将被打开的数据表的显示风格。

第③组（最右）是专为"事务处理"使用的。

为向表格输入数据，应在第①组中单击第一或第二个按钮，在第②组中也单击第一或第二个按钮。下面，以"动态集类型"记录集的方式向"性别表"输入数据，以下的两种方法都是可行的。

（1）单击第①组中的第二个按钮，第②组中的第一个按钮，右击"数据库窗口"中的"性别表"图标，从弹出的快捷菜单中选择"打开"命令，打开"动态集类型"记录集，如图 6-29 所示。在此窗口中可以输入记录的数据内容，一组数据输入完成后，单击"更新"按钮，在弹出的对话框中单击"是"按钮。这时，"取消"按钮变成"添加"按钮。如需继续输入则单击"添加"按钮。完成后，单击"关闭"按钮返回主界面。

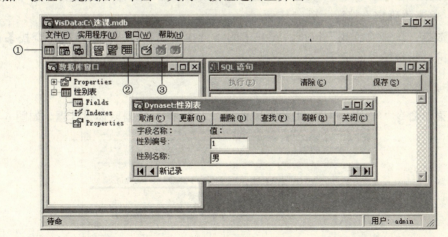

图 6-29 为"性别表"编辑数据

单击第①组中的第二个按钮，第②组中的第二个按钮，右击"性别表"图标，从弹出的快捷菜单中选择"打开"命令，打开"动态集类型"记录集，如图 6-30 所示。单击"编辑"按钮，编辑数据对话框如图 6-31 所示。

- 单击"添加"按钮,在打开的记录编辑窗口中可以添加新记录。
- 单击"更新"按钮,确认当前输入有效。
- 按同样方法,逐条输入相应的记录。
- 单击"关闭"按钮,关闭数据表管理器窗口。

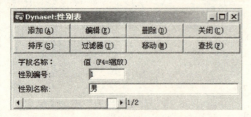

图 6-30 "性别表"动态集类型

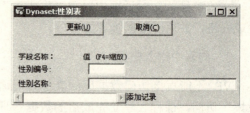

图 6-31 为"性别表"编辑数据

从"性别表"窗口的菜单和按钮可以看出,除创建数据库外,使用数据管理器还可以完成一系列的数据库操作,包括查找、编辑(修改、增加和删除)记录,修改表结构等。但仍只能做比较简单的应用。

数据维护的操作方法总结如下。

输入数据:单击"添加"按钮,在弹出的对话框中添加数据。

编辑数据:定位记录,单击"编辑"按钮,在弹出的对话框中修改数据,单击"更新"按钮,确认修改。

删除数据:定位记录,单击"删除"按钮,在弹出的对话框中单击"是"按钮确认删除。

排序数据:单击"排序"按钮,在弹出的对话框中输入要排列的序号后,单击"确定"按钮,确认排序方式。

过滤数据:单击"过滤器"按钮,在弹出的对话框中输入过滤器表达式,然后单击"确定"按钮,确定数据过滤方式。

移动数据:单击"移动"按钮,在弹出的对话框中输入要移动的行数(输入负数表示向右移动),单击"确定"按钮,确定移动。

查找数据:单击"查找"按钮,在弹出的"查找记录"对话框中,指定查找条件,可以查找表中符合指定条件的记录。

4. 生成窗体

选择菜单命令"实用程序"→"数据窗体设计器",打开数据窗体设计器,如图 6-32 所示。

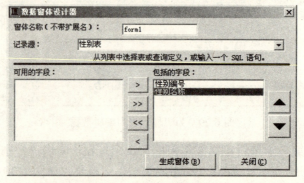

图 6-32 数据窗体设计器

(1) 在"窗体名称"框中输入要生成的窗体名称,这里为"form1"。
(2) 在"记录源"下拉列表中列出了本数据库的所有表格,这里选择"性别表"。
(3) 在"可用的字段"列表框中将列出所选择的表格的所有字段,使用带左、右箭头方向的按钮,将要在窗体内显示的字段添加到"包括的字段"列表框中。通过带上、下箭头方向的按钮,调整"包括的字段"中字段的先后顺序。
(4) 完成后,单击"生成窗体"按钮,生成窗体,自动生成的窗体名称为frmForm1。在VB编程环境中,设置该窗体为首先运行的窗体,运行结果如图6-33所示。

5. 生成查询

选择菜单命令"实用程序"→"查询生成器",打开查询生成器,如图6-34所示。

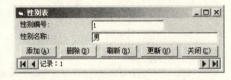

图6-33 生成的"性别表"窗体

(1) 选择"表"列表框中的"性别表",在"字段名称"下拉列表中列出了所选表的所有列。

(2) 生成SQL查询语句。在"字段名称"下接列表中选择"性别表.性别名称",在"运算符"下拉列表中选择"="号,单击"列出可能的值"按钮,则在"值"下拉列表中会显示出所选字段的所有取值,选择"女"。单击"将And加入条件"按钮将条件添加到"条件"框中。

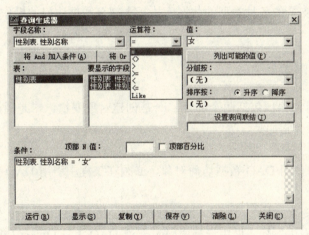

图6-34 查询条件的生成

(3) 运行SQL查询。单击"运行"按钮,弹出提示对话框,如图6-35所示,询问"这是SQL传递查询吗?"需要用户确认这是否是SQL传递查询。因为这里没有传递查询,选择"否",就可以看到查询的结果,如图6-36所示。

图6-35 选择是否传递查询

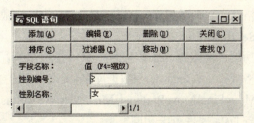

图6-36 执行SQL查询的结果

（4）显示 SQL 查询语句。单击"显示"按钮，在弹出的"SQL 查询"对话框中将显示生成的 SQL 语句。

（5）保存 SQL 查询文件。可以将该查询保存为一个文件，单击"保存"按钮，在弹出的对话框中输入要保存的文件名，这里输入"查询性别"，如图 6-37 所示。单击"确定"按钮，查询文件被保存在"数据库窗口"中，如图 6-38 所示。

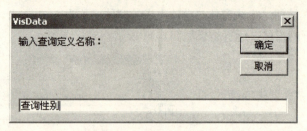

图 6-37　查询文件的命名　　　　　图 6-38　查询文件的保存

6.4　使用 DAO 访问数据库

数据控件提供了一种方便地访问数据库中数据的方法，使用数据控件无须编写代码就可以对 Visual Basic 所支持的各种类型的数据库执行大部分数据访问的操作，创建简单的数据库应用程序。

6.4.1　DAO 对象模型

使用数据访问对象编程包括两个部分：一是创建对象变量，二是通过设置对象的属性，调用对象的方法来操作它们。

（1）DAO 对象的创建

要在 VB 程序中使用 DAO 数据访问对象，必须在工程中引用 DAO 数据库引擎库。步骤如下：

① 选择菜单命令"工程"→"引用"，打开"引用"对话框。

② 在"可用的引用"列表框中选择"Microsoft DAO 3.51 Object Library"项，完成添加 DAO 数据访问对象库的操作。

（2）DAO 数据访问对象的常用方法

- Set DataBase 方法
  功能：以指定的方式打开数据库。
  格式：Set 数据库=工作区.OpenDataBase(数据库名,打开方式), 读/写方式, 连接方式)
- Set Recordset 方法
  功能：从数据库中读取数据赋给指定记录。
  格式：Set Recordset=数据库名(表文件名, 打开方式, 表字段类型, 锁定字段列表)
- MoveFirst\MovePrevious\MoveNext\MoveLast\AddNew\Delete\BOF\EOF 方法
  与 Data 控件方法相同。

6.4.2 Data 控件

Data 控件是 Visual Basic 的标准控件之一，可以直接从工具箱中加入窗体，在工具箱中的图标为 。

1．数据控件的属性

（1）Connect：指定 Data 控件所连接的数据库类型。
（2）DatabaseName：选择要访问的数据库文件。
（3）RecordSource：确定要访问的数据源。该属性值可以是数据库中的某个数据表，也可以是一条 SQL 查询语句。

说明：如果 Connect 属性显示为"Access;"则表示连接 Access 格式的数据库。

例 6-5 利用 Data 控件连接 Access 数据库，假设数据库为"选课"，存放在 D 盘根目录下，其中包含一个表为"专业表"。

```
Data1.Connect="Access"
Data1.DatabaseName="D:\选课"
Data1.RecordSource="专业表"
```

或者

```
Data1.Connect="Access"
Data1.DatabaseName="D:\选课"
Data1.RecordSource="Select * from 专业表 where 专业='计算机'"
```

例 6-6 利用连接 FoxPro 数据库，假设 FoxPro 数据库文件存放在"D:\fox"目录下。表文件为"学生.dbf"。

```
Data1.Connect="FoxPro 3.0; "
Data1.DatabaseName="D:\fox"
Data1.RecordSource="选课.dbf"
```

（4）RecordSetType：设置记录集类型，包括表类型记录集、动态类型记录集、快照类型记录集 3 种。

- Recordset 是 Data 控件所能访问的所有记录的集合，称为记录集。记录集中的数据由 Data 控件的 DataName 属性及 RecordSource 属性所确定。
- Data 控件不能直接访问数据表，只能通过 Recordset 对数据表进行操作。

（5）ReadOnly：设置是否可以修改数据库中的数据。当该属性的值设置为 True 时，将以只读方式打开数据库。

（6）Exclusive：该属性用于控制被打开的数据库是否允许与其他应用程序共享。默认值为 False，表示允许多个程序同时以共享方式打开数据库。若为 True 表示只允许一个应用程序以独占的方式打开数据库。

（7）BOFAction 和 EOFAction：当记录指针指向 RecordSet 对象的开始（第一条记录）或结束（最后一条记录）位置时，数据控件要采取的操作。属性的取值如表 6-6 所示。

2．数据控件的事件

（1）Reposition 事件：当记录集指针从一条记录移动到另一条记录时，将发生重定位事件。利用该事件，用户可以对当前记录进行处理。

（2）Validate 事件：当要移动记录指针前，修改与删除记录前或卸载含有数据控件的窗体时触发。

表6-6　记录指针的 BOFAction 和 EOFAction 属性

属性	值	操作
BOFAction	0	默认设置，使第一条记录为当前记录
	1	在第一条记录上触发数据控件的无效事件（Validate）
EOFAction	0	默认设置，保持最后一条记录为当前记录
	1	在最后一条记录上触发数据控件的无效事件（Validate）
	2	向记录集添加新的空记录，可以编辑该记录，移动当前记录的指针，则该记录被自动追加到记录集中

3．数据控件的方法

（1）Refresh 方法：用于"刷新"Data 控件的属性设置。例如，重新设置了控件的 Connect、DatabaseName、RecordSource、ReadOnly 等属性值后，必须调用 Refresh 方法使所做的更改生效。

（2）UpdateRecord 方法：可以将数据从数据库中重新读到被数据控件绑定的控件内。

（3）UpdateControl 方法：可以强制数据控件将绑定控件内的数据写入数据库中而不再触发 Validate 事件。在代码中用该方法确认修改。

6.4.3　RecordSet 对象的属性和方法

数据绑定控件连接好数据库，可以对表中的记录进行操作，对数据库的操作主要包括增加、修改和删除记录，这些都要通过记录集对象来完成。记录集是一种访问数据库的工具。可以将一个或几个表中的记录构成记录集（和表类似），用户可以根据需要通过使用记录集对象选择数据。

（1）记录集类型

记录集有3种类型：表类型（Table）、动态类型（Dynaset）和快照（Snapshot）。

表类型记录集对象用于访问实际数据表的数据对象，只能对单个的表打开表类型的记录集，而不能对连接或联合查询打开。和其他类型相比，表类型的搜索与排序速度更快。

动态集类型 Recordset 数据对象是 Visual Basic 数据库程序中最常用的数据对象。它用来动态地访问数据库中已有数据表的部分或全部数据，因此称为动态集（Dynaset）。在设置 DatabaseName 和 RecordSource 属性时，实际上已经创建了一个称为动态集型的记录集。也可以使用 DataBase 对象的 CreateDynaset 方法创建动态集。动态集是最灵活的记录集，也是功能最强的。可以和它的基本表互相更新。如果动态集中的记录发生改变，同样的变化也将在基本表中反映出来，如果其他用户修改了基本表，那么动态集中也将反映出被修改过的记录。和其他类型比，动态集占用内存较少，不过它的操作速度不及表类型。

快照类型记录集对象包含的数据是固定的，它反映了在产生快照的一瞬间数据库的状态。快照类型是最缺少灵活性的记录集，但它所需要的内存开销最少。如果只是浏览记录，可用快照类型。

设置记录集类型的属性 RecordSetType 有3种类型，如表6-7所示。

（2）记录集属性

记录集属性如表6-8所示。

表 6-7　记录集的三种类型

记录集类型	说　　明
0-Table	表类型记录集。增、删、改操作直接在数据库的表中进行，只限于单表操作
1-Dynaset	动态类型记录集。可以使一个或多个表记录的引用，通常由 SQL 语句生成。该方式将引用的数据先读入内存处理，不直接影响数据库中的数据
2-SnapShot	静态类型（又称为"快照类型"）记录集。以该方式显示的数据只能读，不能修改，适用于查询的情况

表 6-8　记录集属性

属性名称	含　　义
AbsolutePosition	返回当前指针值，如果是第 1 条记录，则其值为 0
BOF	判断是否在首记录之前，若返回 True，则当前位置在首记录之前
EOF	判断是否在末记录之后，若返回 True，则当前位置在末记录之后
NoMatch	在记录集中进行查找时，如果未找到相匹配的记录，则该属性为 True，否则为 False
RecordCount	返回记录集的记录总数

（3）Fields 属性

通过该属性访问记录集中的字段。它还有一些子属性，且有两种用法：

① Fields.Count

返回记录集中的字段个数，例如：

  Data1.Recordset.Fields.Count

② Fields(Item).子属性

Item 是字段名称或字段在表中的顺序位置编号。如果是字段名称，则需要用" "括起来，而位置编号从 0 开始，到 Fields.Count-1。

子属性有：Value——返回指定字段的值，Name——返回指定字段的名称，Size——返回指定字段的长度，Type——返回指定字段的类型代码。例如：

  Data1.Recordset.Fields("院系名称").Value
  Data1.Recordset.Fields(0).Value

（4）记录集方法

① Move 方法组

Move 方法组如表 6-9 所示。

语法格式：数据控件.记录集.Move 方法

表 6-9　记录集 Move 方法组

方法名称	含　　义
MoveFirst	将记录集指针移动到第一条记录
MovePrevious	将记录集指针移动到上一条记录
MoveNext	将记录集指针移动到下一条记录
MoveLast	将记录集指针移动到最后一条记录

② Find 方法组

Find 方法组如表 6-10 所示。

语法格式：数据控件.记录集.Find 方法

表 6-10　记录集 Find 方法组

方 法 名 称	含 义
FindFirst	在记录集中查询符合条件的第一条记录
FindLast	在记录集中查询符合条件的最后一条记录
FindNext	在记录集中查询符合条件的下一条记录
FindPrevious	在记录集中查询符合条件的前一条记录

③ Seek 方法组

语法格式：数据控件.记录集.seek 比较式,Key1,Key2……

其中，比较式是 6 种关系运算符除"<>"外的其他运算符；Key$n$ 是一个或多个键值，分别对应于记录集当前索引中的字段值,用这些值与 Recordset 对象的记录进行比较。在使用 Seek 方法时必须设置索引。

④ 记录集维护方法组

记录里维护方法组如表 6-11 所示。

语法格式：数据控件.记录集.方法名

表 6-11　记录集维护方法组

方 法 名 称	含 义
Open	打开记录集
AddNew	向记录集增加一个新记录
Edit	对记录集进行编辑，修改完后要用 Update 更新
Update	如果增加或修改记录后，必须用此方法更新，将缓冲区里的内容写入数据库
CancelUpdate	缓冲区的内容不写入数据库
Delete	从记录集中将当前记录删除，在删除后移动记录指针，操作不可恢复
Close	使用 Close 方法可以关闭 Recordset 对象以便释放所有关联的系统资源。关闭对象并非是将它从内存中删除，可以更改它的属性设置并且在此之后再次打开

6.4.4　数据绑定控件

数据库连接组件不能在窗体中显示数据，为了将数据显示在窗体中，还需要与应用程序中的数据绑定控件连接起来，从而实现对数据库的操作。所谓数据绑定控件是一些能够和数据库中的数据表的某个字段建立关联的控件。当这些数据绑定控件被绑定在数据库连接组件上时，数据库连接组件能够将自身连接的数据源中的数据传送给这些数据绑定控件。当数据源中的数据改变时，数据绑定控件的数据也随之改变；反之，如果数据绑定控件的值被修改，那么这些修改后的数据会自动地保存到数据库的数据表中。

在 Visual Basic 中，通过对数据绑定控件的操作，就能对数据库连接组件所访问的数据库进行数据处理，从而实现用 Visual Basic 程序代码操纵"后台"数据库的功能。在 Visual Basic 中，并不是所有的控件都能够作为数据绑定控件的，本书介绍的可作为数据绑定控件的常用控件如下：

- TextBox 文本框控件
- Label 标签控件
- ListBox 列表框控件
- ComboBox 组和框控件
- CheckBox 复选框控件
- PictureBox 图片框控件
- Image 图像控件
- OLE 容器控件

可作为数据绑定控件的 ActiveX 控件：
- DBGrid 数据库表格控件
- DBList 数据库列表控件
- DBCombo 数据库组合控件
- DataGrid 数据表格控件
- DataList 数据列表控件
- DataCombo 数据组合控件
- MSFlexGrid 数据库表格控件

6.4.5 Data 控件示例

例 6-7 在"选课"数据库中创建"院系表"，并创建一个窗体实现对院系表数据的维护，包括实现数据移动（首条、上一条、下一条、末条），数据维护（增加、编辑、删除），以及结束程序的功能。设计窗体如图 6-39 所示，运行结果如图 6-40 所示。

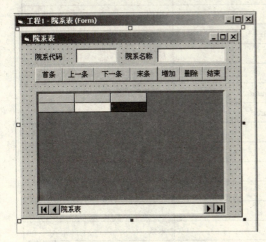

图 6-39 "院系表"设计窗体

图 6-40 "院系表"运行结果

（1）添加表格：在 Visual Basic 中，选择菜单命令"外接程序"→"可视化数据管理器"，打开"选课"数据库，在数据管理器中创建表格"院系表"，表结构如表 6-12 所示，表数据如表 6-13 所示。

表 6-12 "院系表"结构

字 段 名 称	数 据 类 型
院系代码	Char(3)
院系名称	VarChar(50)

表 6-13 "院系表"数据

院系代码	院系名称	院系代码	院系名称
001	人文与公共管理学院	008	信息科学与工程学院
002	法学院	009	机电及自动化学院
003	文学院	010	商学院
004	数学系	011	工商管理学院
005	土木工程学院	012	旅游学院
006	建筑学院	013	外国语学院
007	材料科学与工程学院		

（2）添加 MSFlexGrid 部件：选择菜单命令"工程"→"部件"→"Microsoft FlexGrid Control 6.0"，将 MSFlexGrid 控件添加到工具栏中。

（3）添加控件：在窗体上添加一个 FlexGrid 控件并画出 FlexGrid 的范围，两个 Label 控件，两个 Text 控件，7 个 CommandButton 控件，一个 Data 控件，属性设置如表 6-14 所示。

表 6-14 属性设置

对象类型	对象名称	属性	属性值
Form		Caption	院系表
Label	Label1	Caption	院系代码
	Label2	Caption	院系名称
TextBox	Text1	Text	空值
		DataSource	Data1
		DataField	院系代码
	Text2	Text	空值
		DataSource	Data1
		DataField	院系名称
Data	Data1	Connect	Access;
		DatabaseName	C:\选课.mdf
		RecordSource	院系表
		Visible	False
		Caption	院系表
CommandButton	FirstCommand	Caption	首条
	PreviousCommand	Caption	上一条
	NextCommand	Caption	下一条
	LastCommand	Caption	末条
	AddCommand	Caption	增加
	DeleteCommand	Caption	删除
	ExitCommand	Caption	退出
MSFlexGrid	MSFlexGrid1	DataSource	Data1
		Cols	3
		SelectionMode	1-FlexSelectionByRow
		AllowUserResizing	3-FlexResizeBoth

（4）添加公共模块：选择菜单命令"工程"→"添加模块"，将公共模块 Module1 添加到项目中。然后在公共模块中编写公有变量及令 MSFlexGrid 控件颜色变化的函数 ChangeColor，代码如下：

```vb
Public beforeFlexGridRow As Integer '记录之前访问的行
Public FlexGridRow As Integer '记录当前访问的行
Public flag As Integer

Sub ChangeColor (beforeFlexGridRow As Integer, FlexGridRow As Integer)
'消除之前访问行的高亮属性
If beforeFlexGridRow <> -1 And FlexGridRow > 0 Then
    院系表.MSFlexGrid1.Row = beforeFlexGridRow
    院系表.MSFlexGrid1.Col = 1
    院系表.MSFlexGrid1.CellBackColor = vbWhite
    院系表.MSFlexGrid1.Col = 2
    院系表.MSFlexGrid1.CellBackColor = vbWhite
End If
'设置当前访问的行的高亮属性
If FlexGridRow > 0 Then
    院系表.MSFlexGrid1.Row = FlexGridRow
    院系表.MSFlexGrid1.Col = 1
    院系表.MSFlexGrid1.CellBackColor = vbYellow
    院系表.MSFlexGrid1.Col = 2
    院系表.MSFlexGrid1.CellBackColor = vbYellow
    beforeFlexGridRow = 院系表.MSFlexGrid1.Row
End If
End Sub
```

（5）初始化窗体，代码如下：

```vb
Private Sub Form_Load()
'设置 MSFlexGrid 各栏宽度
MSFlexGrid1.ColWidth(0) = 100
MSFlexGrid1.ColWidth(1) = 2000
MSFlexGrid1.ColWidth(2) = 3000
'初始化之前访问记录值
beforeFlexGridRow = -1
'初始化当前访问记录值
FlexGridRow=1
End Sub
Private Sub Form_Initialize()
    Call FirstCommand_Click
End Sub
```

（6）为各个按钮编写代码如下：

'"首条"按钮
```vb
Private Sub FirstCommand_Click()
'"上一条"按钮失效，"下一条"按钮有效
    PreviousCommand.Enabled = False
    NextCommand.Enabled = True
```

```
'移动记录到第一条
Data1.Recordset.MoveFirst
'令 FlexGridRow 控件同步高亮显示当前记录
FlexGridRow = 1
Call ChangeColor(beforeFlexGridRow, FlexGridRow)
End Sub

'"上一条"按钮
Private Sub Previous Command_Click()
On Error Resume Next
  '如果记录到达第一条,则调用"首页"按钮
    If FlexGridRow – 1 <= 0 Then
        Call First Command_Click
    '如果未到记录第一条,则往前翻一页
    Else
        FlexGridRow = FlexGridRow – 1
        Call ChangeColor(beforeFlexGridRow, FlexGridRow)
        Data1.Recordset.MovePrevious
End Sub

'"下一条"按钮
Private Sub NextCommand_Click()
On Error Resume Next
'如果到达最后一条记录,调用"末条"按钮
  If Data1.Recordset.RecordCount = FlexGridRow + 1 Then
      Call LastCommand_Click
  '如果尚未到达最后一条,记录翻到下一条
  Else
      FlexGridRow = FlexGridRow + 1
      Call ChangeColor(beforeFlexGridRow, FlexGridRow)
      Data1.Recordset.MoveNext
  End If
End Sub

'"末条"按钮
Private Sub LastCommand_Click()
  '令 FlexGridRow 控件同步高亮显示当前记录
  FlexGridRow = Data1.Recordset.RecordCount
    Call ChangeColor(beforeFlexGridRow, FlexGridRow_
    '记录翻到末条
    PreviousCommand.Enabled = True
    NextCommand.Enabled = False
    Data1.Recordset.MoveLast
End Sub

'"增加"按钮
Private Sub AddCommand_Click()
On Error Resume Next
'添加一条空记录,并修改按钮名称为"确定",设置标记为 flag=1
```

```vb
    If AddCommand.Caption = "增加" Then
        AddCommand.Caption = "确定"
        flag = 1
        MSFlexGrid1.AddItem "" & vbTab & " ", Data1.Recordset.RecordCount + 1
        MSFlexGrid1.Row = Data1.Recordset.RecordCount + 1
          FlexGridRow = MSFlexGrid1.Row
          '令 FlexGridRow 控件同步高亮显示当前记录
          Call ChangeColor(beforeFlexGridRow, FlexGridRow)
          Data1.Recordset.AddNew
'修改并更新空记录,并将按钮名称还原为"增加",设置标记为 flag=0
    Else
        AddCommand.Caption = "增加"
        Data1.Recordset.Move (FlexGridRow)
        Data1.Recordset.Fields(0) = Text1.Text
        Data1.Recordset.Fields(1) = Text2.Text
        Data1.Recordset.Update
          Data1.Recordset.MoveLast
        flag = 0
    End If

End Sub
' "删除" 按钮
Private Sub DeleteCommand_Click()
'删除记录
Data1.Recordset.Delete
Data1.Recordset.MoveLast
 '令 FlexGridRow 控件同步高亮显示当前记录
MSFlexGrid1.RemoveItem (MSFlexGrid1.Row)
beforeFlexGridRow = MSFlexGrid1.Row
End Sub

' "退出" 按钮
Private Sub EndCommand_Click()
 End
End Sub
```

(7) 为 MSFlexGrid1、Text1、Text2 编写代码,令三者的数据同步,如下:

```vb
Private Sub MSFlexGrid1_Click()
'单击 MSFlexGrid 控件的行时,令 data1 控件的数据同步更新,也就是与 text1、text2 数据同步
    FlexGridRow = MSFlexGrid1.Row
    Data1.Recordset.MoveFirst
    Data1.Recordset.Move (MSFlexGrid1.Row – 1)
  Call ChangeColor(beforeFlexGridRow, FlexGridRow)
End Sub

'text1 的数据与 MSFlexGrid 的数据同步
Private Sub Text1_Change()
MSFlexGrid1.Col = 1
If flag = 1 Then
```

```
        MSFlexGrid1.Text = Text1.Text
    Else
        MSFlexGrid1.Text = Data1.Recordset.Fields(0).Value
    End If
End Sub

'text2 的数据与 MSFlexGrid 的数据同步
Private Sub Text2_Change()
MSFlexGrid1.Col = 2
If flag = 1 Then
    MSFlexGrid1.Text = Text2.Text
Else
    MSFlexGrid1.Text = Data1.Recordset.Fields(1).Value
End If
End Sub
```

6.5 使用 ADO 访问数据库

ActiveX 数据对象（ActiveX Data Object，ADO）提供了更加简明的数据访问对象模型，是一种建立在被称为 OLE DB 的数据访问接口之上的高性能的、统一的数据访问对象，能够处理任何类型的本地或远程数据。ADO 技术在 VB 数据库程序中获得了广泛的应用。

6.5.1 ADO 对象模型

ADO 采用 OLE DB 的数据访问模式，它是数据访问对象（DAO）、远程数据对象（RDO）和开放数据库互连（ODBC）三种方式的扩展。不论是存取本地的还是远程的数据，ADO 都提供了统一接口。ADO 定义的可编程的分层对象集合包括如下内容。

Command 对象：包含关于某个命令，如查询字符串、参数定义等的信息。
Connection 对象：包含关于某个数据库提供程序的信息。
Error 对象：包含数据提供程序出错时的扩展信息。
Field 对象：包含记录集中数据的某个单列的信息。
Parameter 对象：包含参数化的 Command 对象的某个参数的信息。
Property 对象：包含某个 ADO 对象的提供程序定义的特征。
Recordset 对象：包含某个查询返回的记录。

6.5.2 ADO 数据控件

ADOData 控件是 ActiveX 数据对象。ADOData 控件和 Data 控件在概念上很相仿，都是将数据源连接到一个绑定控件上，也都有相同的外观和 4 个按钮。由于 ADOData 控件不是 Visual Basic 的内部控件，因此在使用之前必须将其添加到控件箱中去。在控件箱中添加"Microsoft ADO Data Control 6.0（OLEDB）"项，增加 ADOData 数据控件。

与 Data 控件类似，ADOData 控件本身不能显示数据，需要通过它的绑定控件来显示数据。只要在"设计模式"下设置 ADOData 控件的 4 个属性，无须编程就可以实现在一个表中前、后移动记录指针，浏览、修改和添加空记录。ADOData 控件 4 个属性的简要说明如表 6-15 所示。

表 6-15　ADOData 控件属性

属　　性	说　　明
ConnectionString	设置或返回字符串值,用来建立到数据源的连接信息。该字符串由一系列 argument=value 形式的参数构成,参数间用分号分隔。参数说明如下: Provider=[数据源驱动] Data Source=[数据源名称(含路径)] Remote Provider=[打开客户端连接时使用的数据源驱动] Remote Server=[服务器的路径名称]
CommandType	设置或返回整常数,指出命令类型。常数及其意义说明如下: 1-AdCmdTxt:命令文本内容为 SQL 语句 2-AdCmdTable:命令文本内容为表名 3-AdCmdStoreProc:命令文本内容为存储过程名 4-AdCmdUnknow:命令文本内容类型未知
RecordSource	一个字符串表达式,指定记录集,可能是表名,也可能是返回一个记录集的查询
EOFAction	记录集事件,同 6.4 节的 Data 控件的同名属性

6.5.3　ADO 控件的数据库连接

例 6-8　连接 SQL 数据库。在控件上单击右键,从快捷菜单中选择"ADODC 属性"命令,如图 6-41 所示。打开"属性页"对话框,可以设置 ODBC 连接,如图 6-42 所示。选择"使用连接字符串",如图 6-43 所示,单击"生成"按钮,打开的对话框如图 6-44 所示。选择"提供程序"选项卡,选择"SQL Server Native Client 10.0"驱动程序。单击"下一步"按钮,进入"连接"选项卡,如图 6-45 所示。设置服务器地址,登录账号,连接的数据库名称,单击"确定"按钮即可。

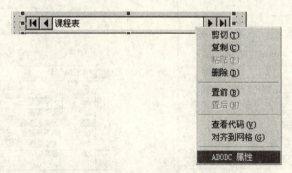

图 6-41　选择 ADODC 属性

图 6-42　使用 ODBC 连接数据库

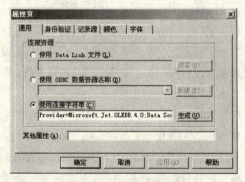

图 6-43　使用连接字符串

图 6-44　设置驱动程序

图 6-45　设置连接参数

6.5.4　ADO 控件示例

例 6-9　在"选课"数据库中创建"课程表",为"课程表"编写维护界面,能够实现"课程表"数据的浏览(首条、上一条、下一条、末条)和编辑(添加、修改、删除、退出),设计窗体如图 6-46 所示,运行结果如图 6-47 所示。

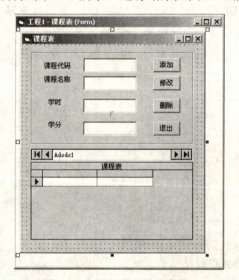

图 6-46　"课程表"设计窗体

图 6-47　"课程表"运行结果

(1) 添加表格:在 Visual Basic 中,选择菜单命令"外接程序"→"可视化数据管理器",打开"选课"数据库,在数据管理器中创建表格"课程表",表结构如表 6-16 所示,表数据如表 6-17 所示。

表 6-16　"课程表"结构

字段名称	数据类型
课程代码	Char(3)
课程名称	VarChar(50)
学分	SmallInt
学时	SmallInt

(2) 添加部件如下:

- 添加 ADOData 部件：选择菜单命令"工程"→"部件"→"Microsoft ADO Data Control 6.0(OLEDB)"。
- 添加 DataGrid 部件：选择菜单命令"工程"→"部件"→"Microsoft DataGrid Control 6.0"。

表 6-17 "课程表"数据

课程代码	课程名称	学 分	学 时
0001	大学语文	2	36
0002	大学英语	4	72
0003	计算机基础	3	54
0004	邓小平理论	3	54
0005	大学物理	3	54
0006	体育	2	36
0007	电子商务	2	36
0008	计算机网络	3	54

（3）添加窗体控件，控件类型及属性设置如表 6-18 所示。

表 6-18 课程表控件属性

对象类型	对象名称	属 性	属 性 值
Form	院系表	Caption	课程表
Frame	Frame1	Caption	空值
Label	kcdmLabel	Caption	课程代码
	kcmcLabel	Caption	课程名称
	xsLabel	Caption	学时
	xfLabel	Caption	学分
TextBox	kcdmText	Text	空值
		DataSource	Adodc1
		DataField	课程代码
	kcmcText	Text	空值
		DataSource	Adodc1
		DataField	课程名称
	xsText	Text	空值
		DataSource	Adodc1
		DataField	学时
	xfText	Text	空值
		DataSource	Adodc1
		DataField	学分
Adodc	Adodc1	ConnectString	"DSN=SQL 2008;" 或者 "Provider=SQLNCLI10.1; Integrated Security= SSPI; Persist Security Info=False; User ID=""; Initial Catalog=选课; Data Source=127.0.0.1; Initial File Name=""; Server SPN="""
		CommandType	2-adCmdTable
		RecordSource	课程表
		Visible	False
		Caption	课程表
CommandButton	AddCommand	Caption	增加
	EditCommand	Caption	修改
	DeleteCommand	Caption	删除
	ExitCommand	Caption	退出
DataGrid	DataGrid1	DataSource	Adodc1
		Caption	课程表

(4) 初始化 Adodc 的指针如下：

```
'初始化 Adodc 的指针
Private Sub Form_Load()
    Adodc1.Recordset.MoveFirst
End Sub
```

(5) 为按钮编写代码如下：

```
'添加按钮
Private Sub AddCommand_Click()
    Adodc1.Recordset.AddNew
End Sub
'修改按钮
Private Sub EditCommand_Click()
    Adodc1.Recordset.Update
End Sub
  '删除按钮
Private Sub DeleteCommand_Click()
    Adodc1.Recordset.Delete
    Adodc1.Recordset.MoveNext
End Sub
'退出按钮
Private Sub ExitCommand_Click()
    End
End Sub
```

(6) 为 Adodc 编写代码，实现记录号的显示，代码如下：

```
'在 Adodc 中显示当前记录号
Private Sub Adodc1_MoveComplete(ByVal adReason As ADODB.EventReasonEnum, ByVal pError As ADODB.Error, adStatus As ADODB.EventStatusEnum, ByVal pRecordset As ADODB.Recordset)
    Adodc1.Caption = "第" & Adodc1.Recordset.AbsolutePosition & "条记录"
End Sub
```

6.5.5 数据窗体向导

Visual Basic 提供的数据窗体向导可以帮助用户快速建立一般化的数据库应用程序，它可以根据用户的选择自动设置前面介绍过的 ADO 控件和数据绑定控件。数据窗体向导是作为外接程序存在的，因此当一个新工程启动时，它并没有出现在系统菜单中。在使用之前应执行菜单命令"外接程序"→"外接程序管理器"，在打开的对话框中，选择"数据窗体向导"项并选择加载方式后，单击"确定"按钮，将其加入到系统菜单中。

如果数据窗体仅是程序的一部分，也可以通过执行菜单命令"工程"→"添加窗体"，在打开的对话框中，选择"数据窗体向导"项来启动该向导。

6.6 通过数据环境设计器访问数据库

利用数据环境设计器可以将数据绑定控件与数据库连接起来，实现对数据库的基本操作。所谓数据绑定控件是指一些能够和数据库中的数据表的某个字段建立关联的控件。它的操作过程是，先创建"数据环境"文件，然后再与窗体中的数据绑定控件建立连接。

例 6-10 利用数据环境设计器创建学生表的数据维护界面,包括数据的浏览,以及增、删、改的功能。

(1) 在 Visual Basic 中,选择菜单命令"外接程序"→"可视化数据管理器",在数据管理器中创建表格。打开"选课"数据库,添加"学生表",表结构如表 6-19 所示,表数据如表 6-20 所示。

表 6-19 "学生表"结构

字 段 名 称	数 据 类 型
学号	Char(8)
姓名	VarChar(50)
性别编号	SmallInt
院系代码	Char(3)

表 6-20 "学生表"数据

学 号	姓 名	性别编号	院 系 代 码
05001001	李小刚	1	001
05001002	王萌	1	001
05002001	董华丽	1	002
05003001	张长霖	2	003
05003002	吴珂	2	003
05003003	李子权	2	003
05004001	白鹤羽	1	004
05004002	陈松	2	004
05008001	卢晓亮	2	008

(2) 创建"数据环境"文件。

- 添加数据环境设计器:在 Visual Basic 中,选择菜单命令"工程"→"添加 Data Environment",进入数据环境设计器,如图 6-48 所示。
- 设置 Connection 属性:在数据环境设计器中,选中 Connection1 链接对象,右击,从弹出的快捷菜单中选择"属性"命令,打开"数据链接属性"对话框。

图 6-48 数据环境设计器

在"提供程序"选项卡中,如图 6-49 所示,选择"SQL Server Native Client 10.0"。

在"连接"选项卡中,选择可连接的服务器地址,设置服务器登录方式为"使用 Windows NT 集成安全性",选择"选课"数据库,并单击"测试连接"按钮,测试数据库的连接情况,如图 6-50 所示。单击"确定"按钮,返回数据环境设计器。

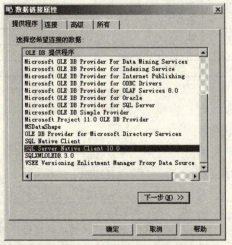

图 6-49 "数据链接属性"对话框的"提供程序"选项卡

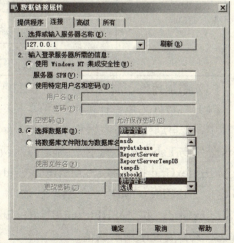

图 6-50 "数据链接属性"对话框的"连接"选项卡

- 设置 Command 属性：在数据环境设计器中右键单击 Connection1，从快捷菜单中选择"添加命令"命令，添加 3 个 Command 对象。右击 Command 对象，从快捷菜单中选择"属性"命令，打开 Command 属性对话框，如图 6-51 和图 6-52 所示，属性设置如表 6-21 所示。设置之后，单击"确定"按钮，返回数据环境设计器，如图 6-53 所示。

图 6-51 Command 属性对话框 1

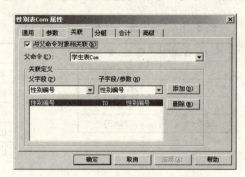

图 6-52 Command 属性对话框 2

表 6-21 Command 对象的属性

Command 对象名称	选 项 卡	属　　性	属 性 值
学生表 Com	通用	命令名称	学生表 Com
		连接	Connection1
		数据源——数据库对象	表
		数据源——对象名称	学生表
	高级	锁定类型	3-开放式
性别表 Com	通用	命令名称	性别表 Com
		连接	Connection1
		数据源——数据库对象	表
		数据源——对象名称	性别表
	关联	与父命令对象相关联	选中
		父命令	学生表 Com
		关联定义	（父字段）性别编号-（子字段）性别编号
院系表 Com	通用	命令名称	院系表 Com
		连接	Connection1
		数据源——数据库对象	表
		数据源——对象名称	院系表
	关联	与父命令对象相关联	选中
		父命令	学生表 Com
		关联定义	（父字段）院系代码-（子字段）院系代码

（3）添加控件，属性设置如表 6-22 所示。

（4）将数据环境设计器中的"学生表 Com"拖放到窗体中，会自动生成与数据相对应的控件。"学生表"各字段分别与 Label 和 Text 控件绑定，而两个子表则与两个 MSHFlexGrid 控件绑定：MSHFlexGrid 1 与"性别表"绑定，MSHFlexGrid2 与"院系表"绑定，设置 MSHFlexGrid1 和 MSHFlexGrid2 的 Enabled 属性为 False，其他属性采用默认值。

图 6-53 设置后的数据环境设计器

表6-22 "学生表"属性设置

对象类型	对象名称	属性	属性值
Form	学生表	Caption	学生表
Frame1	Frame1	Caption	学生表
	Frame2	Caption	浏览
	Frame3	Caption	编辑
CommandButton	Command1	Caption	首条
		Index	0
	Command1	Caption	上一条
		Index	1
	Command1	Caption	下一条
		Index	2
	Command1	Caption	末条
		Index	3
	Command2	Caption	添加
		Index	0
	Command2	Caption	修改
		Index	1
	Command2	Caption	删除
		Index	2
	Command3	Caption	退出

(5) 为初始化和退出编写代码如下:

```
'初始化窗体
Private Sub Form_Load()
    '初始化记录位置
    DataEnvironment1.rs 学生表 Com.MoveFirst
    '设置 MSHFlexGrid2 各栏宽度
    MSHFlexGrid1.ColWidth(0) = 1000
    MSHFlexGrid1.ColWidth(1) = 2000
    MSHFlexGrid2.ColWidth(0) = 1000
    MSHFlexGrid2.ColWidth(1) = 2000
End Sub
'退出系统
Private Sub Command3_Click()
    End
End Sub
```

(6) 添加公共模块,编写窗体数据刷新函数如下:

```
Public previousID As Integer
'刷新数据
Sub RefreshData(previousID As Integer)
    DataEnvironment1.rs 学生表 Com.MoveFirst
    DataEnvironment1.rs 学生表 Com.Move previousID
End Sub
```

(7) 为两个按钮组编写代码,实现数据的浏览和编辑:

```
'浏览按钮组
Private Sub Command1_Click(Index As Integer)
```

```
        Select Case Index
            '移动到"首条"
            Case 0
                DataEnvironment1.rs 学生表 Com.MoveFirst
            '移动到"下一条"
            Case 1
                If DataEnvironment1.rs 学生表 Com.AbsolutePosition < DataEnvironment1.rs 学生表
                    Com.RecordCount Then
                    DataEnvironment1.rs 学生表 Com.MoveNext
                End If
                MSHFlexGrid1.Refresh
            '移动到"上一条"
            Case 2
                If DataEnvironment1.rs 学生表 Com.AbsolutePosition > 1 Then
                    DataEnvironment1.rs 学生表 Com.MovePrevious
                End If
            '移动到"末条"
            Case 3
                DataEnvironment1.rs 学生表 Com.MoveLast
        End Select
    End Sub
    '编辑按钮组
    Private Sub Command2_Click(Index As Integer)
        Select Case Index
            '添加
            Case 0
                If Command2(0).Caption = "添加" Then
                    Command2(0).Caption = "确定"
                    DataEnvironment1.rs 学生表 Com.AddNew
                Else
                    Command2(0).Caption = "添加"
                    DataEnvironment1.rs 学生表 Com.Update
                    RefreshData (DataEnvironment1.rs 学生表 Com.AbsolutePosition – 1)
                End If
            '修改
            Case 1
                DataEnvironment1.rs 学生表 Com.Update
                RefreshData (DataEnvironment1.rs 学生表 Com.AbsolutePosition – 1)
            '删除
            Case 2
                If DataEnvironment1.rs 学生表 Com.AbsolutePosition < DataEnvironment1.rs 学生表
                    Com.RecordCount Then
                    DataEnvironment1.rs 学生表 Com.Delete
                    DataEnvironment1.rs 学生表 Com.MoveNext
                Else
                    DataEnvironment1.rs 学生表 Com.Delete
                    DataEnvironment1.rs 学生表 Com.MovePrevious
                End If
        End Select
    End Sub
```

6.7 数据报表的制作

报表以格式化的形式输出数据，有利于用户查看和使用数据。Visual Basic 提供了"数据报表设计器"这个工具。该工具和数据环境设计器结合起来使用，能够在几个不同的相关表上创建报表，还可以将报表导出到 HTML 或文本文件中，以方便 Internet 应用和数据交换。

数据报表设计器是一个多功能的报表生成器，可以创建联合分层结构的报表。Visual Basic 6.0 提供了 DataReport 对象作为数据报表设计器（Data Report Designer）。DataReport 对象除了具有强大的功能外，还提供了简单易操作的界面。

数据报表设计器由 DataReport 对象、Section 对象和 DataReport 控件组成。下面用一个例子说明报表设计器的使用。

例 6-11 为学生表创建报表，使得学生按照专业打印，并且能够统计该专业的学生数。

（1）创建报表。

选择菜单命令"工程"→"添加 DataReport"，将数据报表设计器添加到工程中，出现 DataReport1 对象。该对象由"报表标头"、"页标头"、"细节"、"页注脚"和"报表注脚"组成。

报表标头：包含显示在一个报表开始处的文本，如报表标题、作者，或者制表日期等。一般用数据报表控件中的 RptLabel 来显示。

页标头：包含在报表的每页顶部出现的信息，如报表的列名，一般是静态文本。

细节：包含报表最内部的"重复"部分，是报表最重要的部分，一般使用数据报表控件的 RptTextBox 显示。该控件可设置绑定属性自动获取内容。一个报表的记录数有数十条或几百条，在报表设计器中只需要定义一行，就可以根据表中的内容自动循环生成多行。如果行、列之间需要线条隔开，可以增加数据报表控件 RptLine。

页注脚：包含报表在每页底部出现的信息，如页数。

报表注脚：包含报表结束处出现的文本，如制表人姓名等。

（2）添加数据环境。

- 选择菜单命令"工程"→"添加 DataEnvironment"，添加数据环境 DataEnvironment1。
- 设置 Connection1 属性，如表 6-23 所示。

表 6-23 Connection 属性

属 性 名 称	属 性 值
ConnectionSource	Provider = SQLNCLI10.1; Integrated Security = SSPI; Persist Security Info = False; User ID=""; Initial Catalog = 选课; Data Source = 127.0.0.1; Initial File Name = ""; Server SPN = ""

- 添加 Command1，选择"SQL 语句"，如图 6-54 所示，单击"SQL 生成器"按钮，进入"查询生成器"的设计窗口，如图 6-55 所示。将"学生表"和"院系表"从"数据环境设计器"中添加到"SQL 生成器"中；并将"学生表"的"院系代码"拖放到"院系表"中为两表建立关联。然后添加计算人数的字段"学生人数"，并设置按照"院系代码"分组，在要输出的字段前打钩，选择菜单命令"查询"→"运行"，可以看到最下方的运行结果。

图 6-54　Command 属性设置

- 添加 Command2，在如图 6-54 所示的对话框中选择"数据库对象"项，Command2 的属性设置如表 6-24 所示。

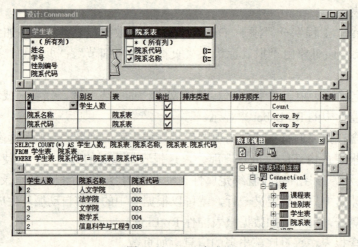

图 6-55　SQL 生成器

表 6-24　Command2 属性设置

对象名称	选项卡	属　　性	属　性　值
Command2	通用	命令名称	Command2
		连接	Connection1
		数据源——数据库对象	表
		数据源——对象名称	学生表
	关联	与父命令对象相关联	选中
		父命令	Command 1
		关联定义	（父字段）院系代码-（子字段）院系代码
	高级	锁定类型	3-开放式

（3）使用"报表设计器"设置报表。

设置"报表设计器"DataReport1 的 DataSource 属性为 DataEnvironment1，DataMember 属性为 Command1，如图 6-56 所示。

在"报表设计器"中右击,在弹出的快捷菜单中选择"插入分组标头/注脚"命令,从"数据环境设计器"中,将要输出的字段添加到"报表设计器"中,如所图 6-57 示。

说明:

- 报表设计器中的各项控件都可以通过在报表设计器中右击菜单,在弹出的快捷菜单的"插入控件"子菜单中找到。使用"标签"控件显示文字,使用"线条"控件绘制线条,使用"图形"和"形状"控件加入图案或图形。
- 可以将"细节"带区产生的标签拖动到"页标头"带区,使每页都显示标题。
- 在"报表标头"带区中插入标签,在属性窗中把新添加的标签控件的 Caption 属性设置为"学生名单",将 Font 属性修改为合适的字体样式和大小。

图 6-56 数据环境设计器

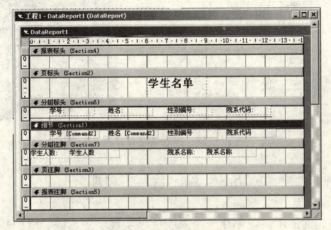

图 6-57 报表设计器

- 调整"细节"带区的高度,使它只有一行数据高,再将其他内部没有放置字段或标签的分栏高度调整为 0。

(4)运行显示数据报表。

有两种方法可以显示报表:

- 选择菜单命令"工程"→"工程 1 属性"命令,在打开的对话框中将"启动对象"设置为 DataReport1,运行时显示数据报表。
- 在 Form1 添加一个命令按钮,按钮的 Click 事件代码如下:

    Private Sub Command1_Click()
        DataReport1.Show
    EndSub

报表运行结果如图 6-58 所示。

(5)打印报表。打印一个数据报表可以有两种方法:使用"打印"按钮或者使用 PrintReport 方法编程打印。

- 当使用 Show 方法进行"打印预览"时,单击工具栏中的"打印"按钮,则出现打印对话框,然后进行打印设置。

- 使用 PrintReport 方法。

语法格式：对象.PrintReport （是否显示"打印"对话框）

在 Form1 中添加"打印"按钮，并编写如下代码：

```
Private Sub Command2_Click()
    DataReport1.PrintReport   True
End Sub
```

在运行时，单击"打印"按钮，出现"打印"对话框，可以在其中设置打印参数。

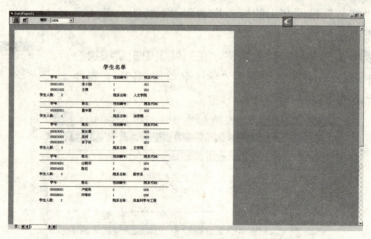

图 6-58 报表的运行结果

6.8 综合实例

例 6-12 合并先前的示例，创建一个系统能够实现学生选课，维护基本表（学生表、课程表、院系表、性别表），以及打印报表（学生表报表，选课报表）。程序设计窗体如图 6-59 所示，运行结果如图 6-60 所示。

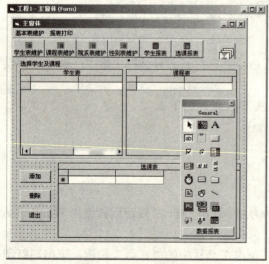

图 6-59 选课系统设计窗体

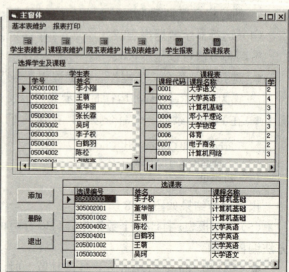

图 6-60 选课系统运行结果

(1) 创建表格：打开"选课"数据库，在数据库中添加表格"选课表"，表格结构如表 6-25 所示。

(2) 设置数据环境。添加数据环境 DataEnvironment1，添加 4 个命令 Command，属性设置如表 6-26 所示。

(3) 添加 DataGrid 控件：选择菜单命令"工程"→"部件"→"Microsoft DataGrid 6.0"，添加控件。属性设置如表 6-27 所示。

表 6-25 选课表

字 段 名 称	数 据 类 型
选课编号	Char(12)
学号	Char(8)
课程代码	Char(3)

表 6-26 选课表数据环境的属性设置

对 象 类 型	对 象 名 称	属 性 名 称	属 性 值
DEConnection	Connection1	ConnectionSource	Provider=Microsoft.Jet.OLEDB.4.0; Data Source=C:\选课; Persist Security Info=False
		高级（选项卡）-访问权限	ReadWrite
DECommand	学生表 Com	ConnectionName	Connection1
		CommandType	1-adCmdText
		CommandText	SELECT 学号,姓名,性别名称,院系名称 FROM 学生表,性别表,院系表 WHERE 学生表.性别编号=性别表.性别编号 AND 学生表.院系代码=院系表.院系代码
	课程表 Com	ConnectionName	Connection1
		CommandType	1-adCmdTable
		CommandText	课程表
	选课表 Com	ConnectionName	Connection1
		CommandType	1-adCmdText
		CommandText	SELECT 选课编号,姓名,课程名称,学时,学分 FROM 选课表,学生表,课程表 WHERE 选课表.学号=学生表.学号 AND 选课表.课程代码=课程表.课程代码
	编辑选课表 Com	ConnectionName	Connection1
		CommandType	1-adCmdText
		CommandText	空值
		CursorType	3-adOpenStatic

表 6-27 选课表控件属性设置

对 象 类 型	对 象 名 称	属 性	属 性 值
Form	主窗体	Caption	主窗体
Frame	Frame1	Caption	选择学生及课程
DataGrid	学生表 DataGrid	DataSource	DataEnvironment1
		DataMember	学生表 Com
		Caption	学生表
	课程表 DataGrid	DataSource	DataEnvironment1
		DataMember	课程表 Com
		Caption	课程表
	选课表 DataGrid	DataSource	DataEnvironment1
		DataMember	选课表 Com
		Caption	选课表
Command	AddCommand	Caption	添加
	DeleteCommand	Caption	删除
	ExitCommand	Caption	退出

(4) 为各按钮编写代码如下：

```
Public StudentId, StudentNum As Integer      '记录学生表当前记录号,学生表记录总数
Public CourseId, CourseNum As Integer        '记录课程表当前记录号,课程表记录总数
Dim SelectCourseId As String * 12            '记录选课表当前记录号
Dim StudentValue As String * 8               '记录学生表当前选中的学号
Dim CourseValue As String * 4                '记录课程表当前选中的课程编号
Dim SelectCourseValue As String              '记录选课表当前选中的选课编号
Public sqlString As String                   '保存动态生成的 SQL 语句

'初始化窗体
Private Sub Form_Load()
    DataEnvironment1.rs 课程表 Com.MoveFirst
    DataEnvironment1.rs 学生表 Com.MoveFirst
End Sub
'获取用户选择的课程表信息
Private Sub 课程表 DataGrid_LostFocus()
    CourseId = DataEnvironment1.rs 课程表 Com.Fields(0).Value
    CourseNum = DataEnvironment1.rs 课程表 Com.RecordCount
    CourseValue = 课程表 DataGrid.Columns(0).Text
End Sub
'获取用户选择的学生表信息
Private Sub 学生表 DataGrid_LostFocus()
    StudentId = DataEnvironment1.rs 学生表 Com.Fields(0).Value
    StudentNum = DataEnvironment1.rs 学生表 Com.RecordCount
    StudentValue = 学生表 DataGrid.Columns(0).Text
End Sub

'"添加"按钮:添加选课记录
Private Sub AddCommand_Click()
    If Trim(StudentId) <> "" And Trim(CourseId <> "") Then
        SelectCourseId = CourseId + StudentId
        sqlString = "INSERT INTO 选课表（学号，课程代码，选课编号）
            VALUES('" & StudentValue & "','" & courseValue & "' ," & SelectCourseId & ")"
        DataEnvironment1.Commands.Item(4).CommandText = sqlString
        DataEnvironment1.Commands.Item(4).Execute
        '刷新记录
        DataEnvironment1.rs 选课表 Com.Requery
        Set 选课表 DataGrid.DataSource = DataEnvironment1
    End If
End Sub

'删除按钮:删除选课记录
Private Sub DeleteCommand_Click()
'如果记录不为空
If DataEnvironment1.rs 选课表 Com.RecordCount > 0 Then
```

```
            选课表 DataGrid.Col = 0
            SelectCourseValue = 选课表 DataGrid.Text
            '如果没有取到空值
            If Trim（SelectCourseValue） <> "" Then
                sqlString = "DELETE FROM 选课表 WHERE 选课编号 = '" & SelectCourseValue & "'"
                DataEnvironment1.Commands.Item(4).CommandText = sqlString
                DataEnvironment1.Commands.Item(4).Execute
            End If
        End If
        DataEnvironment1.rs 选课表 Com.Requery
            Set 选课表 DataGrid.DataSource = DataEnvironment1
        End Sub

        '"退出"按钮:退出系统
        Private Sub ExitCommand_Click()
            End
        End Sub
```

（5）添加"选课报表"，输出各门课程的名单：从数据环境设计器中，把"选课表 Com"控件拖放到窗体上，把自动生成的控件摆放到合理的位置，并用 Label 控件添加报表标题，如图 6-61 所示。

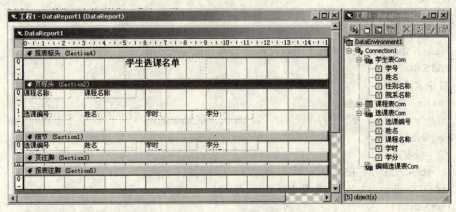

图 6-61　选课报表

（6）添加菜单，具体操作如下。

● 将本章各例题生成可执行文件，放在本系统的文件夹中，各例题与可执行文件的对应关系如表 6-28 所示。生成可执行文件的方法如下：打开一个已经创建的项目，选择菜单命令"文件"→"生成××项目××窗体.exe"，其中"××项目"为当前打开的项目名称，"××窗体"为当前打开的主窗体的名称。

● 设置菜单，内容如表 6-29 所示。

表 6-28　例题与程序对应关系

例题名称	程序名称
例 6-2	工程 1 性别表.exe
例 6-6	工程 1 院系表.exe
例 6-7	工程 1 课程表.exe
例 6-8	工程 1 学生表.exe
例 6-9	工程 1 学生报表.exe

表 6-29 综合示例菜单

一级菜单设置		二级菜单设置		对应程序说明
标题（访问键）	名称	标题（访问键）	名称	
基本表维护	jbb	学生表维护	xsb	工程1学生表.exe
		课程表维护	kcb	工程1课程表.exe
		院系表维护	yxb	工程1院系表.exe
		性别表维护	xbb	工程1性别表.exe
报表打印	bb	学生报表打印	xsbb	工程1学生报表.exe
		选课报表打印	xkbb	DataReport1
		垂直平铺（&V）	Vertical	

● 为主菜单编写代码如下：

```
'学生表维护菜单
Private Sub xsb_Click()
  state = Shell(path & "\工程1学生表.exe", vbNormalNoFocus)
End Sub
'课程表维护菜单
Private Sub kcb_Click()
    state = Shell (path & "\工程1课程表.exe", vbNormalNoFocus)
End Sub
'院系表维护菜单
Private Sub yxb_Click()
  state = Shell(path & "\工程1院系表.exe", vbNormalNoFocus)
End Sub
'性别表维护菜单
Private Sub xbb_Click()
  state = Shell(path & "\工程1性别表.exe", vbNormalNoFocus)
End Sub
'学生报表菜单
Private Sub xsbb_Click()
state = Shell(path & "\工程1学生报表.exe", vbNormalNoFocus)
End Sub
'选课报表菜单
Private Sub xkbb_Click()
    DataReport1.Show
End Sub
```

● 为快捷菜单编写代码如下：

```
'选课表 DataGrid 响应快捷菜单
Private Sub 选课表 DataGrid_MouseUp(Button As Integer, Shift As Integer, X As Single, Y As Single)
    If Button = 2 Then        ' 检查是否单击了鼠标右键
        PopupMenu bb          ' 把菜单显示为弹出式菜单
    End If
End Sub
'学生表 DataGrid 响应快捷菜单
Private Sub 学生表 DataGrid_MouseUp(Button As Integer, Shift As Integer, X As Single, Y As Single)
```

```
        If Button = 2 Then        ' 检查是否单击了鼠标右键
            PopupMenu bb          ' 把菜单显示为弹出式菜单
        End If
    End Sub
```

(7) 添加工具栏，方法如下。

添加 ImageList 控件，并为该控件添加两个 ico 图片，索引分别为 1 和 2。选择菜单命令"工程"→"部件"→"Microsoft Command Dialog Control 6.0"，添加工具栏控件。为工具栏按钮设置图片，工具栏属性设置如表 6-30 所示。

表 6-30 工具栏属性设置

选 项 卡	属 性 名 称	属 性 值
通用	图像列表	ImageList1
按钮 1	索引	1
	标题	学生表维护
	图像	1
按钮 2	索引	1
	标题	课程表维护
	图像	1
按钮 3	索引	1
	标题	院系表维护
	图像	1
按钮 4	索引	1
	标题	性别表维护
	图像	1
按钮 5	索引	1
	标题	学生报表
	图像	2
按钮 6	索引	1
	标题	选课报表
	图像	2

为工具栏编写代码如下：

```
'工具栏按钮组
Private Sub Toolbar1_ButtonClick(ByVal Button As MSComctlLib.Button)
Select Case Button
    Case "学生表维护"
        Call xsb_Click
    Case "课程表维护"
        Call kcb_Click
    Case "院系表维护"
        Call yxb_Click
    Case "性别表维护"
        Call xbb_Click
    Case "学生表报表"
```

```
            Call xsbb_Click
        Case "选课报表"
            Call xkbb_Click
    End Select
End Sub
```

(8) 保存程序并运行。

习题

1. 什么是对象？什么是类？构成一个对象的三要素是什么？
2. 解释属性、事件、方法这三个概念。
3. 简述事件驱动编程的基本要点。
4. 用数字显示菱形图案，运行结果如图 6-62 所示。
5. 简述数据访问对象（DAO）、远程数据对象（RDO）和 ActiveX 数据对象（ADO）的概念及区别。
6. 制作一个趣味考试系统，程序设计界面如图 6-63 所示，运行结果如图 6-64 所示。数据库设计如表 6-31 和表 6-32 所示。

图 6-62　用数字显示菱形图案

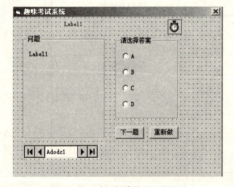

图 6-63　考试系统界面设计

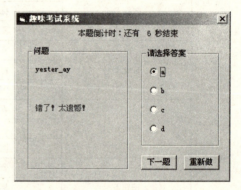

图 6-64　考试系统运行界面

表 6-31　表表结构

字　段　名	字　段　类　型
ID	数字
TITLE	备注
ANSwer	数字
a	备注
b	备注
c	备注
d	备注

表 6-32　表数据

ID	Title	Answer	a	b	c	d
1	MsgBox 函数值是：	1	整型	字符串	变体	日期
2	yester_ay	4	a	b	c	d
3	_ounty	3	a	b	c	d

第 7 章

通讯录管理系统的设计与实现

本章给出一个简单实用的 Visual Basic 应用系统开发案例,介绍从系统分析、系统后台数据库的构建、系统前台界面设计到编程实现的完整过程,从而帮助读者了解数据库开发的完整过程。

7.1 通讯录管理系统的需求分析

在当今快节奏的生活中,人与人之间最便捷的联系方式就是电话。在平时的工作和生活中,经过长时间的积累,每个人都保存了非常多的固定电话号码与手机号码,而许多人都将联系方式记录在电话簿中。但由于是手工记录,并且数目庞大而且杂乱无章,查找起来非常不方便,尤其是其中一些人的联系方式经常变动,导致在电话簿中可能有一个人的多条记录,结果不知道最终准确的记录是哪一条。为了解决这个问题,现用 Visual Basic 设计一个通讯录管理系统,将通讯方式记录在系统中,并且提供查询与编辑的功能,使得通讯记录的管理更加便捷,易于查找。

本软件适用于一个小型集体,每个成员都可以使用该软件进行通讯录的管理。本软件可以根据登录的账号,自动筛选出登录成员所管理的通讯录记录,并可以进行增、删、改维护。各个成员之间不能互相看到彼此的通讯录,可以保证数据的安全性和私密性。

根据操作的功能不同,本系统的权限分为三个级别:
(1) 管理员,负责各权限的模块管理即不同权限的用户能够访问的菜单是不同的,管理员只能维护自己的通讯录数据,不能够维护其他用户的通讯录数据。
(2) 数据维护人员,负责公用数据表的维护,例如,性别表,省市代码表等。
(3) 一般用户,负责管理自己的通讯录,能够实现数据的增、删、改,查询及打印。

7.2 通讯录管理系统的系统设计

本系统分为三个大模块,分别是系统维护模块、数据字典维护模块以及通讯录管理模块。其中系统维护模块执行的是权限和账号的管理,数据字典维护模块执行的是基础数据的维护,通讯录管理模块则执行的是通讯录记录的管理。系统的结构如图 7-1 所示。

系统的运行流程如图 7-2 所示。

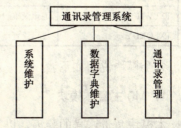

图 7-1 通讯录管理系统系统架构

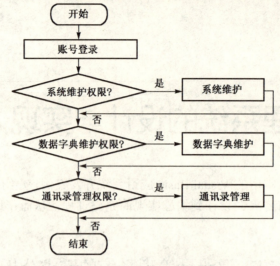

图 7-2 通讯录管理系统流程

7.3 通讯录管理系统模块设计

各菜单及对应模块的详细设计如表 7-1 所示。

表 7-1 菜单及模块设计

菜单名称（索引）	菜单说明	模块编号	模块说明	文件名称
		M0	主窗体模块	
		M0.1	登录	登录.frm
		M0.2	MDI 主窗体	MDIFORM1.frm
Main(0)	系统维护	M1	系统维护模块	
QXGL	权限管理	M1.1	权限管理	权限表.frm
MKGL	模块管理	M1.2	模块管理	模块表.frm
MKQX	模块权限管理	M1.3	模块权限管理	模块权限对照表.frm
ZHGL	账号管理	M1.4	账号管理	账号表.frm
Main(1)	数据字典维护	M2	数据字典维护模块	
XBDM	性别代码维护	M2.1	性别代码维护	性别代码表.frm
XSDM	省市代码维护	M2.2	省市代码维护	省市代码表.frm
Main(2)	通讯录管理	M3	通讯录管理模块	
TXLFZ	通讯录分组维护	M3.1	通讯录分组维护	通讯录分组表.frm
TXLWH	通讯录维护	M3.2	通讯录维护	通讯录维护.frm
TXLCXDY	通讯录查询与打印	M3.3	通讯录查询与打印	通讯录查询与打印.frm

各个模块说明如下。

1．M0 主窗体模块

本模块负责账号的验证，以及根据账号权限显示对应菜单，提供用户的操作菜单。

2. M1 系统维护模块

本模块主要实现账号访问的控制,也就是说,不同权限的用户能够处理的模块和数据是不同的。例如,一般账号不能进行系统维护和数据字典维护,只能维护自己的通讯录。而高级账号除了能够维护自己的通讯录之外,还能执行系统维护和数据字典维护。

本模块包含三个子模块:"权限管理"负责创建权限;"账号管理"负责创建账号,每个权限下都可以设置多个账号,同样权限的账号所能访问的模块是相同的;"模块权限管理"负责对权限所能访问的模块进行管理。

3. M2 数据字典维护模块

在通讯录的管理中有一些基本数据需要维护,如省市、性别及邮政编码,这些数据都是通用数据,通常很少改动,但是在某些特殊的情况下还是需要维护的,例如新出现的省市名称,或者某些省市变动,这时候需要通过具有管理员权限的账号,进入软件修改数据。在通讯录的数据表中与数据字典相关的数据填写的都是代码,而代码的相应显示内容则由相关的数据字典表维护,以方便数据修改。例如:在通讯录的数据表中,填写的联系人的性别为"1",通过查找数据字典的性别表,可以看到"1"代表的是"女",那么显示给用户看的性别部分就应该链接到性别表,将代码所代表的内容显示出来,以方便查看。

本模块包含性别代码表、省市代码表的维护。

4. M3 通讯录管理模块

本模块是系统的主要模块,实现的是对通讯录的管理。在通讯录的管理中,通常要按照某种方式将联系人进行分类。通讯录管理模块包含 3 个子模块,其中通讯录分组子模块是提供给用户设定分类的,例如可以设定分组为:小学同学,中学同学,亲戚,朋友等。通讯录维护模块则是处理联系人的资料的,包括增、删、改,以及查询打印的操作。

本模块根据用户的登录账号显示本用户创建的通讯录,每个用户维护自己创建的分组和通讯录,互相之间不能互相察看,以保证通讯录数据的私密性和安全性。

7.4 通讯录管理系统的数据库设计

本系统的数据较为简单,数据库设计的原则依据第三个范式的规范建立,能够较好地解决冗余、数据重复、不一致性的问题。通用数据设计为数据字典统一管理,其他表格只要用到该数据就引用数据字典的通用数据表,以保证各表数据的一致性。

7.4.1 数据库概要设计

通讯录相关的数据库的表间关系如图 7-3 所示。其中,模块权限对照表是从权限表和模块表选择数据填写的。每个用户的账号都有唯一标明的权限,根据权限可以判定用户可以执行哪类操作。在进行通讯录表格的维护时,只筛选当前登录账号所维护的通讯录记录,并且每个账号维护自己的一组通讯录分组,每个账号的分组情况可以不同。对于性别及省市等相同的公用数据,提供统一的数据字典进行维护。

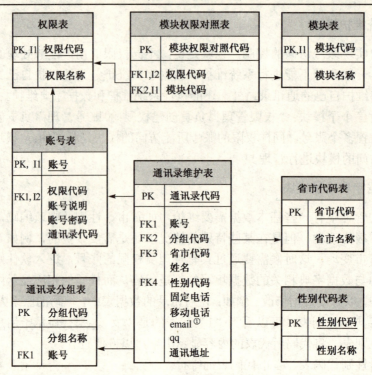

图 7-3 数据库概要设计

7.4.2 数据库详细设计

数据库包含权限表、模块表、模块权限对照表、账号表、省市代码表、性别代码表、通讯录分组表、通讯录维护表 8 个数据表，表结构设置见表 7-2～表 7-9。

表 7-2 权限表

字 段 名	字段类型	长 度	可否为空	说　　明
权限代码	UniqueIdentifier		否	主键，自动生成
权限名称	VarChar	200	否	1. 管理员；2. 数据维护人员；3. 一般用户

表 7-3 模块表

中文字段名	字段类型	长 度	可否为空	说　　明
模块代码	UniqueIdentifier		否	主键，自动生成
模块名称	VarChar	200		

表 7-4 模块权限对照表

中文字段名	字段类型	长 度	可否为空	说　　明
模块权限对照代码	UniqueIdentifier		否	主键，自动生成
权限代码	Integer		否	
模块代码	Integer		否	

---

① 为方便起见，将 E-mail 简写为 email。

表7-5 账号表

中文字段名	字段类型	长度	可否为空	说明
账号	VarChar	50	否	主键
账号说明	VarChar	200		
权限代码	VarChar		否	1.管理员；2.数据维护人员；3.一般用户
账号密码	VarChar	50		

表7-6 省市代码表

中文字段名	字段类型	长度	可否为空	说明
省市代码	VarChar	2	否	主键
省市名称	VarChar	40		

表7-7 性别代码表

中文字段名	字段类型	长度	可否为空	说明
性别代码	VarChar	1	否	主键。
性别名称	VarChar	10		

表7-8 通讯录分组表

中文字段名	字段类型	长度	可否为空	说明
分组代码	UniqueIdentifier		否	主键，自动生成
分组名称	VarChar	255	否	
账号	VarChar	50	否	

表7-9 通讯录维护表

中文字段名	字段类型	长度	可否为空	说明
通讯录代码	UniqueIdentifier		否	主键，自动生成
账号	VarChar	50	否	
分组代码	Integer		否	
省市代码	VarChar	2		
姓名	VarChar	255		
性别代码	VarChar	1		
固定电话	VarChar	255		
移动电话	VarChar	255		
email	VarChar	255		
qq	VarChar	255		
通讯地址	VarChar	255		

主要数据表的数据内容由用户拟定，性别代码表中的数据如表7-10所示。

表7-10 性别代码表数据

性别代码	性别名称
1	女
2	男

7.5 通讯录管理系统的代码实现

7.5.1 公用模块

在本系统中，有一些数据是所有模块都需要共享的数据或变量，在这里通过标准模块定义公用变量（全局变量）。在"工程"的"模块"分类中添加"模块"文件，并命名为"Module_公共变量"，保存为"Module_公共变量.bas"，文件定义如下：

```
'——工程1-Module_公共变量(code)
'（通用）   （声明）
Public 登录账号  As String           '保存用户的登录账号
Public 登录密码  As String           '保存用户的登录密码
Public 通讯录 id As Integer          '保存通讯录代码
Public 通讯录 rec Ac Integer         '保存当前通讯录的记录号
Public sqlString As String           '保存生成的 SQL 查询语句
'添加数据环境 DataEnvironment1 并为其添加初始化代码，设置数据库默认路径
Private Sub DataEnvironment_Initialize()
    DataEnvironment1.Connection1.ConnectionString = "Provider=SQLNCLI10.1;
    Integrated Security=SSPI;Persist Security Info=False;Initial Catalog=通讯录; Data Source=127.0.0.1"
End Sub
```

7.5.2 登录模块

1．运行界面

本模块包括账号验证，运行界面如图 7-4 和图 7-5 所示。篇幅所限，相关代码不再列出。

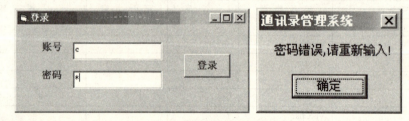

图 7-4　登录界面密码错误检测

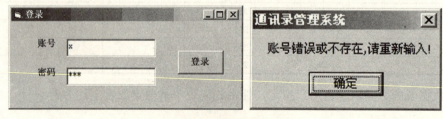

图 7-5　登录界面账号错误检测

2．添加数据

系统中设置的账号信息如表 7-11 所示。

表 7-11 账号表

账　号	账号说明	权限代码	账号密码
a	我的账号_管理员权限	1	a
b	我的账号_数据维护人员权限	2	b
c	我的账号_一般用户权限	3	c
d	一般用户权限	3	d
guest	匿名用户_一般用户权限	3	

3．添加控件

"登录"窗体中的对象及其属性设置如表 7-12 所示。

表 7-12 "登录"窗体属性设置

对象类型	对象名称	属　性	属性值
Form	登录	Caption	登录
Label	Label1	Caption	账号
	Label2	Caption	密码
TextBox	Text1	Text	空值
	Text2	Text	空值
		PasswordChar	*
CommandButton	Command_登录	Caption	登录

4．添加代码

（1）首先在"Module_公共变量"的公用模块中保留公用数据。

```
Public 登录账号 As String
Public 登录密码 As String
```

（2）验证用户的账号和密码。

将账号保留到公用变量"登录账号"中，并根据账号对应的选项的权限，控制主程序的菜单项显示的数目。代码如下：

```
Private Sub Command_登录_Click()
登录账号 = Text1.Text
登录密码 = Text2.Text
sqlString = "SELECT 账号密码 FROM 账号表 WHERE 账号表.账号='" + 登录账号 + "'"
Set rs = New ADODB.Recordset
Set conn = New ADODB.Connection
conn.ConnectionString = "Provider=SQLNCLI10.1;Integrated Security=SSPI;Persist Security Info = 
                        False;Initial Catalog = 通讯录;Data Source=127.0.0.1"
conn.Open
rs.Open sqlString, conn
If rs.EOF Then
    MsgBox ("账号错误或不存在，请重新输入!")
    Text1.Text = ""
    Text2.Text = ""
Else
```

```
            If 登录密码 = rs.Fields（"账号密码"）.Value Then
                Unload Me
                MDI 主窗体.Show
            Else
                MsgBox    ("密码错误，请重新输入!")
                Text2.Text = ""
            End If
        End If

        If rs.State = 1 Then
            rs.Close
        End If
```

7.5.3 MDI 主窗体

1．运行界面

通过"登录"界面取得账号后，根据账号对应的权限，实现对程序主菜单的控制，不同权限的用户所看到的主菜单是不同的，如图 7-6 所示。

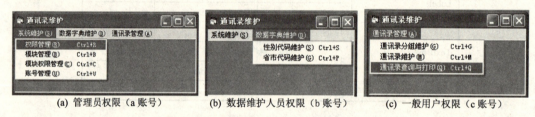

(a) 管理员权限（a 账号）　　(b) 数据维护人员权限（b 账号）　　(c) 一般用户权限（c 账号）

图 7-6　不同权限的用户所看到的主菜单

2．菜单设计

主菜单的设计如表 7-13 所示，在登录时初始化为令所有菜单不可见，然后根据用户账号表中的用户权限，查找权限模块对照表，并根据该表的设定，决定显示哪些菜单给该用户。

表 7-13　主窗体菜单设计

一级菜单设置		二级菜单设置		
标题（访问键）	名称	标题（访问键）	名称	快捷键
系统维护（&S）	XTWH	权限管理（&R）	QXGL	Ctrl+R
		模块管理（&B）	MKGL	Ctrl+B
		模块权限管（&C）	MKQX	Ctrl+C
		账号管理（&U）	ZHGL	Ctrl+U
数据字典维护（&D）	SJZD	性别代码维护（&S）	XBDM	Ctrl+S
		省市代码维护（&P）	XSDM	Ctrl+P
通讯录管理（&A）	TXLGL	通讯录分组维护（&G）	TXLFZ	Ctrl+G
		通讯录维护（&M）	TXLWH	Ctrl+M
		通讯录查询与打印（&Q）	TXLCXDY	Ctrl+Q

编写菜单代码如下：

```
Private Sub mkgl_Click()
```

```
        Load 模块表
        模块表.Top = 0
        模块表.Left = 0
        模块表.Height = 6000
        模块表.Width = 4500
        MDI 主窗体.Height = 7000
        MDI 主窗体.Width = 5000
End Sub
Private Sub mkqx_Click()
        Load 模块权限对照表
        模块权限对照表.Top = 0
        模块权限对照表.Left = 0
        模块权限对照表.Height = 5775
        模块权限对照表.Width = 10995
        MDI 主窗体.Height = 7000
        MDI 主窗体.Width = 12000
End Sub
Private Sub qxgl_Click()
        Load 权限表
        权限表.Top = 0
        权限表.Left = 0
        权限表.Height = 5925
        权限表.Width = 4005
        MDI 主窗体.Height = 7000
        MDI 主窗体.Width = 5000
End Sub
Private Sub txlcxdy_Click()
        Load 通讯录查询与打印
        通讯录查询与打印.Top = 0
        通讯录查询与打印.Left = 0
        通讯录查询与打印.Height = 5800
        通讯录查询与打印.Width = 12500
        MDI 主窗体.Height = 7500
        MDI 主窗体.Width = 13000
End Sub
Private Sub txlfz_Click()
        Load 通讯录分组表
        通讯录分组表.Top = 0
        通讯录分组表.Left = 0
        通讯录分组表.Height = 5910
        通讯录分组表.Width = 5805
        MDI 主窗体.Height = 7000
        MDI 主窗体.Width = 7000
End Sub
Private Sub txlwh_Click()
        Load 通讯录维护
        通讯录维护.Top = 0
        通讯录维护.Left = 0
        通讯录维护.Height = 5385
        通讯录维护.Width = 12480
        MDI 主窗体.Height = 7000
```

```
            MDI 主窗体.Width = 14000
        End Sub
        Private Sub xbdm_Click()
            Load 性别代码表
            性别代码表.Top = 0
            性别代码表.Left = 0
            性别代码表.Height = 5845
            性别代码表.Width = 4005
            MDI 主窗体.Height = 7000
            MDI 主窗体.Width = 6000
        End Sub
        Private Sub xsdm_Click()
            Load 省市代码表
            省市代码表.Top = 0
            省市代码表.Left = 0
            省市代码表.Height = 6570
            省市代码表.Width = 4875
            MDI 主窗体.Height = 8000
            MDI 主窗体.Width = 6000
        End Sub
        Private Sub zhgl_Click()
            Load 账号表
            账号表.Top = 0
            账号表.Left = 0
            账号表.Height = 5925
            账号表.Width = 8715
            MDI 主窗体.Height = 7000
            MDI 主窗体.Width = 9200
        End Sub
```

3．添加数据

本模块涉及的表格有"账号表"、"权限表"、"模块表"和"模块权限对照表"，其中"账号表"已经建立，其他 3 个表的数据如表 7-14～表 7-16 所示。

表 7-14　权限表数据

权限代码	权限名称
1	管理员
2	数据维护人员
3	一般用户

表 7-16　模块表数据

模块代码	模块名称
1	系统维护
2	数据字典维护
3	通讯录管理

表 7-15　模块权限对照表

模块权限对照代码	权限代码	模块代码
1	1	1
2	1	2
3	1	3
4	2	1
5	2	2
6	3	3

4．添加代码

```
        Private Sub MDIform_Load()
        '隐藏所有主菜单
```

第 7 章 通讯录管理系统的设计与实现

```
            For i = 1 To 3
                main(i).Visible = False
            Next
'根据用户的账号查找"账号表"中的"权限",根据"模块权限对照表"查找对应权限所能访问的
模块,取得模块列表(本句在 VB 环境中书写不换行,如果需要换行,在每行末尾需要添加换行标
记 "&_")
            sqlString = "SELECT 模块代码 FROM 账号表,权限表,模块权限对照表 WHERE 账号表.账号= '" +
                登录账号 + "' AND 账号表.权限代码=模块权限对照表.权限代码 AND 账号表.权限代码
                =权限表.权限代码"
            Set rs = New ADODB.Recordset
            Set conn = New ADODB.Connection
            conn.ConnectionString = "Provider=SQLNCLI10.1;Integrated Security=SSPI;Persist Security Info =
                False;Initial Catalog = 通讯录;Data Source=127.0.0.1"
            conn.Open
            rs.Open sqlString, conn ', 1, 1
'显示模块列表
            Do While Not rs.EOF
                Select Case rs.Fields("模块代码")
                    Case 1
                        main(1).Visible = True    '显示"系统维护"菜单
                    Case 2
                        main(2).Visible = True    '显示"数据字典维护"菜单
                    Case 3
                        main(3).Visible = True    '显示"通讯录管理"菜单
                End Select
                rs.MoveNext
            Loop
        End Sub
```

7.5.4 权限表

1. 运行界面

本模块用于维护权限,运行界面如图 7-7 所示。

2. 添加数据环境

添加数据环境,设置 Command 命令,如表 7-17 所示。

图 7-7 "权限表"维护界面

表 7-17 "权限表"的数据环境设置

对象类型	对象名称	属 性	属 性 值
DEConnection	Connection1	ConnectionSource	Provider=SQLNCLI10.1;Integrated Security=SSPI; Persist Security Info=False; Initial Catalog=通讯录; Data Source=127.0.0.1
DECommand	Com 权限表	Caption	Com 权限表
		ConnectionName	Connection1
		CommandType	2-adCmdTable
		CommandText	权限表
		CursorType	3-adOpenStatic

3. 添加控件

添加一个 DataGrid 控件，一个 Frame 控件，两个 Label 控件和两个 TextBox 控件，4 个 Commard Button 属性设置如表 7-18 所示。

表 7-18 "权限表"窗体中对象的属性设置

对象类型	对象名称	属 性	属 性 值
Form	权限表	Caption	权限表
DataGrid	DataGrid1	Caption	权限表
		DataMember	Com 权限表
		DataSource	DataEnvironment1
		allowAddNew	True
		allowArrows	True
		allowDelete	True
		allowUpdate	True
Frame	Frame1	Caption	编辑窗口
Label	Label1	Caption	权限代码
	Label2	Caption	权限名称
TextBox	Text1	Text	空值
		DataSource	DataEnvironment1
		DataMember	Com 权限表
		DataField	权限代码
	Text2	Text	空值
		DataSource	DataEnvironment1
		DataMember	Com 权限表
		DataField	权限名称
CommandButton	Command1	Caption	添加
		Index	0
	Command1	Caption	修改
		Index	1
	Command1	Caption	删除
		Index	2
	Command2	Caption	退出

4．添加代码

```
'增加删除修改"权限表"
Private Sub Command1_Click(Index As Integer)
Select Case Index
    Case 0
        If Command1(0).Caption = "添加" Then
```

第 7 章 通讯录管理系统的设计与实现

```
                Command1(0).Caption = "确定"
                DataEnvironment1.rsCom 权限表.AddNew
            Else
                Command1(0).Caption = "添加"
                DataEnvironment1.rsCom 权限表.Update
            End If
        Case 1
            DataEnvironment1.rsCom 权限表.Update
        Case 2
            DataEnvironment1.rsCom 权限表.Delete
            DataEnvironment1.rsCom 权限表.MoveNext
            If DataEnvironment1.rsCom 权限表.RecordCount >= DataEnvironment1.rsCom 权限表.
                AbsolutePosition + 1 Then
                DataEnvironment1.rsCom 权限表.MoveLast
            End If
    End Select
End Sub
'关闭窗体
Private Sub Command2_Click()
        Unload Me
End Sub
```

7.5.5 模块表

1. 运行界面

"模块表"维护界面如图 7-8 所示。

2. 添加数据环境

添加数据环境,设置 Command 命令,如表 7-19 所示。

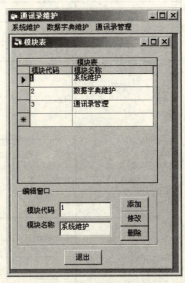

图 7-8 "模块表"维护界面

表 7-19 "模块表"的数据环境设置

对象类型	对象名称	属 性	属 性 值
DEConnection	Connection	ConnectionSource	Provider=SQLNCLI10.1;Integrated Security=SSPI; Persist Security Info=False; Initial Catalog=通讯录; Data Source=127.0.0.1
DECommand	Com 模块表	Caption	Com 模块表
		ConnectionName	Connection1
		CommandType	2-adCmdTable
		CommandText	模块表
		CursorType	3-adOpenStatic

3. 添加控件

"模块表"窗体中的对象及其属性设置如表 7-20 所示。

表 7-20 "模块表"窗体中对象的属性设置

对象类型	对象名称	属 性	属 性 值
Form	模块表	Caption	模块表
DataGrid	DataGrid1	Caption	模块表
		DataMember	Com 模块表
		DataSource	DataEnvironment1
		allowAddNew	True
		allowArrows	True
		allowDelete	True
		allowUpdate	True
Frame	Frame1	Caption	编辑窗口
Label	Label1	Caption	模块代码
	Label2	Caption	模块名称
TextBox	Text1	Text	空值
		DataSource	DataEnvironment1
		DataMember	Com 模块表
		DataField	模块代码
	Text2	Text	空值
		DataSource	DataEnvironment1
		DataMember	Com 模块表
		DataField	模块名称
CommandButton	Command1	Caption	添加
		Index	0
	Command1	Caption	修改
		Index	1
	Command1	Caption	删除
		Index	2
	Command2	Caption	退出

4．添加代码

```
Private Sub Command1_Click(Index As Integer)
Select Case Index
    Case 0
        If Command1(0).Caption = "添加" Then
            Command1(0).Caption = "确定"
            DataEnvironment1.rsCom 模块表.AddNew
        Else
            Command1(0).Caption = "添加"
            DataEnvironment1.rsCom 模块表.Update
        End If
    Case 1
        DataEnvironment1.rsCom 模块表.Update
```

第 7 章 通讯录管理系统的设计与实现

```
            Case 2
                DataEnvironment1.rsCom 模块表.Delete
                DataEnvironment1.rsCom 模块表.MoveNext
                If DataEnvironment1.rsCom 模块表.RecordCount >= DataEnvironment1.rsCom 模块表.
                            AbsolutePosition + 1 Then
                    DataEnvironment1.rsCom 模块表.MoveLast
                End If
        End Select
    End Sub
    Private Sub Command2_Click()
        Unload Me
    End Sub
```

7.5.6 权限模块对照表

1．运行界面

"权限模块对照表"维护界面如图 7-9 所示。

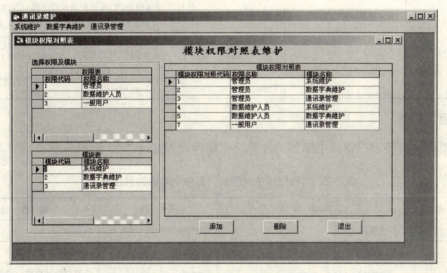

图 7-9 "权限模块对照表"维护界面

2．添加数据环境

在数据环境 DataEnvironment 中，设置 Command 命令，如表 7-21 所示。其中斜体部分在前两个模块的设计中已经建立。

表 7-21 "模块权限对照表"的数据环境设置

对象类型	对象名称	属　性	属　性　值
DEConnection	Connection1	ConnectionSource	Provider=SQLNCLI10.1;Integrated Security=SSPI; Persist Security Info=False; Initial Catalog=通讯录; Data Source=127.0.0.1

（续表）

对象类型	对象名称	属 性	属 性 值
DECommand	*Com 权限表*	Caption	Com 权限表
		ConnectionName	Connection1
		CommandType	2-adCmdTable
		CommandText	权限表
		CursorType	3-adOpenStatic
	Com 模块表	Caption	Com 模块表
		ConnectionName	Connection1
		CommandType	2-adCmdTable
		CommandText	模块表
		CursorType	3-adOpenStatic
	Com 模块权限查询	Caption	Com 模块权限查询
		ConnectionName	Connection1
		CommandType	1-adCmdText
		CommandText	SELECT 模块权限对照代码，权限名称，模块名称 FROM 模块权限对照表，权限表，模块表 WHERE 模块权限对照表.权限代码 = 权限表.权限代码 AND 模块权限对照表.模块代码 = 模块表.模块代码
		CursorType	3-adOpenStatic

3. 添加控件

"权限模块对照表"窗体中添加的控件及其属性设置如表7-22所示。

表7-22 "权限模块对照表"窗体中对象的属性设置

对象类型	对象名称	属 性	属 性 值
Form	权限表	Caption	权限表
Label	Label1	Caption	模块权限对照表维护
Frame	Frame1	Caption	选择权限及模块
CommandButton	AddCommand	Caption	添加
	DeleteCommand	Caption	删除
	ExitCommand	Caption	退出
DataGrid	权限表 DataGrid	Caption	权限表
		DataMember	Com 权限表
		DataSource	DataEnvironment1
		allowAddNew	False
		allowArrows	True
		allowDelete	False
		allowUpdate	True

（续表）

对象类型	对象名称	属性	属性值
DataGrid	模块表 DataGrid	Caption	模块表
		DataMember	Com 模块表
		DataSource	DataEnvironment1
		allowAddNew	False
		allowArrows	True
		allowDelete	False
		allowUpdate	True
	模块权限对照表 DataGrid	Caption	模块权限对照表
		DataMember	Com 模块权限查询
		DataSource	DataEnvironment1
		allowAddNew	True
		allowArrows	True
		allowDelete	True
		allowUpdate	True

4．添加代码

```
Public 模块 ID, 权限 ID As Integer
'获取模块表的"模块 ID"
Private Sub 模块表 DataGrid_Click()
    模块 ID = DataEnvironment1.rsCom 模块表.Fields(0).Value
    ' 模块名称 = DataEnvironment1.rsCom 模块表.Fields(1).Value
End Sub
'获取权限表的"权限 ID"
Private Sub 权限表 DataGrid_Click()
    权限 ID = DataEnvironment1.rsCom 权限表.Fields(0).Value
    ' 权限名称 = DataEnvironment1.rsCom 权限表.Fields(1).Value
End Sub
Private Sub AddCommand_Click()            '添加按钮
    If DataEnvironment1.rsCom 模块权限对照表.State = 0 Then
        DataEnvironment1.rsCom 模块权限对照表.Open
    End If
    If DataEnvironment1.rsCom 模块权限对照表.RecordCount <> 0 Then
        DataEnvironment1.rsCom 模块权限对照表.MoveLast
    End If
    DataEnvironment1.rsCom 模块权限对照表.AddNew
    DataEnvironment1.rsCom 模块权限对照表.Fields(1).Value = 权限 ID
    DataEnvironment1.rsCom 模块权限对照表.Fields(2).Value = 模块 ID
    DataEnvironment1.rsCom 模块权限对照表.Update
    If DataEnvironment1.rsCom 模块权限查询.State = 0 Then
        DataEnvironment1.rsCom 模块权限查询.Open
    End If
    DataEnvironment1.rsCom 模块权限查询.Requery
    Set 模块权限对照表 DataGrid.DataSource = DataEnvironment1
```

```
        End Sub
        Private Sub DeleteCommand_Click()           '删除按钮
            If DataEnvironment1.rsCom 模块权限对照表.State = 0 Then
                DataEnvironment1.rsCom 模块权限对照表.Open
            End If
            DataEnvironment1.rsCom 模块权限对照表.Delete
            DataEnvironment1.rsCom 模块权限对照表.MoveNext
            If DataEnvironment1.rsCom 模块权限对照表.RecordCount >= _
        DataEnvironment1.rsCom 模块权限对照表.AbsolutePosition + 1 Then
                DataEnvironment1.rsCom 模块权限对照表.MoveLast
            End If
            If DataEnvironment1.rsCom 模块权限查询.State = 0 Then
                DataEnvironment1.rsCom 模块权限查询.Open
            End If
            DataEnvironment1.rsCom 模块权限查询.Requery
            Set 模块权限对照表 DataGrid.DataSource = DataEnvironment1
        End Sub
        Private Sub ExitCommand_Click()             '关闭窗体
        Unload Me
        End Sub
```

7.5.7 账号表

1．运行界面

用"管理员"的"a"账号登录的模块运行界面如图 7-10 所示。

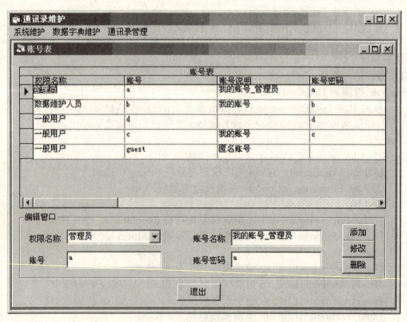

图 7-10 "账号表"维护界面

2．添加数据环境

"账号表"的数据环境设置如表 7-23 所示。

第 7 章 通讯录管理系统的设计与实现

表 7-23 "账号表"数据环境

对象类型	对象名称	属 性	属 性 值
DEConnection	Connection1	ConnectionSource	Provider=SQLNCLI10.1;Integrated Security=SSPI; Persist Security Info=False; Initial Catalog=通讯录; Data Source=127.0.0.1
DECommand	Com 账号表	ConnectionName	Connection1
		CommandType	2-adCmdTable
		CommandText	账号表
		CursorType	3-adOpenStatic
	Com 账号查询	ConnectionName	Connection1
		CommandType	1-adCmdText
		CommandText	SELECT 权限名称, 账号, 账号说明, 账号密码 FROM 账号表, 权限表 WHERE 账号表.权限代码 = 权限表.权限代码
		CursorType	3-adOpenStatic

说明:"Com 账号查询"用于显示数据,"Com 账号表"用于执行增、删、改操作。

3. 添加控件

本模块中添加的控件的属性设置方法与"权限表"、"模块表"等类似,不再详细说明,这里列出主要控件的属性,如表 7-24 所示。

表 7-24 "账号表"窗体中对象的属性设置

对象类型	对象名称	属 性	属 性 值
Form	账号表	Caption	账号表
DataGrid	DataGrid1	Caption	账号表
		DataMember	Com 账号查询
		DataSource	DataEnvironment1
		allowAddNew	True
		allowArrows	True
		allowDelete	True
		allowUpdate	True
DataCombo	DataCombo 权限	BoundColumn	权限代码
		DataField	权限代码
		DataMember	Com 账号表
		DataSource	DataEnvironment1
		ListField	权限名称
		RowMember	Com 权限表
		RowSource	DataEnvironment1

(续表)

对象类型	对象名称	属性	属性值
TextBox	Text 账号	Text	空值
		DataField	账号
		DataMember	Com 账号表
		DataSource	DataEnvironment1
	Text 账号说明	Text	空值
		DataField	账号说明
		DataMember	Com 账号表
		DataSource	DataEnvironment1
	Text 账号密码	Text	空值
		DataField	账号密码
		DataMember	Com 账号表
		DataSource	DataEnvironment1

4．添加代码

```
Public 账号 As String
Public 当前行 As Integer
Private Sub Command1_Click(Index As Integer)    '添加、删除、修改
Select Case Index
    Case 0 '添加
        If Command1(0).Caption = "添加" Then
            Command1(0).Caption = "确定"
            DataEnvironment1.rsCom 账号表.AddNew
        Else
            Command1(0).Caption = "添加"
            DataEnvironment1.rsCom 账号表.Update
            DataEnvironment1.rsCom 账号查询.Requery
            Set DataGrid1.DataSource = DataEnvironment1
        End If
    Case 1 '修改
        DataEnvironment1.rsCom 账号表.Update
        ' 刷新 DataGrid
        当前行 = DataEnvironment1.rsCom 账号表.AbsolutePosition
        DataEnvironment1.rsCom 账号查询.Requery
        DataEnvironment1.rsCom 账号查询.Move 当前行，0
        DataEnvironment1.rsCom 账号查询.AbsolutePosition = 当前行
        Set DataGrid1.DataSource = DataEnvironment1
    Case 2 '删除
        DataEnvironment1.rsCom 账号表.Delete
        DataEnvironment1.rsCom 账号表.MoveNext
        If DataEnvironment1.rsCom 账号表.RecordCount >= DataEnvironment1.rsCom 账号表.AbsolutePosition + 1 Then
```

第 7 章 通讯录管理系统的设计与实现

```
                DataEnvironment1.rsCom 账号表.MoveLast
            End If
    DataEnvironment1.rsCom 账号查询.Requery
    Set DataGrid1.DataSource = DataEnvironment1
End Select
End Sub
Private Sub Command2_Click()            '退出
        Unload Me
End Sub
'刷新窗体
Private Sub DataGrid1_RowColChange(LastRow As Variant, ByVal LastCol As Integer)
If Not DataEnvironment1.rsCom 账号查询.AbsolutePosition = adPosEOF Then
        账号 = DataEnvironment1.rsCom 账号查询.Fields ("账号")
        DataEnvironment1.rsCom 账号表.MoveFirst
        DataEnvironment1.rsCom 账号表.Find  ("账号='" + 账号 + "'")
End If
End Sub
```

7.5.8 性别代码表

本模块的设计方法与"权限表"、"模块表"等类似，不再说明，具体代码见源程序。用"管理员"的"a"账号登录的模块运行界面如图 7-11 所示。

7.5.9 省市代码表

本模块的设计方法与"权限表"、"模块表"等类似，不再说明，具体代码见源程序。用"管理员"的"a"账号登录的模块运行界面如图 7-12 所示。

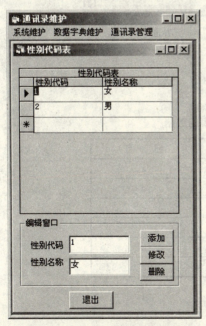

图 7-11 "性别代码表"维护界面

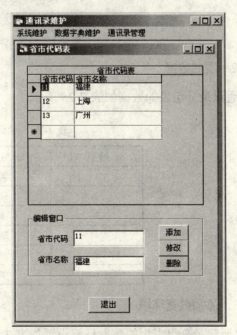

图 7-12 "省市代码表"维护界面

7.5.10 通讯录分组表

1. 运行界面

本界面是"c"账号的用户登录界面,因为账号表中设置的权限是"一般用户",所以仅能访问"通讯录管理"菜单。"通讯录分组表"维护界面如图 7-13 所示。

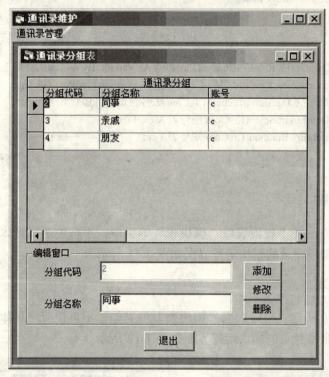

图 7-13 "通讯录分组表"维护界面

2. 添加数据

通讯录分组表的数据如表 7-25 所示。

表 7-25 通讯录分组表的数据

分组代码	分组名称	账 号
1	同学	a
2	同事	c
3	亲戚	c
4	朋友	c
5	朋友	a
6	学生	a

3. 添加数据环境

"通讯录分组表"的数据环境设置如表 7-26 所示。

表 7-26　数据环境设置

对 象 类 型	对 象 名 称	属　　性	属　性　值
DEConnection	Connection1	ConnectionSource	Provider=SQLNCLI10.1;Integrated Security=SSPI; Persist Security Info=False; Initial Catalog=通讯录; Data Source=127.0.0.1
DECommand	Com 通讯录分组表	Caption	Com 通讯录分组表
		ConnectionName	Connection1
		CommandType	1-adcmdText
		CommandText	SELECT * FROM 通讯录分组表
		CursorType	3-adOpenStatic
	Com 通讯录分组维护	Caption	Com 通讯录分组维护
		ConnectionName	Connection1
		CommandType	1-adcmdText
		CommandText	SELECT * FROM 通讯录分组表
		CursorType	3-adOpenStatic

说明:"Com 通讯录分组表"用于显示数据,"Com 通讯录分组查询"用于执行增、删、改操作。

4. 添加控件

"通讯录分组表"控件的属性设置如表 7-27 所示。

表 7-27　"通讯录分组表"窗体中对象的属性设置

对 象 类 型	对 象 名 称	属　　性	属　性　值
Form	通讯录分组表	Caption	通讯录分组表
DataGrid	DataGrid1	Caption	通讯录分组表
		DataMember	Com 通讯录分组表
		DataSource	DataEnvironment1
		allowAddNew	False
		allowArrows	True
		allowDelete	True
		allowUpdate	True
Frame	Frame1	Caption	编辑窗口
Label	Label1	Caption	分组代码
	Label2	Caption	分组名称
TextBox	Text1	Text	空值
		DataSource	DataEnvironment1
		DataMember	Com 通讯录分组表
		DataField	分组代码
		Enabled	False
	Text2	Text	空值
		DataSource	DataEnvironment1
		DataMember	Com 通讯录分组表
		DataField	分组名称

(续表)

对象类型	对象名称	属性	属性值
CommandButton	Command1	Caption	添加
		Index	0
	Command1	Caption	修改
		Index	1
	Command1	Caption	删除
		Index	2
	Command2	Caption	退出

5. 添加代码

为数据环境填写初始化代码。在数据环境设计中双击 Connection1，为数据环境 DataEnvironment1 添加代码如下：

```
Private Sub DataEnvironment_Initialize()
    DataEnvironment1.rsCom 通讯录分组表.Open
End Sub
'填写刷新通讯录分组窗体的函数
Sub 刷新通讯录分组()
    If Not IsNull(DataEnvironment1.rsCom 通讯录分组表.Fields("分组代码")) Then
        '更新 DataGrid1
        If DataEnvironment1.rsCom 通讯录分组表.State = 1 Then
            DataEnvironment1.rsCom 通讯录分组表.Close
        End If
        DataEnvironment1.Commands("Com 通讯录分组表").CommandText = "SELECT * FROM
            通讯录分组表 where 账号 = '" + 登录账号 + "'"
        DataEnvironment1.rsCom 通讯录分组表.Open
        Set DataGrid1.DataSource = DataEnvironment1
        '更新控件
        If (DataEnvironment1.rsCom 通讯录分组表.RecordCount > 0) Then
            Text1.Text = DataEnvironment1.rsCom 通讯录分组表.Fields("分组代码").Value
            Text2.Text = DataEnvironment1.rsCom 通讯录分组表.Fields("分组名称").Value
        Else
            Text1.Text = ""
            Text2.Text = ""
        End If
    End If
End Sub
'填写事件代码
'窗体初始化
Private Sub Form_Load()
    刷新通讯录分组
End Sub
'增删改操作
Private Sub Command1_Click(Index As Integer)
Select Case Index
    Case 0
        DataEnvironment1.Commands("Com 通讯录分组维护").CommandText = "insert into 通讯录分
            组表（分组名称，账号） values ('" + Text2.Text + "','" + 登录账号 + "') "
```

```
            Case 1
                DataEnvironment1.Commands（"Com 通讯录分组维护"）.CommandText = "UPDATE 通讯录分
                    组表 SET 分组名称='" + Text2.Text + "' WHERE 分组代码 = " + Text1.Text
            Case 2
                DataEnvironment1.Commands（"Com 通讯录分组维护"）.CommandText = "DELETE FROM
                    通讯录分组表 WHERE 分组代码 = " + Text1.Text
        End Select
        DataEnvironment1.Commands（"Com 通讯录分组维护"）.Execute
        刷新通讯录分组
    End Sub
    '刷新控件
    Private Sub DataGrid1_RowColChange(LastRow As Variant, ByVal LastCol As Integer)
        If (DataEnvironment1.rsCom 通讯录分组表.RecordCount > 0) Then
            Text1.Text = DataEnvironment1.rsCom 通讯录分组表.Fields（"分组代码"）.Value
            Text2.Text = DataEnvironment1.rsCom 通讯录分组表.Fields（"分组名称"）.Value
        Else
            Text1.Text = ""
            Text2.Text = ""
        End If
    End Sub
    Private Sub Command2_Click()        '退出窗体
        Unload 通讯录分组表
    End Sub
```

7.5.11 通讯录维护模块

1．运行界面

"通讯录维护"界面如图 7-14 所示。

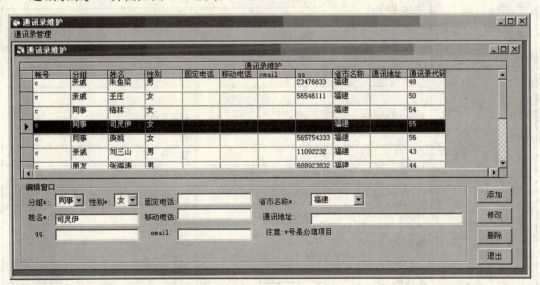

图 7-14 "通讯录维护"界面

2．添加控件

"通讯录维护"控件属性设置如表 7-28 所示。

表 7-28 "通讯录维护"窗体中对象的属性设置

对象类型	对象名称	属性	属性值
Form	通讯录维护	Caption	通讯录维护
DataGrid	DataGrid1	Caption	通讯录维护
		DataMember	Com 通讯录查询
		DataSource	DataEnvironment1
		allowAddNew	True
		allowArrows	True
		allowDelete	True
		allowUpdate	True
Frame	Frame1	Caption	编辑窗口
CommandButton	Command1	Caption	添加
		index	0
	Command1	Caption	修改
		index	1
	Command1	Caption	删除
		index	2
	Command1	Caption	退出
		index	3
Label	Label1	Caption	通讯录维护
	lblFieldLabel	Caption	分组*:
		index	0
	lblFieldLabel	Caption	性别*:
		index	1
	lblFieldLabel	Caption	姓名*:
		index	2
	lblFieldLabel	Caption	qq:
		index	3
	lblFieldLabel	Caption	固定电话:
		index	4
	lblFieldLabel	Caption	移动电话:
		index	5
	lblFieldLabel	Caption	email:
		index	6
	lblFieldLabel	Caption	省市名称*:
		index	7
	lblFieldLabel	Caption	通讯地址:
		index	8
	lblFieldLabel	Caption	注意:*号是必填项目
		index	9

（续表）

对象类型	对象名称	属性	属性值
DataCombo	DataCombo 分组	BoundColumn	分组代码
		ListField	分组名称
		RowMember	Com 通讯录分组表
		RowSource	DataEnvironment1
	DataCombo 性别	BoundColumn	性别代码
		ListField	性别名称
		RowMember	Com 性别代码表
		RowSource	DataEnvironment1
	DataCombo 省市名称	BoundColumn	省市代码
		ListField	省市名称
		RowMember	Com 省市代码表
		RowSource	DataEnvironment1
TextBox	txt 姓名	DataField	姓名
		DataMember	Com 通讯录查询
		DataSource	DataEnvironment1
		Text	空值
	txtqq	DataField	qq
		DataMember	Com 通讯录查询
		DataSource	DataEnvironment1
		Text	空值
	txt 固定电话	DataField	固定电话
		DataMember	Com 通讯录查询
		DataSource	DataEnvironment1
		Text	空值
	txt 移动电话	DataField	移动电话
		DataMember	Com 通讯录查询
		DataSource	DataEnvironment1
		Text	空值
	txtemail	DataField	email
		DataMember	Com 通讯录查询
		DataSource	DataEnvironment1
		Text	空值
	txt 通讯地址	DataField	通讯地址
		DataMember	Com 通讯录查询
		DataSource	DataEnvironment1
		Text	空值

3. 添加数据环境

本模块用到的数据环境包括"Com 通讯录分组表"、"Com 性别代码表"、"Com 省市代码表"、"Com 通讯录查询"及"Com 通讯录维护",其中"Com 通讯录分组表"、"Com 性别代码表"、"Com 省市代码表"三个命令已经在前面的模块添加了,这里不再说明。"通讯录分组表"的数据环境设置如表 7-29 所示。

表 7-29 "通讯录分组表"的数据环境设置

对象类型	对象名称	属 性	属 性 值
DEConnection	Connection1	ConnectionSource	Provider=SQLNCLI10.1;Integrated Security=SSPI; Persist Security Info=False; Initial Catalog=通讯录; Data Source=127.0.0.1
DECommand	Com 通讯录查询	Caption	Com 通讯录查询
		ConnectionName	Connection1
		CommandType	1-adcmdText
		CommandText	SELECT * FROM 通讯录维护表
		CursorType	3-adOpenStatic
	Com 通讯录维护	Caption	Com 通讯录维护
		ConnectionName	Connection1
		CommandType	1-adcmdText
		CommandText	SELECT * FROM 通讯录维护表
		CursorType	3-adOpenStatic

说明:"Com 通讯录查询"用于显示数据,"Com 通讯录维护"用于执行增、删、改操作。

4. 添加模块

(1) 添加模块"Module_初始化通讯录"

```
Sub 初始化通讯录(frm As Form)
    With frm
        '----------生成 SQL 语句,并刷新 DataGrid1----------
        sqlString = "SELECT 通讯录维护表.账号, 分组名称 AS 分组, 姓名, 性别名称 AS 性别,
固定电话, 移动电话, email, qq, 省市名称, 通讯地址, 通讯录代码 FROM 性别代码表, 通
讯录维护表, 省市代码表, 通讯录分组表 WHERE 性别代码表.性别代码 = 通讯录维护表.性别代
码 AND 通讯录维护表.省市代码 = 省市代码表.省市代码 AND 通讯录维护表.分组代码 = 通讯
录分组表.分组代码 AND 通讯录维护表.账号='" + 登录账号 + "' order by 姓名 "
        DataEnvironment1.Commands("Com 通讯录查询").CommandText = sqlString
        DataEnvironment1.Commands("Com 通讯录查询").Execute
        DataEnvironment1.rsCom 通讯录查询.Requery
        Set .DataGrid1.DataSource = DataEnvironment1
        '--------刷新"通讯录分组"Combo 列表--------------
        If DataEnvironment1.rsCom 通讯录分组表.State = 1 Then
            DataEnvironment1.rsCom 通讯录分组表.Close
        End If
```

```
        DataEnvironment1.Commands("Com通讯录分组表").CommandText = "SELECT * FROM 通讯
            录分组表 WHERE 账号 = '" + 登录账号 + "'"
        DataEnvironment1.rsCom通讯录分组表.Open
        Set .DataCombo 分组.RowSource = DataEnvironment1
        '----------------刷新控件当前数据-----------------
        If Not (DataEnvironment1.rsCom通讯录查询.EOF) Then
            .DataCombo 分组.Text = .DataGrid1.Columns.Item（"分组"）
            .txt 姓名.Text = .DataGrid1.Columns.Item（"姓名"）
            .DataCombo 性别.Text = .DataGrid1.Columns.Item（"性别"）
            .txt 固定电话.Text = .DataGrid1.Columns.Item（"固定电话"）
            .txt 移动电话.Text = .DataGrid1.Columns.Item（"移动电话"）
            .txtemail.Text = .DataGrid1.Columns.Item("email")
            .txtqq.Text = .DataGrid1.Columns.Item("qq")
            .DataCombo 省市名称.Text = .DataGrid1.Columns.Item（"省市名称"）
            .txt 通讯地址.Text = .DataGrid1.Columns.Item（"通讯地址"）
        Else
            .DataCombo 分组.Text = " "
            .txt 姓名.Text = " "
            .DataCombo 性别.Text = " "
            .txt 固定电话.Text = " "
            .txt 移动电话.Text = " "
            .txtemail.Text = " "
            .txtqq.Text = " "
            .DataCombo 省市名称.Text = " "
            .txt 通讯地址.Text = " "
        End If
        End With
    End Sub
```

（2）添加模块"Module_刷新通讯录"

```
    Sub 刷新通讯录(ByVal frm As Form)
        With frm
            .DataCombo 分组.Text = .DataGrid1.Columns.Item（"分组"）
            .txt 姓名.Text = .DataGrid1.Columns.Item（"姓名"）
            .DataCombo 性别.Text = .DataGrid1.Columns.Item（"性别"）
            .txt 固定电话.Text = .DataGrid1.Columns.Item（"固定电话"）
            .txt 移动电话.Text = .DataGrid1.Columns.Item（"移动电话"）
            .txtemail.Text = .DataGrid1.Columns.Item("email")
            .txtqq.Text = .DataGrid1.Columns.Item("qq")
            .DataCombo 省市名称.Text = .DataGrid1.Columns.Item（"省市名称"）
            .txt 通讯地址.Text = .DataGrid1.Columns.Item（"通讯地址"）
        End With
    End Sub
```

（3）添加模块"Module_插入通讯录"

```
    Sub 插入通讯录()
        With 通讯录维护
            '---生成SQL语句----------------
            sqlString = "INSERT INTO 通讯录维护表（账号，分组代码，姓名，性别代码，固定电话，
```

移动电话，email，qq，省市代码，通讯地址）values('" & _
　　登录账号 & "'," & _
CStr(CInt(.DataCombo 分组.BoundText)) & ",'" & _
CStr(.txt 姓名.Text) & "','" & _
CStr(.DataCombo 性别.BoundText) & "','" & _
.txt 固定电话.Text & "','" & _
.txt 移动电话.Text & "','" & _
.txtemail.Text & "',' " & _
.txtqq.Text & "','" & _
.DataCombo 省市名称.BoundText & "','" & _
.txt 通讯地址.Text & " ') "
'-----执行插入语句---------
DataEnvironment1.Commands("Com 通讯录维护").CommandText = sqlString
DataEnvironment1.Commands("Com 通讯录维护").Execute

'------刷新 DataGrid1--------
DataEnvironment1.rsCom 通讯录查询.Requery
Set .DataGrid1.DataSource = DataEnvironment1
    End With
End Sub
```

(4) 添加模块"Module_修改通讯录"

```
Sub 修改通讯录()
  With 通讯录维护
    '-------生成 SQL 语句-----------
    通讯录 id = .DataGrid1.Columns.Item ("通讯录代码")
    sqlString = "UPDATE 通讯录维护表 " & _
      "SET  分组代码 = " & CStr(CInt(.DataCombo 分组.BoundText)) & "," & _
      "姓名 = '" & CStr(.txt 姓名.Text) & "'," & _
      "性别代码 = '" & CStr(.DataCombo 性别.BoundText) & "'," & _
      "固定电话 = '" & .txt 固定电话.Text & "'," & _
      "移动电话 = ' " & .txt 移动电话.Text & "'," & _
      "email='" & .txtemail.Text & "'," & _
      "qq = '" & .txtqq.Text & "'," & _
      "省市代码 ='" & .DataCombo 省市名称.BoundText & "'," & _
      "通讯地址 = " & .txt 通讯地址.Text & "'" & _
      "WHERE 通讯录代码 = " & 通讯录 id
    '------执行修改语句----------
    DataEnvironment1.Commands("Com 通讯录维护").CommandText = sqlString
    DataEnvironment1.Commands("Com 通讯录维护").Execute
    '------刷新 DataGrid1-----------
    DataEnvironment1.rsCom 通讯录查询.Requery
    Set .DataGrid1.DataSource = DataEnvironment1
  End With
End Sub
```

(5) 添加模块"Module_删除通讯录"

```
Sub 删除通讯录()
  With 通讯录维护
```
```

```
            '-----生成SQL语句--------------
            通讯录 id = .DataGrid1.Columns.Item("通讯录代码")
            sqlString = "DELETE FROM 通讯录维护表 " & _
                       "WHERE 通讯录代码 = " & 通讯录 id
            '----执行删除语句---------------
            DataEnvironment1.Commands("Com 通讯录维护").CommandText = sqlString
            DataEnvironment1.Commands("Com 通讯录维护").Execute
        '------刷新 DataGrid1-------------
            DataEnvironment1.rsCom 通讯录查询.Requery
            Set .DataGrid1.DataSource = DataEnvironment1
        End With
    End Sub
```

5. 添加代码

为数据环境填写初始化代码。在数据环境设计中双击"Connection1", 为数据环境 DataEnvironment1 添加代码：

```
        Private Sub DataEnvironment_Initialize()
            DataEnvironment1.rsCom 通讯录查询.Open
        End Sub
```

填写事件代码：

```
        Private Sub Form_Load()
            初始化通讯录 Me
        End Sub
        Private Sub Command1_Click（Index As Integer）
            Select Case Index
                Case 0
                    插入通讯录
                Case 1
                    修改通讯录
                Case 2
                    删除通讯录
                Case 3
                    Unload 通讯录维护
            End Select
        End Sub
        Private Sub DataGrid1_RowColChange（LastRow As Variant, ByVal LastCol As Integer）
            刷新通讯录 Me
        End Sub
```

7.5.12 通讯录查询与打印

1. 运行界面

该模块初始化界面如图 7-15 所示。选择分组为"同事", 性别为"女"的查询结果, 如图 7-16 所示。查看查询结果的详细信息, 如图 7-17 所示。

图 7-15 "通讯录查询与打印"初始化界面

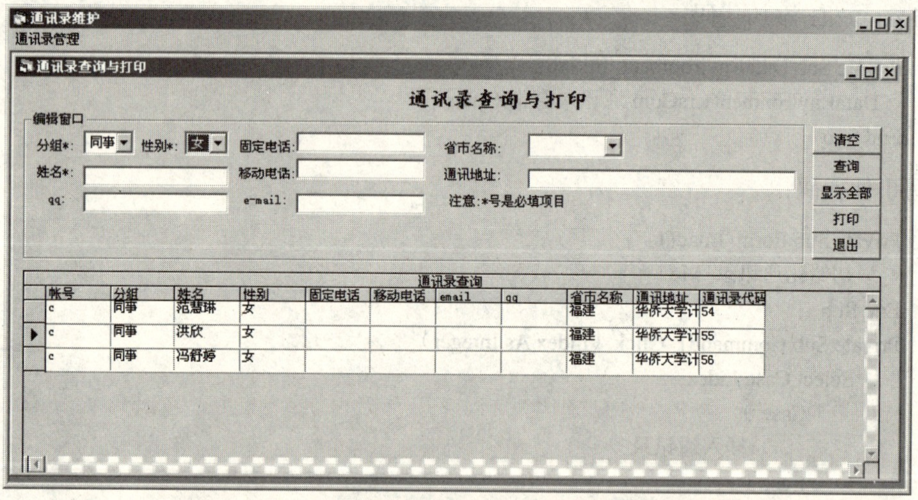

图 7-16 "通讯录查询与打印"查询结果

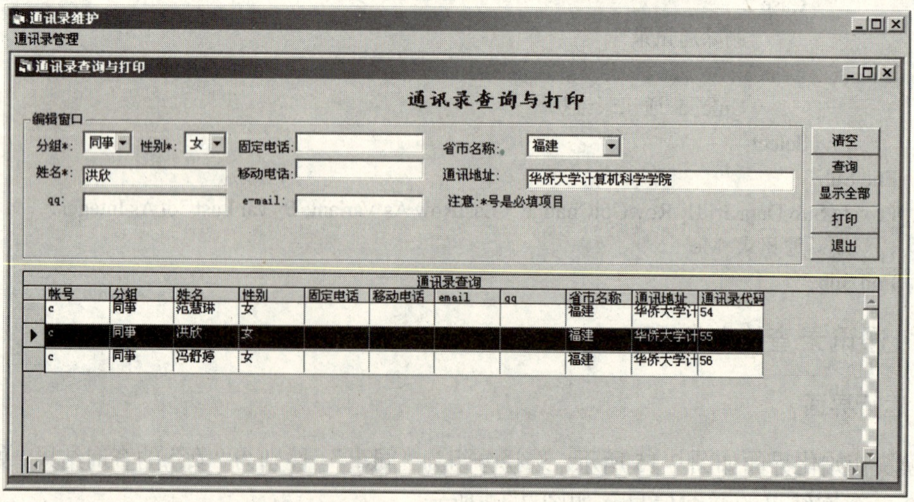

图 7-17 "通讯录查询与打印"查看详情

第 7 章 通讯录管理系统的设计与实现　　237

打印预览结果如图 7-18 所示。

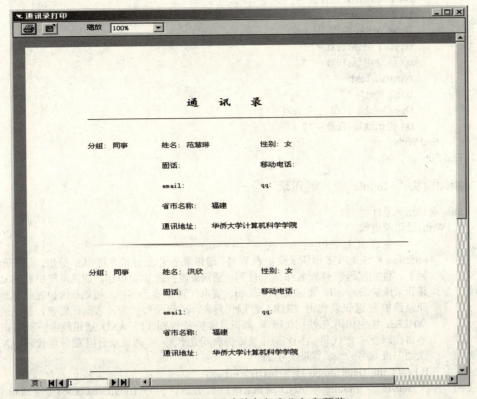

图 7-18 "通讯录查询与打印"打印预览

2．添加数据环境

本模块使用的数据源与"通讯录维护"模块使用的相同，这里不再列出。

3．添加控件

在"工程"文件列表中右击添加报表文件 DataReport，文件名为 DataReport1，属性设置如表 7-30 所示。

表 7-30　属性设置

对象类型	对象名称	属　性	属　性　值
Form	通讯录查询与打印	Caption	通讯录查询与打印
DataReport	DataReport1	Caption	通讯录打印
		DataMember	Com 通讯录查询
		DataSource	DataEnvironment1

本模块界面添加的控件及其属性与"通讯录维护"模块使用的相同，这里不再列出。

4．添加模块

（1）添加模块"Module_清空通讯录查询"

　　Sub 清空通讯录查询（frm As Form）

```
        With frm
            .DataCombo 分组.Text = " "
            .txt 姓名.Text = " "
            .DataCombo 性别.Text = " "
            .txt 固定电话.Text = " "
            .txt 移动电话.Text = " "
            .txtemail.Text = " "
            .txtqq.Text = " "
            .DataCombo 省市名称.Text = " "
            .txt 通讯地址.Text = " "
        End With
    End Sub
```

（2）添加模块"Module_查询通讯录"

```
    Sub 查询通讯录()
        With 通讯录查询
            '-------生成 SQL 语句-----------------------------------------
            sqlString = "SELECT 通讯录维护表.账号，通讯录分组表.分组名称 AS 分组，通讯录维护表.
            姓名，性别代码表.性别名称 AS 性别，通讯录维护表.固定电话，通讯录维护表.移动电话，
            通讯录维护表.email，通讯录维护表.qq，省市代码表.省市名称，通讯录维护表.通讯地址，通
            讯录维护表.通讯录代码 FROM 性别代码表，通讯录维护表，省市代码表，通讯录分组表
            WHERE 性别代码表.性别代码 = 通讯录维护表.性别代码 AND 通讯录维护表.省市代码 =
            省市代码表.省市代码 AND 通讯录维护表.分组代码 = 通讯录分组表.分组代码 AND 通讯
            录维护表.账号='" & 登录账号 & "'"
            If Len(Trim(.DataCombo 分组.Text)) > 0 Then
                sqlString = sqlString + " AND 通讯录维护表.分组代码='" + Trim(.DataCombo 分组.BoundText)
            End If
            If Len(Trim(.txt 姓名.Text)) > 0 Then
                sqlString = sqlString + " AND  姓名='" + Trim(.txt 姓名.Text)+ "'"
            End If
            If Len(Trim(.DataCombo 性别.BoundText)) > 0 Then
                sqlString = sqlString + " AND 通讯录维护表.性别代码='" + Trim(.DataCombo 性别.BoundText)+ "'"
            End If
            If Len(Trim(.txt 固定电话.Text)) > 0 Then
                sqlString = sqlString + " AND  固定电话='" + Trim(.txt 固定电话.Text)+ "'"
            End If
            If Len(Trim(.txt 移动电话.Text)) > 0 Then
                sqlString = sqlString + " AND  移动电话='" + Trim(.txt 移动电话.Text)+ "'"
            End If
            If Len(Trim(.txtemail.Text) > 0 Then
                sqlString = sqlString + " AND email='" + Trim(.txtemail.Text) + "'"
            End If
            If Len(Trim(.txtemail.Text)) > 0 Then
                sqlString = sqlString + " AND qq='" + Trim(.txtqq.Text) + "'"
            End If
            If Len(Trim(.DataCombo 省市名称.BoundText)) > 0 Then
                sqlString=sqlString+" AND 通讯录维护表.省市代码='"+Trim(.DataCombo 省市名称.BoundText)+ "'"
            End If
            If Len(Trim(.txt 通讯地址.Text)) > 0 Then
                sqlString = sqlString + " AND  通讯地址='" + Trim(.txt 通讯地址.Text)+ "'"
            End If
```

第 7 章 通讯录管理系统的设计与实现

```
            '--------执行查询语句----------
            DataEnvironment1.Commands("Com 通讯录查询").CommandText = sqlString
            DataEnvironment1.Commands("Com 通讯录查询").Execute
            DataEnvironment1.rsCom 通讯录查询.Requery
            Set .DataGrid1.DataSource = DataEnvironment1
        End With
    End Sub
```

（3）设计报表

在"工程"文件列表中右击添加报表文件 DataReport，文件名为 DataReport1，设计界面如图 7-19 所示。其中"通讯录"是放置于"页标头"的标签，在"页标头"带区的底部及"细节"带区的底部各放置一条线条以便于分割。"细节"带区的内容是从数据环境 DataEnvironment1 中的命令"Com 通讯录查询"拖放到报表中自动生成，再经过排版之后的结果。

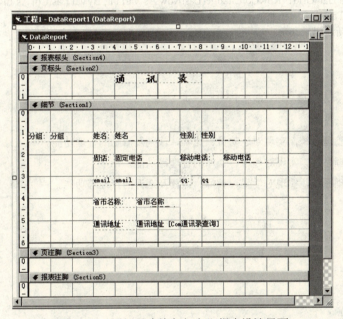

图 7-19 "通讯录查询与打印"报表设计界面

（4）添加代码

本模块与"通讯录维护模块"共享模块"Module_刷新通讯录"与"Module_初始化通讯录"，代码如下：

```
        Dim flag As Boolean
        '初始化
        Private Sub Form_Load()
            初始化通讯录 Me
            flag = True
        End Sub
        '响应按钮
        Private Sub Command1_Click(Index As Integer)
        Select Case Index
            Case 0
```

```
            flag = True
            查询通讯录
        Case 1
            清空通讯录查询  Me
        Case 2
             flag = True
            初始化通讯录  Me
        Case 3
            flag = False
            DataReport1.Show
        Case 4
            Unload  通讯录查询与打印
    End Select
End Sub
'刷新控件
Private Sub DataGrid1_RowColChange(LastRow As Variant, ByVal LastCol As Integer)
    If flag Then
        刷新通讯录  Me
    End If
End Sub
```

习题

1. 建立校运会管理系统，实现对运动员、比赛、裁判及后勤的管理功能。
2. 建立超市管理系统，实现对超市、仓库的管理等功能。
3. 建立教务管理系统，实现对学生、教师、课程及选课的管理等功能。

参考文献

[1] http://baike.baidu.com/view/1088.htm
[2] http://www.hudong.com/wiki/%E6%95%B0%E6%8D%AE%E5%BA%93
[3] http://zhidao.baidu.com/question/46342830.html
[4] http://baike.baidu.com/view/1326767.htm
[5] 辛赫. 数据库系统概念、设计及应用. 何玉洁等译. 北京：机械工业出版社，2010
[6] 萨师煊，王珊. 数据库系统概论（第3版）. 北京：高等教育出版社，2003.
[7] 施伯乐等. 数据库系统教程. 北京：高等教育出版社，2003.
[8] 余坚，骆炎民，杨四海，洪欣. VisualFoxPro 程序设计基础. 北京：清华大学出版，2006.
[9] 余坚，骆炎民，杨四海，洪欣. VisualFoxPro 程序设计实验与学习指导. 北京：清华大学出版，2006.
[10] 范慧琳，冯舒婷，洪欣. Visual BASIC 程序设计案例教程. 北京：清华大学出版社，2008.
[11] 范慧琳，洪欣，冯舒婷. Visual Basic 程序设计习题解析与实验指导. 北京：清华大学出版社，2009.
[12] 李雁翎. Visual Basic 程序设计. 北京：清华大学出版社，2004.

反侵权盗版声明

电子工业出版社依法对本作品享有专有出版权。任何未经权利人书面许可，复制、销售或通过信息网络传播本作品的行为；歪曲、篡改、剽窃本作品的行为，均违反《中华人民共和国著作权法》，其行为人应承担相应的民事责任和行政责任，构成犯罪的，将被依法追究刑事责任。

为了维护市场秩序，保护权利人的合法权益，我社将依法查处和打击侵权盗版的单位和个人。欢迎社会各界人士积极举报侵权盗版行为，本社将奖励举报有功人员，并保证举报人的信息不被泄露。

举报电话：（010）88254396；（010）88258888
传　　真：（010）88254397
E-mail：dbqq@phei.com.cn
通信地址：北京市万寿路173信箱
　　　　　电子工业出版社总编办公室
邮　　编：100036